明解 線形代数 改訂版

木村達雄・竹内光弘・宮本雅彦・森田 純

日本評論社

まえがき

　本書は大学1・2年次の線形代数学の教科書として書いたものである．主に理工系の課程を念頭においているが，文系の学生にも，また自習用の参考書としても使えるよう，例を多くしてつとめて平易に記述した．直感的に理解できる平面ベクトルから始めて，行列式などの理論に入る前に連立1次方程式の具体的な解き方や逆行列の求め方を説明した．線形代数が実用上でも役に立つことを理解してもらうためである．

　線形代数を学ぶとき，初心の学生はややもするとベクトル空間の抽象的な取り扱いに違和感を覚える．このことを考慮して，第1章から第5章までは具体的な数ベクトル空間とその部分空間のみを扱って行列，行列式，線形写像等の基本概念とそのさまざまな応用を詳しく述べた．文系の学生諸君にとっては第5章までで十分であろう．理工系の場合も1年次の3分の2くらいをかけてこの部分をゆっくり確実に学ぶことが望ましい．

　公理的なベクトル空間の定義は第6章ではじめて現れる．1年次でこの章の半ばまで進み，2年次に線形代数続論として第6章の復習をしつつ先へ進むことを想定した．第7章で固有値と固有空間，第8章で2次曲面の分類と回転対称についての応用を述べた．時間に余裕がなければ第7章からただちに第9章のジョルダン標準形へ進んで差し支えない．ジョルダン標準形は整数や多項式を成分とする行列の単因子論の形で簡明に取り扱えるが，今回は頁数の関係でその議論は割愛することにした．

　本書は筑波大学数学系 (法人化されて大学院数理物質科学研究科数学専攻という長い名前になった) の多くの教官の意見を参考にして作成したので，ここに感謝をしたい．全国の大学で教官・学生諸氏が幅広く利用してくださることを願っている．

　2005 年夏

　　　　　　　　　　　　　　　　木村達雄，竹内光弘，宮本雅彦，森田　純

改訂版に向けて

　文科省新指導要領による高等学校数学科目の内容変更に伴い，本書の改訂版を発行する運びとなった．多くの学生が大学で初めて行列に接することを念頭に，旧版よりも導入部分を詳しくていねいに説明するようにした．また，これまで多くの方々からいただいた有益なご意見も可能な範囲で反映させるようにした．改めて深い感謝の意を表したい．引き続き全国の大学や教育機関で役立てて下さることを願っている．

　初版の企画当時から今回の改訂版にいたるまで，編集者である横山伸さんには大変お世話になっている．ここに心よりお礼を申し上げたい．

　なお，筑波大学の組織改編により 2012 年度から数学教員の所属が数理物質系へ完全に移行し，その中での業務単位が数学域となったことを申し添えておく．

　2015 年新春

著者

目次

まえがき ... i

第1章 数ベクトルと行列 ... 1
- 1.1 平面ベクトルのスカラー倍と和 ... 1
- 1.2 平面ベクトルの幾何的な意味 ... 5
- 1.3 複素数 ... 10
- 1.4 n項数ベクトル ... 12
- 1.5 行列 ... 16
  - 1.5.1 行列の導入,および和とスカラー倍 ... 16
  - 1.5.2 行列の乗法 ... 19
  - 1.5.3 転置行列,特殊な行列 ... 24
- 1.6 行列のブロック分割 ... 26
- 1.7 正則行列 ... 29
- 1.8 第1章付録 ... 32

第2章 連立1次方程式と行列 ... 36
- 2.1 基本変形 ... 36
- 2.2 逆行列の計算 ... 43
- 2.3 連立1次方程式 ... 44
- 2.4 行列の階数 ... 50
- 2.5 第2章付録 ... 56

第3章 行列式 ... 59
- 3.1 はじめに ... 59
  - 3.1.1 2次の正方行列の行列式 ... 60

目次

3.1.2 負の値をとる行列式 64
3.2 置換 65
3.2.1 偶置換と奇置換 68
3.3 行列式の定義と展開 74
3.4 行列式の性質 79
3.4.1 小行列と余因子展開 87
3.5 よくでてくる行列式の例 92
3.6 第 3 章付録 95

第 4 章 行列式の発展 101
4.1 多項式 101
4.2 固有多項式 102
4.2.1 ハミルトン・ケーリーの定理 . 105
4.2.2 知っておくと便利なコース .. 113
4.3 階数と小行列式 114
4.4 クラメールの公式 116
4.5 行列式の意味を理解するためのコース . 118
4.5.1 多重線形性と行列式 118
4.5.2 ベクトルの外積 120

第 5 章 数ベクトル空間と線形写像 124
5.1 線形写像と行列 124
5.2 線形写像の像と核 129
5.3 線形結合と部分空間 131

第 6 章 ベクトル空間と線形写像 136
6.1 ベクトル空間と部分空間 136
6.2 線形独立性と基底 141
6.3 ベクトル空間の次元 145
6.4 部分空間の和と直和 150
6.5 線形写像 155

6.6	商空間と同型定理	165
6.7	発展：双対空間と双対定理	175
6.8	計量ベクトル空間	177
6.9	第 6 章付録	182

第 7 章 固有値と固有ベクトル　　187

7.1	正方行列の固有値と固有空間	187
7.2	正方行列の対角化可能性	188
7.3	線形変換の固有値と固有ベクトル	196
7.4	半単純な線形変換	200

第 8 章 幾何学的応用 —— 2 次曲面の分類と回転対称 ——　　204

8.1	対称行列の符号	204
8.2	2 次曲面の分類	208
8.3	直交行列と回転	219

第 9 章 ジョルダン標準形　　228

9.1	広義固有空間	228
9.2	ジョルダン分解	235
9.3	ジョルダン標準形	240

解答　　253

索引　　282

ギリシャ文字の表

小文字	大文字	読み方	小文字	大文字	読み方
α	A	アルファ	ν	N	ニュー
β	B	ベータ	ξ	Ξ	クシー (クサイ)
γ	Γ	ガンマ	o	O	オミクロン
δ	Δ	デルタ	π, ϖ	Π	パイ
ε, ϵ	E	イプシロン	ρ, ϱ	P	ロー
ζ	Z	ゼータ	σ, ς	Σ	シグマ
η	H	エータ	τ	T	タウ
θ, ϑ	Θ	シータ (テータ)	υ	Υ, Y	ウプシロン
ι	I	イオタ	ϕ, φ	Φ	ファイ
κ	K	カッパ	χ	X	カイ
λ	Λ	ラムダ	ψ	Ψ	プサイ (プシー)
μ	M	ミュー	ω	Ω	オメガ

　ギリシャ文字は数学でよく使われるので，ここで読み方などを表にしてまとめておく．ただし，大文字にはアルファベットと区別がつかないものもある．

第1章

数ベクトルと行列

1.1 平面ベクトルのスカラー倍と和

まず平面ベクトルから始めよう．集合の記号については，この章の付録を見てもらいたい．

実数の全体を $\mathbf{R}$ と記す．2つの実数の組 $\boldsymbol{x} = \begin{pmatrix} x_1 \\ x_2 \end{pmatrix}$ を **平面ベクトル** といい，x_1, x_2 を $\boldsymbol{x}$ の **成分** とよぶ．そして平面ベクトル全体の集合を $\mathbf{R}^2$ で表わす．ここでは，座標 (x, y) と区別するために縦に並べている．2つのベクトル $\boldsymbol{x} = \begin{pmatrix} x_1 \\ x_2 \end{pmatrix}$ と $\boldsymbol{y} = \begin{pmatrix} y_1 \\ y_2 \end{pmatrix}$ が等しいとは，対応するすべての成分が等しいことである．このとき $\boldsymbol{x} = \boldsymbol{y}$ と書く．すなわち

$$\boldsymbol{x} = \boldsymbol{y} \iff x_1 = y_1 \text{ かつ } x_2 = y_2$$

である．ここで $\iff$ は両側の条件が必要かつ十分であることを表わす．ベクトルに対して，数をスカラーとよぶ．

（1） スカラー倍

平面ベクトル $\boldsymbol{x} = \begin{pmatrix} x_1 \\ x_2 \end{pmatrix}$ とスカラー $c\,(\in \mathbf{R})$ に対して，$\boldsymbol{x}$ の c 倍を

$$c\bm{x} = \begin{pmatrix} cx_1 \\ cx_2 \end{pmatrix}$$

により定め，総称して $\bm{x}$ のスカラー倍という．とくに $(-1)\bm{x} = \begin{pmatrix} -x_1 \\ -x_2 \end{pmatrix}$ を単に $-\bm{x}$ とも書き表わす．

（2） **和** 平面ベクトル $\bm{x} = \begin{pmatrix} x_1 \\ x_2 \end{pmatrix}$ と $\bm{y} = \begin{pmatrix} y_1 \\ y_2 \end{pmatrix}$ に対し，$\bm{x}$ と $\bm{y}$ の和を

$$\bm{x} + \bm{y} = \begin{pmatrix} x_1 + y_1 \\ x_2 + y_2 \end{pmatrix}.$$

により定める．とくに $\bm{x} + (-1)\bm{y}$ を $\bm{x} - \bm{y}$ とも書き表わす．

$\bm{0} = \begin{pmatrix} 0 \\ 0 \end{pmatrix}$ を **ゼロベクトル** とよぶ．すべてのベクトル $\bm{x} = \begin{pmatrix} x_1 \\ x_2 \end{pmatrix}$ に対して $\bm{x} - \bm{x} = \bm{0}$ である．$\bm{e}_1 = \begin{pmatrix} 1 \\ 0 \end{pmatrix}, \bm{e}_2 = \begin{pmatrix} 0 \\ 1 \end{pmatrix}$ を **基本ベクトル** という．スカラー倍と和を用いれば

$$\bm{x} = \begin{pmatrix} x_1 \\ x_2 \end{pmatrix} = \begin{pmatrix} x_1 \\ 0 \end{pmatrix} + \begin{pmatrix} 0 \\ x_2 \end{pmatrix} = x_1 \begin{pmatrix} 1 \\ 0 \end{pmatrix} + x_2 \begin{pmatrix} 0 \\ 1 \end{pmatrix}$$
$$= x_1 \bm{e}_1 + x_2 \bm{e}_2$$

と表わすことができる．このようにいくつかのベクトルのスカラー倍の和を，それらのベクトルの **線形結合** または **1 次結合** とよぶ．

問題 1.1 平面ベクトル $\bm{a}_1 = \begin{pmatrix} 1 \\ 2 \end{pmatrix}, \bm{a}_2 = \begin{pmatrix} -2 \\ 1 \end{pmatrix}, \bm{a}_3 = \begin{pmatrix} 3 \\ -4 \end{pmatrix}$ の線形結合 $2\bm{a}_1 + 3\bm{a}_2 + \bm{a}_3$ および $\bm{a}_1 - 2\bm{a}_2 + 3\bm{a}_3$ の成分を求めよ．

上記のことから，すべての平面ベクトル $\bm{x} = \begin{pmatrix} x_1 \\ x_2 \end{pmatrix}$ は基本ベクトル $\bm{e}_1, \bm{e}_2$

の線形結合として表わせることがわかる．同じような性質をもつベクトルは e_1, e_2 の他にもいろいろある．たとえば $f_1 = \begin{pmatrix} 1 \\ 1 \end{pmatrix}, f_2 = \begin{pmatrix} 1 \\ -1 \end{pmatrix}$ とすると，

$$\left(\frac{x_1 + x_2}{2}\right) f_1 + \left(\frac{x_1 - x_2}{2}\right) f_2 = \begin{pmatrix} x_1 \\ x_2 \end{pmatrix}$$

となり，すべての平面ベクトルは f_1 と f_2 の線形結合で表わされる．

一般にすべての平面ベクトルが $a_1, \cdots, a_n$ の線形結合で表わされるとき，$\mathbf{R}^2$ は $a_1, \cdots, a_n$ で **張られる**，あるいは $a_1, \cdots, a_n$ で **生成される** という．

問題 1.2 $a_1 = \begin{pmatrix} 2 \\ 1 \end{pmatrix}, a_2 = \begin{pmatrix} 4 \\ 2 \end{pmatrix}, a_3 = \begin{pmatrix} 1 \\ 2 \end{pmatrix}$ は平面ベクトル全体 $\mathbf{R}^2$ を張ることを示せ．また，a_1, a_2 は $\mathbf{R}^2$ を張らないことを示せ．

一般に n 個のベクトル $a_1, \cdots, a_n$ の線形結合の表わし方が一意的である条件を考えてみよう．

$$c_1 a_1 + \cdots + c_n a_n = d_1 a_1 + \cdots + d_n a_n$$

という式は

$$(c_1 - d_1) a_1 + \cdots + (c_n - d_n) a_n = \mathbf{0}$$

という式と同じである．一意的に表わせるということは

$$c_1 = d_1, \cdots, c_n = d_n \quad \text{すなわち} \quad (c_1 - d_1) = \cdots = (c_n - d_n) = 0$$

ということである．そこで一般に，n 個のベクトル $a_1, \cdots, a_n$ が **線形独立** または **1 次独立** であるとは，

"$c_1 a_1 + \cdots + c_n a_n = \mathbf{0}$ ならつねに $c_1 = \cdots = c_n = 0$"

をみたすことと定義する．特に 1 個のベクトル a が線形独立である必要十分条件は，$a \neq \mathbf{0}$ である．

線形独立でないとき **線形従属** または **1 次従属** という．

例題 1.1 $a_1 = \begin{pmatrix} 1 \\ 2 \end{pmatrix}, a_2 = \begin{pmatrix} 2 \\ 1 \end{pmatrix}, a_3 = \begin{pmatrix} 5 \\ 3 \end{pmatrix}$ は線形従属であることを示せ．またこのうちの任意の 2 つのベクトルは線形独立であることも示せ．

解答 前半は $a_1 + 7a_2 - 3a_3 = 0$ より得られる．後半は，たとえば $c_1 a_1 + c_2 a_2 = 0$ は $c_1 + 2c_2 = 0, 2c_1 + c_2 = 0$ を意味し，これより $c_1 = c_2 = 0$ となり，a_1 と a_2 の線形独立が示される．他も同様． □

以上の考察から，ベクトルを $a_1, \cdots, a_n$ による線形結合で表わすとき，その表わし方が一意的である必要十分条件は，$a_1, \cdots, a_n$ が線形独立であることがわかる．たとえば $a_1 = \begin{pmatrix} 1 \\ 2 \end{pmatrix}, a_2 = \begin{pmatrix} 2 \\ 4 \end{pmatrix}$ とすると $2a_1 - a_2 = 0$ だから a_1, a_2 は線形従属で，$x = \begin{pmatrix} 3 \\ 6 \end{pmatrix}$ は $x = a_1 + a_2 = 3a_1 = \frac{3}{2} a_2$ などといろいろな表わし方ができてしまう．また，$f_1 = \begin{pmatrix} 1 \\ 1 \end{pmatrix}, f_2 = \begin{pmatrix} 1 \\ -1 \end{pmatrix}$ のときは，

$$c_1 f_1 + c_2 f_2 = \begin{pmatrix} c_1 \\ c_1 \end{pmatrix} + \begin{pmatrix} c_2 \\ -c_2 \end{pmatrix} = \begin{pmatrix} c_1 + c_2 \\ c_1 - c_2 \end{pmatrix} = 0$$

という条件は $c_1 + c_2 = 0, c_1 - c_2 = 0$ を意味し，これより $c_1 = c_2 = 0$ が得られるから，f_1, f_2 は線形独立である．したがって，

$$x = \begin{pmatrix} 3 \\ 6 \end{pmatrix} = c_1 f_1 + c_2 f_2$$

という表わし方も一意的であることがわかる．すなわち，$c_1 = \frac{9}{2}, c_2 = -\frac{3}{2}$ のときに限り，この式が成り立つことになる．

基本ベクトル e_1, e_2 や上で述べた f_1, f_2 のように，$\mathbf{R}^2$ が a_1, a_2 で張られて，しかも a_1, a_2 が線形独立のとき，a_1, a_2 を平面ベクトル全体 $\mathbf{R}^2$ の **基底** とよぶ．厳密には基底はベクトルからなる集合であるが，$\{a_1, a_2\}$ と書かず

に，中括弧を省いて単に a_1, a_2 と書くことが多い．

この基底の条件は $\mathbf{R}^2$ の任意の元が a_1, a_2 の線形結合として一意的に表わされることと同値である．

問題 1.3 $a_1 = \begin{pmatrix} 3 \\ 2 \end{pmatrix}, a_2 = \begin{pmatrix} -1 \\ 3 \end{pmatrix}$ は平面ベクトル全体 $\mathbf{R}^2$ の基底であることを示せ．

1.2 平面ベクトルの幾何的な意味

ベクトルという言葉は歴史的には数学者のハミルトン (Hamilton) が導入したものである．物理学では速度のように方向と大きさをもつ量として使われている．

平面に 2 点 P, Q があるとき P を始点，Q を終点と考えて矢印を結んだものを有向線分といい $\overrightarrow{PQ}$ で表わす．

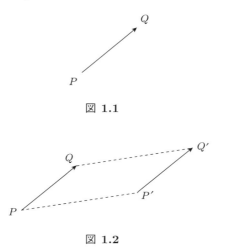

図 1.1

図 1.2

平面ベクトルとは有向線分の平面における位置を無視してその向きと長さだけを考えたものである．2 つの有向線分 $\overrightarrow{PQ}$ と $\overrightarrow{P'Q'}$ は図 1.2 のように $PQQ'P'$ が平行四辺形をなすとき同じベクトルを表わす．このベクトルを文字 a などで

表わし，$\bm{a} = \overrightarrow{PQ} = \overrightarrow{P'Q'}$ と表わす．

平面に (x, y) 座標が定められているとき，平面ベクトル $\bm{a}$ は，原点 $O(0,0)$ を始点，点 $A(a_1, a_2)$ を終点とする有向線分 $\overrightarrow{OA}$ でそのベクトルを代表させることができる．

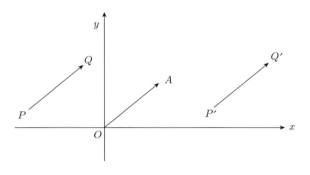

図 1.3

このとき A の座標 (a_1, a_2) はベクトル $\bm{a}$ から一意的に定まる．逆に座標 (a_1, a_2) を与えると有向線分 $\overrightarrow{OA}$ が定まり，したがって平面ベクトル $\bm{a} = \begin{pmatrix} a_1 \\ a_2 \end{pmatrix}$ が定まる．この $\bm{a}$ を点 A の **位置ベクトル** ともいう．ベクトル $\bm{a}$ の長さ $\|\bm{a}\|$ は，ピタゴラス (Pythagoras) の三平方の定理より $\|\bm{a}\| = \sqrt{a_1^2 + a_2^2}$ である．

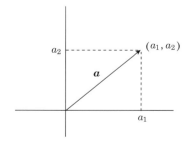

図 1.4

ここで,前節で定義したベクトルの演算の幾何的な意味を考えてみよう.

(1) **スカラー倍** $c\boldsymbol{a} = \begin{pmatrix} ca_1 \\ ca_2 \end{pmatrix}$ ゆえ

$$||c\boldsymbol{a}|| = \sqrt{c^2 a_1^2 + c^2 a_2^2} = |c| \cdot ||\boldsymbol{a}||$$

である.したがって長さは $|c|$ 倍される.$c > 0$ のときは $c\boldsymbol{a}$ は $\boldsymbol{a}$ と同じ向きに c 倍したもの.$c < 0$ のときは $c\boldsymbol{a}$ は $\boldsymbol{a}$ と反対向きに $|c|$ 倍したもの.$c = 0$ のときは $\boldsymbol{0}$ を表わす.

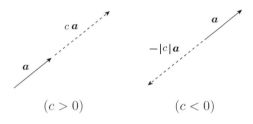

図 1.5

(2) **和** $\boldsymbol{a} = \begin{pmatrix} a_1 \\ a_2 \end{pmatrix}, \boldsymbol{b} = \begin{pmatrix} b_1 \\ b_2 \end{pmatrix}$ に対し $\boldsymbol{a} + \boldsymbol{b} = \begin{pmatrix} a_1 + b_1 \\ a_2 + b_2 \end{pmatrix}$ である.これは $\boldsymbol{a} = \overrightarrow{OA}, \boldsymbol{b} = \overrightarrow{OB} = \overrightarrow{AC}$ ならば $\boldsymbol{a} + \boldsymbol{b} = \overrightarrow{OC}$ を意味している.

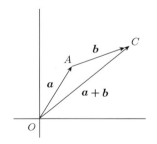

図 1.6

問題 1.4 平面ベクトル $\boldsymbol{a} = \begin{pmatrix} 1 \\ 2 \end{pmatrix}$, $\boldsymbol{b} = \begin{pmatrix} 3 \\ 1 \end{pmatrix}$ に対して，平面ベクトル $-2\boldsymbol{a}, \boldsymbol{a} + \boldsymbol{b}$, $\boldsymbol{a} - \boldsymbol{b}$ を，それぞれ始点を原点 $O(0,0)$ にとって図示せよ．

次に，$\boldsymbol{0}$ でないベクトル $\boldsymbol{a} = \begin{pmatrix} a_1 \\ a_2 \end{pmatrix}$ と $\boldsymbol{b} = \begin{pmatrix} b_1 \\ b_2 \end{pmatrix}$ のなす角度 θ を考えよう．

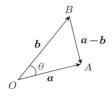

図 1.7

$\boldsymbol{a} = \overrightarrow{OA}$, $\boldsymbol{b} = \overrightarrow{OB}$ とするとき $\overrightarrow{BA} = \boldsymbol{a} - \boldsymbol{b} = \begin{pmatrix} a_1 - b_1 \\ a_2 - b_2 \end{pmatrix}$ である．図 1.7 で点 A から直線 OB への垂線の長さを h とすると，ピタゴラスの三平方の定理から，

$$h^2 + (\|\boldsymbol{a}\| \cos \theta)^2 = \|\boldsymbol{a}\|^2, \quad h^2 + (\|\boldsymbol{b}\| - \|\boldsymbol{a}\| \cos \theta)^2 = \|\boldsymbol{a} - \boldsymbol{b}\|^2$$

である．そこで h^2 を消去すると余弦定理

$$\|\boldsymbol{a} - \boldsymbol{b}\|^2 = \|\boldsymbol{a}\|^2 + \|\boldsymbol{b}\|^2 - 2\|\boldsymbol{a}\| \cdot \|\boldsymbol{b}\| \cdot \cos \theta$$

が得られる．すなわち

$$(a_1 - b_1)^2 + (a_2 - b_2)^2 = (a_1^2 + a_2^2) + (b_1^2 + b_2^2) - 2\|\boldsymbol{a}\| \cdot \|\boldsymbol{b}\| \cos \theta$$

であるから，

$$\|\boldsymbol{a}\| \cdot \|\boldsymbol{b}\| \cos \theta = a_1 b_1 + a_2 b_2$$

となる．そこで，$\boldsymbol{a} = \begin{pmatrix} a_1 \\ a_2 \end{pmatrix}$ と $\boldsymbol{b} = \begin{pmatrix} b_1 \\ b_2 \end{pmatrix}$ の **内積** を成分ごとの積の和として $(\boldsymbol{a}, \boldsymbol{b}) = a_1 b_1 + a_2 b_2$ と定めると，

$$(\boldsymbol{a}, \boldsymbol{b}) = \|\boldsymbol{a}\| \cdot \|\boldsymbol{b}\| \cos\theta$$

となる．$\boldsymbol{a}, \boldsymbol{b}$ が直交するとき，すなわち $\theta = \dfrac{\pi}{2} + n\pi \ (n = 0, \pm 1, \pm 2, \cdots)$ のとき，またそのときに限り $\cos\theta = 0$ である．より一般に，$\boldsymbol{a}$ または $\boldsymbol{b}$ が $\boldsymbol{0}$ の場合も含めて

$$\boldsymbol{a}, \boldsymbol{b} \text{ が直交する} \iff (\boldsymbol{a}, \boldsymbol{b}) = 0$$

と定める．$(\boldsymbol{a}, \boldsymbol{a}) = \|\boldsymbol{a}\|^2$ であることに注意しよう．

例題 1.2 平面ベクトル $\boldsymbol{a}, \boldsymbol{b}$ に対して次の不等式を示せ．
（１）（シュワルツ (Schwarz) の不等式） $|(\boldsymbol{a}, \boldsymbol{b})| \leqq \|\boldsymbol{a}\| \cdot \|\boldsymbol{b}\|$
（２）（三角不等式） $\left| \|\boldsymbol{a}\| - \|\boldsymbol{b}\| \right| \leqq \|\boldsymbol{a} + \boldsymbol{b}\| \leqq \|\boldsymbol{a}\| + \|\boldsymbol{b}\|$

解答 （１）$|\cos\theta| \leqq 1$ を使ってもよいが，定義から直接示すには

$$(\|\boldsymbol{a}\| \cdot \|\boldsymbol{b}\|)^2 - (\boldsymbol{a}, \boldsymbol{b})^2 = (a_1^2 + a_2^2)(b_1^2 + b_2^2) - (a_1 b_1 + a_2 b_2)^2$$
$$= (a_1 b_2 - a_2 b_1)^2 \geqq 0$$

とすればよい．

（２）$\|\boldsymbol{a} + \boldsymbol{b}\|^2 = (\boldsymbol{a} + \boldsymbol{b}, \boldsymbol{a} + \boldsymbol{b}) = \|\boldsymbol{a}\|^2 + 2(\boldsymbol{a}, \boldsymbol{b}) + \|\boldsymbol{b}\|^2$ と (1) より右の不等式が得られる．そこで $\boldsymbol{a}$ を $\boldsymbol{a} + \boldsymbol{b}$ に，$\boldsymbol{b}$ を $-\boldsymbol{b}$ に置き換えて $\|-\boldsymbol{b}\| = \|\boldsymbol{b}\|$ を使うと，左の不等式が得られる． □

ベクトル $\boldsymbol{a}_1, \boldsymbol{a}_2$ が線形従属なら，$c_1 \boldsymbol{a}_1 + c_2 \boldsymbol{a}_2 = \boldsymbol{0}$ で $(c_1, c_2) \neq (0, 0)$ なるものがある．たとえば $c_2 \neq 0$ なら $\boldsymbol{a}_2 = \left(-\dfrac{c_1}{c_2}\right) \boldsymbol{a}_1$ となり $\boldsymbol{a}_2$ は $\boldsymbol{a}_1$ のスカラー倍である．逆も成り立つ．

平面ベクトル $\boldsymbol{a}_1, \boldsymbol{a}_2$ については線形独立ということと，その線形結合全体が平面になることは同値である．

問題 1.5 アナログ時計で針の中心を平面の原点 $O(0,0)$, 長針と短針を平面ベクトルとみなす. 一日にこれら 2 つのベクトルが線形従属となる時刻はいくつあるか.

1.3 複素数

複素数 は $z = a + b\sqrt{-1}$ (a, b は実数) と表わされる数である. a を z の **実数部分** (real part), b を z の **虚数部分** (imaginary part) といい, それぞれ $\mathrm{Re}\,z, \mathrm{Im}\,z$ と記す. 複素数の全体を $\mathbf{C}$ と記すことにする. $\sqrt{-1}$ を i と記す場合も多いが, 本書では特に断らない限り $\sqrt{-1}$ と記すことにする. しかし, 臨機応変にどちらを用いてもよい.

$z_1 = a_1 + b_1\sqrt{-1}$ と $z_2 = a_2 + b_2\sqrt{-1}$ については $a_1 = a_2, b_1 = b_2$ のとき, またそのときに限り相等しい, といい $z_1 = z_2$ と書く. 複素数の和と差は, 成分ごとに和と差をとって

$$z_1 \pm z_2 = (a_1 \pm a_2) + (b_1 \pm b_2)\sqrt{-1}$$

と定義し, 積は通常の分配法則と $(\sqrt{-1})^2 = -1$ により定める. すなわち,

$$z_1 z_2 = (a_1 a_2 - b_1 b_2) + (a_1 b_2 + a_2 b_1)\sqrt{-1}.$$

問題 1.6 以下の複素数を計算せよ.
(1) $(1 + \sqrt{-1})^{10}$ (2) $(\sqrt{3} + \sqrt{-1})^9$
(3) 2 乗して $\sqrt{-1}$ となる複素数を求めよ.

複素数 $z = a + b\sqrt{-1}$ に平面の点 $A(a, b)$ を対応させると, 複素数全体 $\mathbf{C}$ は平面と 1 対 1 に対応するから, 平面の点を複素数とみなすことができる. これを **複素平面**, あるいは **ガウス** (Gauss) **平面** とよぶ. また平面の点とその位置ベクトルを対応させることにより, 複素数全体の集合 $\mathbf{C}$ と平面ベクトルの全体 $\mathbf{R}^2$ は 1 対 1 に対応する. 複素数 z_1, z_2 がそれぞれ平面ベクトル $\boldsymbol{a}_1, \boldsymbol{a}_2$ に対応するとき, 複素数 $z_1 + z_2$ や cz_1 ($c \in \mathbf{R}$) は, それぞれ平面ベクトル $\boldsymbol{a}_1 + \boldsymbol{a}_2$ や $c\boldsymbol{a}_1$ に対応している.

複素数 $z = a + b\sqrt{-1}$ に対応する平面ベクトルを $\boldsymbol{a} = \begin{pmatrix} a \\ b \end{pmatrix}$ とするとき,

$\|\boldsymbol{a}\| = \sqrt{a^2+b^2}$ を z の **絶対値** といい $|z|$ と表わす．また x 軸となす角度 θ を z の **偏角** といい $\arg z$ と書く．$\arg z$ は 2π の整数倍を除いて一意的に定まる．このとき，

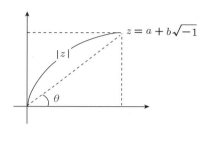

図 **1.8**

$$a = |z|\cos\theta,\ b = |z|\sin\theta \quad \text{ゆえ} \quad z = |z|(\cos\theta + \sqrt{-1}\sin\theta)$$

と表わせる．ここで $\theta = \arg z$ である．

$z_i = |z_i|(\cos\theta_i + \sqrt{-1}\sin\theta_i)\ (i = 1, 2)$ のとき，三角関数の加法定理により

$$\begin{aligned} z_1 z_2 &= |z_1|\cdot|z_2|\{(\cos\theta_1\cos\theta_2 - \sin\theta_1\sin\theta_2) \\ &\quad + \sqrt{-1}(\cos\theta_1\sin\theta_2 + \sin\theta_1\cos\theta_2)\} \\ &= |z_1|\cdot|z_2|\{\cos(\theta_1+\theta_2) + \sqrt{-1}\sin(\theta_1+\theta_2)\} \end{aligned}$$

であるから

$$|z_1 z_2| = |z_1|\cdot|z_2|$$

$$\arg(z_1 z_2) \equiv \arg z_1 + \arg z_2 \pmod{2\pi}$$

となる．ここで実数 a, b に対してある整数 n が存在して $a - b = 2\pi n$ となるとき，$a \equiv b \pmod{2\pi}$ と記す．

また $z = a + b\sqrt{-1}$ に対し $\bar{z} = a - b\sqrt{-1}$ を z の **共役複素数**（きょうやく）という．このとき

$$z \cdot \bar{z} = a^2 + b^2 = |z|^2$$

である．

問題 1.7 $z = \left(-\dfrac{1}{2}\right) + \left(\dfrac{\sqrt{3}}{2}\right)\sqrt{-1}$ の絶対値と偏角を求めよ．さらに z とその共役複素数 $\bar{z}$ を複素平面上に図示せよ．最後に $z^3 = \bar{z}^3 = 1$ を確かめよ．

● コーヒーブレイク ●

複素数の世界では，
$$e^{\sqrt{-1}\theta} = \cos\theta + \sqrt{-1}\sin\theta$$
という **オイラー (Euler) の公式** とよばれている式があります (複素数と見たり θ の関数と見たりする)．これを認めると，一見複雑な三角関数の加法定理は簡明な指数法則 $e^{\sqrt{-1}\theta_1} \cdot e^{\sqrt{-1}\theta_2} = e^{\sqrt{-1}(\theta_1+\theta_2)}$ と同等になります．すなわち実数値関数である三角関数も，複素数の世界まで考えて初めてその本当の姿を現わしてくるのです．この公式の証明は，ここではしませんが，証明の流れを説明してみましょう．

$f(\theta) = \cos\theta + \sqrt{-1}\sin\theta$ を θ により微分すると $f'(\theta) = -\sin\theta + \sqrt{-1}\cos\theta = \sqrt{-1}f(\theta)$ ですから $\dfrac{f'(\theta)}{f(\theta)} = \sqrt{-1}$ となります．もし $f(\theta) > 0$ ならば e を自然対数の底とするとき $(\log_e f(\theta))' = \dfrac{f'(\theta)}{f(\theta)}$ が成り立ちます．我々の場合もこれが成り立つと仮定すると，$\log_e f(\theta) = \sqrt{-1}\theta + c$ (c は積分定数) となり $f(\theta) = e^{\sqrt{-1}\theta + c}$ ですが，$\theta = 0$ を代入して $e^c = 1$，すなわち $f(\theta) = e^{\sqrt{-1}\theta}$ となり，オイラーの公式が得られます．とくに $\theta = \pi$ を代入すると $e, \pi, \sqrt{-1}$ の関係式 $e^{\sqrt{-1}\pi} = -1$ が得られます．

1.4 n 項数ベクトル

これまで平面ベクトルを扱ってきたが，3 次元空間やそれ以上の空間を数学的に扱う手法を準備しておこう．以下の話は，**R** 上で考えても，**C** 上で考えても議論が同じように展開できるので，両方を同時に扱ったほうが何かと都合が

よい．そこでとくに断らない限り，本書では K で実数全体 $\mathbf{R}$，または複素数全体 $\mathbf{C}$ を表わし，K の元をスカラーとよぶ．

平面ベクトルは $\boldsymbol{a} = \begin{pmatrix} a_1 \\ a_2 \end{pmatrix}$ のように 2 つの実数の組で表わせたので，これを拡張して $a_1, \cdots, a_n \in K$ に対して $\boldsymbol{a} = \begin{pmatrix} a_1 \\ \vdots \\ a_n \end{pmatrix}$ を $(K$ 上の$)$ n 項 縦ベクトル という．これに対し $\boldsymbol{a}' = (a_1, \cdots, a_n)$ を $(K$ 上の$)$ n 項 横ベクトル という．一般にこれらを総称して n 項 **数ベクトル** とよぶが，本書では特に断らない限り縦ベクトルを数ベクトルとよぶことにして，その全体を K^n と記す．$K = \mathbf{R}$ のとき **実ベクトル**，$K = \mathbf{C}$ のとき **複素ベクトル** ということもある．ベクトル $\boldsymbol{a}$ の第 i 番目の数 a_i を $\boldsymbol{a}$ の **第 i 成分** という．

2 つのベクトル $\boldsymbol{a} = \begin{pmatrix} a_1 \\ \vdots \\ a_n \end{pmatrix}$ と $\boldsymbol{b} = \begin{pmatrix} b_1 \\ \vdots \\ b_m \end{pmatrix}$ は $n = m, a_i = b_i\ (1 \leqq i \leqq n)$ のとき，またそのときに限り相等しい，といい $\boldsymbol{a} = \boldsymbol{b}$ と記す．

K^n に演算を次のように定義する．

(1) **スカラー倍** $c \in K$ と $\boldsymbol{a} = \begin{pmatrix} a_1 \\ \vdots \\ a_n \end{pmatrix} \in K^n$ に対して $c\boldsymbol{a} = \begin{pmatrix} ca_1 \\ \vdots \\ ca_n \end{pmatrix}$ と定める．

(2) **和** $\boldsymbol{a} = \begin{pmatrix} a_1 \\ \vdots \\ a_n \end{pmatrix}, \boldsymbol{b} = \begin{pmatrix} b_1 \\ \vdots \\ b_n \end{pmatrix} \in K^n$ に対し $\boldsymbol{a} + \boldsymbol{b} = \begin{pmatrix} a_1 + b_1 \\ \vdots \\ a_n + b_n \end{pmatrix}$ と定める．$\boldsymbol{0} = \begin{pmatrix} 0 \\ \vdots \\ 0 \end{pmatrix}$ はゼロベクトルとよばれる．$(-1)\boldsymbol{a}$ を $-\boldsymbol{a}$ と記し，$\boldsymbol{a} +$

$(-1)\boldsymbol{b}$ は $\boldsymbol{a}-\boldsymbol{b}$ と記す．したがって，$0\boldsymbol{a}=\boldsymbol{0}$ かつ $c\boldsymbol{0}=\boldsymbol{0}$ となる．このとき和に関して次が成り立つ．

(A1)　$\boldsymbol{a}+\boldsymbol{b}=\boldsymbol{b}+\boldsymbol{a}$　　　　　(交換法則)

(A2)　$(\boldsymbol{a}+\boldsymbol{b})+\boldsymbol{c}=\boldsymbol{a}+(\boldsymbol{b}+\boldsymbol{c})$　　(結合法則)

(A3)　$\boldsymbol{a}+\boldsymbol{0}=\boldsymbol{0}+\boldsymbol{a}=\boldsymbol{a}$

(A4)　$\boldsymbol{a}+(-\boldsymbol{a})=(-\boldsymbol{a})+\boldsymbol{a}=\boldsymbol{0}$

またスカラー倍に関しては

(S1)　$c(\boldsymbol{a}+\boldsymbol{b})=c\boldsymbol{a}+c\boldsymbol{b}$

(S2)　$(c+d)\boldsymbol{a}=c\boldsymbol{a}+d\boldsymbol{a}$

(S3)　$(cd)\boldsymbol{a}=c(d\boldsymbol{a})$

(S4)　$1\boldsymbol{a}=\boldsymbol{a}$

が成り立つ．ここで $\boldsymbol{a},\boldsymbol{b},\boldsymbol{c}$ は K 上の n 項数ベクトル，c,d はスカラー，すなわち K の元である．

問題 1.8 $\mathbf{C}^3$ の元 $\boldsymbol{a}=\begin{pmatrix}1+\sqrt{-1}\\2\\-2\sqrt{-1}\end{pmatrix}$ と $\boldsymbol{b}=\begin{pmatrix}3-2\sqrt{-1}\\\sqrt{-1}\\2+\sqrt{-1}\end{pmatrix}$ に対し，$\boldsymbol{a}-\boldsymbol{b}$ の第 1 成分と $(1-\sqrt{-1})\boldsymbol{b}$ の第 3 成分の和を求めよ．

$$\boldsymbol{e}_1=\begin{pmatrix}1\\0\\\vdots\\0\end{pmatrix},\cdots,\boldsymbol{e}_n=\begin{pmatrix}0\\\vdots\\0\\1\end{pmatrix}$$

を n 項 **基本ベクトル** とよぶ．任意の n 項ベクトル $\boldsymbol{a}$ は基本ベクトルを使って，

$$\boldsymbol{a}=\begin{pmatrix}a_1\\a_2\\\vdots\\a_n\end{pmatrix}=\begin{pmatrix}a_1\\0\\\vdots\\0\end{pmatrix}+\cdots+\begin{pmatrix}0\\\vdots\\0\\a_n\end{pmatrix}$$

$$= a_1 \begin{pmatrix} 1 \\ 0 \\ \vdots \\ 0 \end{pmatrix} + \cdots + a_n \begin{pmatrix} 0 \\ \vdots \\ 0 \\ 1 \end{pmatrix}$$

$$= a_1 \boldsymbol{e}_1 + \cdots + a_n \boldsymbol{e}_n$$

と表わすことができる.

一般に $\boldsymbol{a}_1, \cdots, \boldsymbol{a}_r \in K^n$ と $c_1, \cdots, c_r \in K$ に対し $c_1 \boldsymbol{a}_1 + \cdots + c_r \boldsymbol{a}_r$ も n 項ベクトルである. これを $\boldsymbol{a}_1, \cdots, \boldsymbol{a}_r$ の **線形結合** または **1 次結合** とよぶ. すべての $\boldsymbol{a} \in K^n$ は $\boldsymbol{e}_1, \cdots, \boldsymbol{e}_n$ の線形結合として表わせる. このとき $\boldsymbol{e}_i$ の係数 a_i は $\boldsymbol{a}$ の第 i 成分ゆえ一意的に定まる.

和とスカラー倍の定義された n 項数ベクトル全体の集合 K^n を K 上の **n 項数ベクトル空間** とよぶ. また, 実数か複素数かを強調したい場合には, $\mathbf{R}^n$ を実 n 項数ベクトル空間, $\mathbf{C}^n$ を複素 n 項数ベクトル空間とよぶこともある.

K^n の元 $\boldsymbol{a}_1, \cdots, \boldsymbol{a}_r$ が (K 上) **線形独立** または (K 上) **1 次独立** とは

$$c_1 \boldsymbol{a}_1 + \cdots + c_r \boldsymbol{a}_r = \boldsymbol{0} \qquad (c_1, \cdots, c_r \in K)$$

ならつねに $c_1 = \cdots = c_r = 0$ となるときにいう. 線形独立でないとき **線形従属** または **1 次従属** という. 横ベクトルの場合にも同様の概念が定義できる.

問題 1.9 $\mathbf{C}$ 上の 3 項数ベクトル

$$\boldsymbol{a}_1 = \begin{pmatrix} 1 \\ \sqrt{-1} \\ 2 \end{pmatrix}, \quad \boldsymbol{a}_2 = \begin{pmatrix} 11 - 6\sqrt{-1} \\ -4 + \sqrt{-1} \\ 2\sqrt{-1} \end{pmatrix}, \quad \boldsymbol{a}_3 = \begin{pmatrix} 3 - 4\sqrt{-1} \\ -2 + \sqrt{-1} \\ 2\sqrt{-1} \end{pmatrix}$$

に対し, $\boldsymbol{a}_1, \boldsymbol{a}_2$ は線形独立で, $\boldsymbol{a}_1, \boldsymbol{a}_2, \boldsymbol{a}_3$ は線形従属であることを示せ.

平面ベクトルの場合には問題 1.2 の後で示したように, K^n においても次が成立する.

> **定理 1.1** (線形結合の一意性の条件) K は $\mathbf{R}$ または $\mathbf{C}$ とする. K^n の元 $\boldsymbol{a}_1, \cdots, \boldsymbol{a}_r$ による線形結合の表わし方が一意的であることと $\boldsymbol{a}_1, \cdots, \boldsymbol{a}_r$ が線形独立であることは同値である.

証明
$$c_1\boldsymbol{a}_1 + \cdots + c_r\boldsymbol{a}_r = d_1\boldsymbol{a}_1 + \cdots + d_r\boldsymbol{a}_r$$
$$\iff (c_1 - d_1)\boldsymbol{a}_1 + \cdots + (c_r - d_r)\boldsymbol{a}_r = \boldsymbol{0}$$

より明らか. □

1.5 行列

これまで,ベクトルを扱ってきた.これからは,2 つのベクトルの間の相互作用を表わす行列というまったく新しい数学概念を考察していこう.

1.5.1 行列の導入,および和とスカラー倍

m と n を自然数とする. mn 個の数 a_{ij} を次のように長方形(すなわち,縦に m 個,横に n 個の形状)に並べたものを m 行 n 列の **行列** という.

$$A = \begin{pmatrix} a_{11} & a_{12} & \cdots & a_{1n} \\ a_{21} & a_{22} & \cdots & a_{2n} \\ \vdots & \vdots & \ddots & \vdots \\ a_{m1} & a_{m2} & \cdots & a_{mn} \end{pmatrix}$$

m 行 n 列の行列を $(\boldsymbol{m}, \boldsymbol{n})$ **行列**, $\boldsymbol{m} \times \boldsymbol{n}$ **行列**, $m \times n$ 型の行列などともいう. $A = (a_{ij})$ と略記することもある. a_{ij} を A の $(\boldsymbol{i}, \boldsymbol{j})$ **成分** という. K の元を成分にもつ m 行 n 列の行列全体を記号 $M(m, n; K)$ あるいは $M_{m,n}(K)$ で表わす.特に $m = n$ のときは, $M(n, K)$ または $M_n(K)$ と略記する.文脈から K が明らかなときは, $M(m, n)$ とか $M(n)$ のように, K を省くこともある.

通常,世間では「行列」というと,人や蟻が先頭から一筋に連なる様子を想像するが,数学における行列は,長方形に並んで街中を進む大名行列や,式典

で整然と矩形に並ぶ隊列のイメージに近い．

行列 A の成分の横の並びである横ベクトル

$$\bm{a}'_i = (a_{i1}, \cdots, a_{in}) \qquad (i = 1, \cdots, m)$$

を行列 A の第 i **行ベクトル** とよび，行列 A の縦の並びである縦ベクトル

$$\bm{a}_j = \begin{pmatrix} a_{1j} \\ \vdots \\ a_{mj} \end{pmatrix} \qquad (j = 1, \cdots, n)$$

を行列 A の第 j **列ベクトル** とよぶ．

成分がすべて実数である行列を **実行列**，また成分が複素数である行列を **複素行列** という．成分がすべて 0 である $m \times n$ 行列を $O_{m,n}$ と表わすが，$m \times n$ 行列であることが明らかな場合は単に O と記す．これを **ゼロ行列** という．$m = n$ のとき，すなわち $n \times n$ 行列を n 次の **正方行列**，または単に **$\bm{n}$ 次行列** という．この場合 a_{ii} $(i = 1, \cdots, n)$ を行列 A の **対角成分** とよぶ．対角成分がすべて 1 で残りのすべての成分が 0 であるような $n \times n$ 行列を n 次の **単位行列** といい E_n で表わす．

$$E_n = \begin{pmatrix} 1 & 0 & \cdots & 0 \\ 0 & 1 & \ddots & \vdots \\ \vdots & \ddots & \ddots & 0 \\ 0 & \cdots & 0 & 1 \end{pmatrix}$$

クロネッカー (Kronecker) のデルタ記号 を

$$\delta_{ij} = \begin{cases} 1 & (i = j) \\ 0 & (i \neq j) \end{cases}$$

で定めれば，$E_n = (\delta_{ij})$ と表わすことができる．n 次行列であることが明らかな場合は E_n を単に E と表わす．

（Ⅰ）**相等** $A = (a_{ij})$ と $B = (b_{ij})$ がともに $m \times n$ 行列で

$$a_{ij} = b_{ij} \quad (i = 1, 2, \cdots, m \,;\, j = 1, 2, \cdots, n)$$

のとき，そのときに限り A と B は相等しい，といい $A = B$ と記す．

（Ⅱ）**加法** 同じ $m \times n$ 型の行列 $A = (a_{ij})$ と $B = (b_{ij})$ に対して，A と B の和を

$$A + B = (a_{ij} + b_{ij})$$

と定める．すなわち

$$\begin{pmatrix} a_{11} & a_{12} & \cdots & a_{1n} \\ a_{21} & a_{22} & \cdots & a_{2n} \\ \vdots & \vdots & \ddots & \vdots \\ a_{m1} & a_{m2} & \cdots & a_{mn} \end{pmatrix} + \begin{pmatrix} b_{11} & b_{12} & \cdots & b_{1n} \\ b_{21} & b_{22} & \cdots & b_{2n} \\ \vdots & \vdots & \ddots & \vdots \\ b_{m1} & b_{m2} & \cdots & b_{mn} \end{pmatrix}$$

$$= \begin{pmatrix} a_{11}+b_{11} & a_{12}+b_{12} & \cdots & a_{1n}+b_{1n} \\ a_{21}+b_{21} & a_{22}+b_{22} & \cdots & a_{2n}+b_{2n} \\ \vdots & \vdots & \ddots & \vdots \\ a_{m1}+b_{m1} & a_{m2}+b_{m2} & \cdots & a_{mn}+b_{mn} \end{pmatrix}.$$

このとき次が成り立つ．

（1） $A + B = B + A$ （交換法則）
（2） $(A + B) + C = A + (B + C)$ （結合法則）
（3） $A + O = O + A = A$
（4） $A + (-A) = (-A) + A = O$

ここで $A = (a_{ij})$ に対し $-A = (-a_{ij})$ とおく．$A + (-B)$ を $A - B$ と書く．

$$A - B = (a_{ij} - b_{ij})$$

（Ⅲ）**スカラー倍** 数（スカラー）c に対して，行列 $A = (a_{ij})$ の c 倍を

$$cA = (ca_{ij})$$

と定めるとき，次が成り立つ．ただし，$A, B, C \in M_{m,n}(K), c, d \in K$ とする．
（5） $c(A + B) = cA + cB$.
（6） $(c + d)A = cA + dA$.
（7） $c(dA) = (cd)A$.
（8） $1A = A$.

問題 1.10 $A = \begin{pmatrix} 1 & 2 & 3 \\ 4 & 5 & 6 \end{pmatrix}, B = \begin{pmatrix} 2 & 3 & 4 \\ 4 & 1 & 3 \end{pmatrix}$ に対して，$A + B, 2A - 3B$ を求めよ．

1.5.2 行列の乗法

行列は数と類似の役割を果たす．特に行列どうしの積は重要であり，感覚をつかむために，2次行列からはじめよう．2次行列の積は次の式で定義される．

$$\begin{pmatrix} a & b \\ c & d \end{pmatrix} \begin{pmatrix} e & f \\ g & h \end{pmatrix} = \begin{pmatrix} ae + bg & af + bh \\ ce + dg & cf + dh \end{pmatrix}$$

この積の妥当性を説明するには様々な方法があるが，ここでは連立1次方程式

$$\begin{cases} ax + by = s \\ cx + dy = t \end{cases}$$

を用いて簡潔に述べよう．この連立方程式の x, y の係数をそのまま並べて行列 $\begin{pmatrix} a & b \\ c & d \end{pmatrix}$ を対応させることにする．これを **係数行列** とよぶ．例えば，鶴 x 羽と亀 y 匹がいるとして，頭の総数が s で足の総数が t であるとき，

$$\begin{cases} x + y = s \\ 2x + 4y = t \end{cases}$$

となる．この係数行列は $\begin{pmatrix} 1 & 1 \\ 2 & 4 \end{pmatrix}$ である．s と t を与えて，x と y を求めるのが鶴亀算である．ここで，二つの連立1次方程式が次のように組み合わされていると想定しよう．

$$\begin{cases} ax + by = s \\ cx + dy = t \end{cases} \qquad \begin{cases} eX + fY = x \\ gX + hY = y \end{cases}$$

s, t から x, y を求め,さらに x, y から最終的に X, Y を求めるという複合的な設定である.途中にある x, y を消去し X, Y について整理することにより,

$$\begin{cases} (ae + bg)X + (af + bh)Y = s \\ (ce + dg)X + (cf + dh)Y = t \end{cases}$$

が得られる.この係数行列 $\begin{pmatrix} ae + bg & af + bh \\ ce + dg & cf + dh \end{pmatrix}$ は不思議なことに(本当は不思議ではないが)2 つの行列 $\begin{pmatrix} a & b \\ c & d \end{pmatrix}$, $\begin{pmatrix} e & f \\ g & h \end{pmatrix}$ の積となっている.行列の積の仕組みを模式的に記憶しておくには以下の図が分かり易いであろう.

$$\begin{pmatrix} \Rightarrow & \Rightarrow \\ \cdot & \cdot \end{pmatrix} \begin{pmatrix} \Downarrow & \cdot \\ \Downarrow & \cdot \end{pmatrix} = \begin{pmatrix} * & \cdot \\ \cdot & \cdot \end{pmatrix}, \quad \begin{pmatrix} \Rightarrow & \Rightarrow \\ \cdot & \cdot \end{pmatrix} \begin{pmatrix} \cdot & \Downarrow \\ \cdot & \Downarrow \end{pmatrix} = \begin{pmatrix} \cdot & * \\ \cdot & \cdot \end{pmatrix}$$

$$\begin{pmatrix} \cdot & \cdot \\ \Rightarrow & \Rightarrow \end{pmatrix} \begin{pmatrix} \Downarrow & \cdot \\ \Downarrow & \cdot \end{pmatrix} = \begin{pmatrix} \cdot & \cdot \\ * & \cdot \end{pmatrix}, \quad \begin{pmatrix} \cdot & \cdot \\ \Rightarrow & \Rightarrow \end{pmatrix} \begin{pmatrix} \cdot & \Downarrow \\ \cdot & \Downarrow \end{pmatrix} = \begin{pmatrix} \cdot & \cdot \\ \cdot & * \end{pmatrix}$$

この 2 次行列の積を一般の行列の積に拡張してみよう.まず記号を導入する.一般に,$a_1 + a_2 + \cdots + a_n$ を $\sum_{i=1}^{n} a_i$ と表わす.ここで i はダミーインデックスとよばれ,もとの和そのものには関係がなく別の文字,たとえば k を用いて $\sum_{k=1}^{n} a_k$ と表わすこともできる.また $I = \{j_1, \cdots, j_s\}$ のとき,$\sum_{k=1}^{s} a_{j_k}$ を $\sum_{i \in I} a_i$ と記すこともある.さて $m \times n$ 行列 $A = (a_{ij})$ と $n \times l$ 行列 $B = (b_{jk})$ の積 $AB = (c_{ik})$ の成分 c_{ik} $(i = 1, \cdots, m\,;\, k = 1, \cdots, l)$ を次のように定める.

$$c_{ik} = a_{i1}b_{1k} + a_{i2}b_{2k} + \cdots + a_{in}b_{nk} = \sum_{t=1}^{n} a_{it}b_{tk}$$

このとき,AB は $m \times l$ 行列になる.

このように $n = k$ のとき $m \times n$ 行列 A と $k \times l$ 行列 B の積 AB が定義さ

$$\begin{pmatrix} a_{11} & a_{12} & \cdots & a_{1n} \\ \vdots & \vdots & & \vdots \\ a_{i1} & a_{i2} & \cdots & a_{in} \\ \vdots & \vdots & & \vdots \\ a_{m1} & a_{m2} & \cdots & a_{mn} \end{pmatrix} \begin{pmatrix} b_{11} & \cdots & b_{1k} & \cdots & b_{1l} \\ b_{21} & \cdots & b_{2k} & \cdots & b_{2l} \\ \vdots & & \vdots & & \vdots \\ b_{n1} & \cdots & b_{nk} & \cdots & b_{nl} \end{pmatrix}$$

$$= \begin{pmatrix} c_{11} & \cdots & c_{1k} & \cdots & c_{1l} \\ \vdots & & \vdots & & \vdots \\ c_{i1} & \cdots & c_{ik} & \cdots & c_{il} \\ \vdots & & \vdots & & \vdots \\ c_{m1} & \cdots & c_{mk} & \cdots & c_{ml} \end{pmatrix}$$

れ，そのとき AB は $m \times l$ 行列になる．しかし $n \neq k$ のときは A と B の積は定義されないものとする．また AB が定義できても BA が定義できるとは限らないし，その両方が定義できても一般には $AB \neq BA$ である．たとえば，

$$A = \begin{pmatrix} 1 & 2 & 3 \\ 0 & 1 & 0 \end{pmatrix}, \quad B = \begin{pmatrix} 2 & 0 & 1 \\ 1 & 1 & 2 \\ 0 & 0 & 1 \end{pmatrix}$$

に対して

$$AB = \begin{pmatrix} 4 & 2 & 8 \\ 1 & 1 & 2 \end{pmatrix}$$

であるが，BA は定義できない．また

$$C = \begin{pmatrix} 1 & 1 \\ 0 & 1 \end{pmatrix}, \quad D = \begin{pmatrix} 1 & 0 \\ 1 & 1 \end{pmatrix}$$

に対して，

$$CD = \begin{pmatrix} 2 & 1 \\ 1 & 1 \end{pmatrix}, \quad DC = \begin{pmatrix} 1 & 1 \\ 1 & 2 \end{pmatrix}$$

となり，CD と DC とは等しくない．ゼロ行列と単位行列の積については特別な関係が成り立つ．すなわち，$m \times n$ 行列 A に対して，

$$O_{k,m}A = O_{k,n}, \quad AO_{n,l} = O_{m,l}, \quad E_m A = A, \quad AE_n = A$$

となる．また，正方行列 A と自然数 k に対して，A の k 乗が $A^k = \underbrace{AA\cdots A}_{k}$ と定義される．

問題 1.11 a, b, c を任意の複素数で，$b \neq 0$ をみたすものとする．このとき，次の行列の 2 乗を計算せよ．

(1) $\begin{pmatrix} a & b \\ \dfrac{1-a^2}{b} & -a \end{pmatrix}$ (2) $\begin{pmatrix} 1 & 0 \\ c & -1 \end{pmatrix}$ (3) $\begin{pmatrix} -1 & 0 \\ c & 1 \end{pmatrix}$

(4) $\begin{pmatrix} a & b \\ -\dfrac{a^2}{b} & -a \end{pmatrix}$ (5) $\begin{pmatrix} 0 & 0 \\ c & 0 \end{pmatrix}$

定理 1.2 (行列の積の結合法則) $A = (a_{ij})$ を $m \times n$ 行列，$B = (b_{jk})$ を $n \times l$ 行列，$C = (c_{kt})$ を $l \times r$ 行列とするとき

$$(AB)C = A(BC).$$

すなわち行列の積に関して結合法則が成り立つ．

証明 AB の (i,k) 成分は $\sum_{j=1}^{n} a_{ij}b_{jk}$ であるから，$(AB)C$ の (i,t) 成分は

$$\sum_{k=1}^{l} \left(\sum_{j=1}^{n} a_{ij}b_{jk} \right) c_{kt} = \sum_{j=1}^{n} \sum_{k=1}^{l} a_{ij}b_{jk}c_{kt}$$

である．一方 BC の (j,t) 成分は $\sum_{k=1}^{l} b_{jk}c_{kt}$ なので，$A(BC)$ の (i,t) 成分は

$$\sum_{j=1}^{n} a_{ij} \left(\sum_{k=1}^{l} b_{jk}c_{kt} \right) = \sum_{j=1}^{n} \sum_{k=1}^{l} a_{ij}b_{jk}c_{kt}$$

となり $(AB)C$ の (i,t) 成分と一致する． □

問題 1.12 $A = \begin{pmatrix} 1 & 0 & 1 \\ 0 & 1 & 0 \end{pmatrix}$, $B = \begin{pmatrix} 1 & 0 & 1 & 0 \\ 1 & 1 & 0 & 0 \\ 1 & 0 & 0 & 1 \end{pmatrix}$, $C = \begin{pmatrix} 1 & 1 \\ 2 & 0 \\ 1 & 0 \\ 0 & 1 \end{pmatrix}$ に対して，AB, $(AB)C$, BC, $A(BC)$ を計算せよ．

問題 1.13 A を $m \times n$ 行列，B を $n \times l$ 行列，C を $l \times r$ 行列，D を $r \times t$ 行列とする．このとき定理 1.2 を使って以下の行列がすべて等しいことを示せ．

(1) $((AB)C)D$ (2) $(AB)(CD)$ (3) $(A(BC))D$
(4) $A((BC)D)$ (5) $A(B(CD))$

定理 1.3 (行列の分配法則) $A = (a_{ij})$ を $m \times n$ 行列，$B = (b_{jk})$ と $C = (c_{jk})$ を $n \times l$ 行列，$D = (d_{ks})$ を $l \times t$ 行列とするとき，

$$A(B+C) = AB + AC, \quad (B+C)D = BD + CD$$

すなわち分配法則が成り立つ．

証明 $A(B+C)$ の (i,k) 成分は $\sum_{j=1}^{n} a_{ij}(b_{jk} + c_{jk})$ で，$AB + AC$ の (i,k) 成分は $\sum_{j=1}^{n} a_{ij}b_{jk} + \sum_{j=1}^{n} a_{ij}c_{jk}$ なので $A(B+C) = AB + AC$．他も同様．□

一般に，$m \times n$ 行列を考えてきたが，$m = 1$ の場合には横ベクトル，$n = 1$ の場合には縦ベクトルとなり，この意味ではベクトルは行列の特別な場合と考えられる．したがって，とくに $m \times n$ 行列 A と n 項縦ベクトル $\boldsymbol{x}$ の積 $A\boldsymbol{x}$ を考えることができて，その結果は m 項縦ベクトルになる．

問題 1.14 (ハミルトン・ケーリー (Hamilton-Cayley) の定理) 2 次行列 $A = \begin{pmatrix} a & b \\ c & d \end{pmatrix}$ に対して

$$A^2 - (a+d)A + (ad - bc)E = O$$

が成り立つことを示せ．

1.5.3 転置行列, 特殊な行列

$m \times n$ 行列 $A = (a_{ij})$ の行と列を入れ換えて得られる $n \times m$ 行列を A の **転置行列** といい ^tA と記す. すなわち,

$$A = \begin{pmatrix} a_{11} & a_{12} & \cdots & a_{1n} \\ a_{21} & a_{22} & \cdots & a_{2n} \\ \vdots & \vdots & \ddots & \vdots \\ a_{m1} & a_{m2} & \cdots & a_{mn} \end{pmatrix}$$

の転置行列は

$$^tA = \begin{pmatrix} a_{11} & a_{21} & \cdots & a_{m1} \\ a_{12} & a_{22} & \cdots & a_{m2} \\ \vdots & \vdots & \ddots & \vdots \\ a_{1n} & a_{2n} & \cdots & a_{mn} \end{pmatrix}$$

である. よって, ^tA は $n \times m$ 行列となる. 転置行列に関して次が成り立つ.

（1） A, B がともに $m \times n$ 行列のとき, $^t(A+B) = {^tA} + {^tB}$.
（2） $^t(cA) = c\,{^tA}$.
（3） $^t({^tA}) = A$.
（4） A が $m \times n$ 行列, B が $n \times l$ 行列のとき, $^t(AB) = {^tB}\,{^tA}$.

(1)～(3) はやさしいから (4) だけを確かめよう.

$$A = (a_{ij}) \ (1 \leqq i \leqq m, 1 \leqq j \leqq n),$$
$$B = (b_{jk}) \ (1 \leqq j \leqq n, 1 \leqq k \leqq l)$$

とする. AB の (i,k) 成分は $\sum_{j=1}^{n} a_{ij}b_{jk}$ で, これは $^t(AB)$ の (k,i) 成分である.

一方 ^tB の (k,j) 成分は b_{jk}, ^tA の (j,i) 成分は a_{ij} であるから, $^tB\,{^tA}$ の (k,i) 成分は $\sum_{j=1}^{n} b_{jk}a_{ij} = \sum_{j=1}^{n} a_{ij}b_{jk}$ となり $^t(AB)$ の (k,i) 成分と一致する. したがって $^t(AB) = {^tB}\,{^tA}$ が示された.

$^tA = A$ となる正方行列を **対称行列** とよぶ. 2 次の対称行列は $A = \begin{pmatrix} a & c \\ c & b \end{pmatrix}$ の形であり, 3 次の対称行列は $B = \begin{pmatrix} a & d & f \\ d & b & e \\ f & e & c \end{pmatrix}$ の形をしている. とくに対角成分以外がすべて 0 である対称行列を **対角行列** とよぶ.

$$A = \begin{pmatrix} a_1 & 0 & \cdots & 0 \\ 0 & a_2 & \ddots & \vdots \\ \vdots & \ddots & \ddots & 0 \\ 0 & \cdots & 0 & a_n \end{pmatrix} \quad \text{を} \quad \mathrm{diag}(a_1, a_2, \cdots, a_n)$$

と略記する. さらに対角成分がすべて等しい対角行列は

$$aE_n = \begin{pmatrix} a & 0 & \cdots & 0 \\ 0 & a & \ddots & \vdots \\ \vdots & \ddots & \ddots & 0 \\ 0 & \cdots & 0 & a \end{pmatrix}$$

の形であるが, これを **スカラー行列** とよぶ.

例題 1.3 $A = (a_{ij}) \in M(n, K)$ がすべての $X = (x_{ij}) \in M(n, K)$ に対して $AX = XA$ をみたせば, A はスカラー行列になることを示せ.

解答 $AX = XA$ の (i, k) 成分は, $\sum_{j=1}^{n} a_{ij} x_{jk} = \sum_{l=1}^{n} x_{il} a_{lk}$ である. $r \neq i$ なる r に対して X として第 r 行の成分が 1, それ以外の成分は 0 となる n 次行列をとる. このとき $x_{il} = 0$ であるから (i, k) 成分の等式の右辺は 0 で左辺は a_{ir} である. すなわち $i \neq r$ ならば $a_{ir} = 0$ であるから A は対角行列となる. したがって (i, k) 成分の等式は $a_{ii} x_{ik} = x_{ik} a_{kk}$ となるから $x_{ik} \neq 0$ なる X をとれば $a_{ii} = a_{kk}$ となる. よって A はスカラー行列である. □

次に $^tA = -A$ となる正方行列を考える．これは **交代行列**，あるいは **歪対称行列** とよばれる．交代行列の対角成分はつねに 0 である．たとえば 2 次の交代行列は $A = \begin{pmatrix} 0 & a \\ -a & 0 \end{pmatrix}$ の形であり，3 次の交代行列は $B = \begin{pmatrix} 0 & a & c \\ -a & 0 & b \\ -c & -b & 0 \end{pmatrix}$ の形をしている．

例題 1.4 すべての正方行列は，対称行列と交代行列の和に一意的に表わされることを示せ．

解答 任意の正方行列 A は，対称行列 $\dfrac{A + {}^tA}{2}$ と交代行列 $\dfrac{A - {}^tA}{2}$ の和である．A, A' を対称行列，B, B' を交代行列として，2 通りの表わし方 $A + B = A' + B'$ があれば，$A - A' = B' - B$ は対称行列かつ交代行列であるからゼロ行列である．これより $A = A', B = B'$ となり一意性が得られる． □

n 次正方行列 $A = (a_{ij})$ について $i > j$ ならば $a_{ij} = 0$ である行列

$$A = \begin{pmatrix} a_{11} & a_{12} & \cdots & a_{1n} \\ 0 & a_{22} & \cdots & a_{2n} \\ \vdots & \ddots & \ddots & \vdots \\ 0 & \cdots & 0 & a_{nn} \end{pmatrix}$$

を **上三角行列** という．同様に $i < j$ ならば $a_{ij} = 0$ である行列を **下三角行列** という．上三角行列かつ下三角行列である行列が対角行列である．

1.6 行列のブロック分割

行列をいくつかのブロックに分けて小さな行列に分割することを考えよう．それにより，もとの行列を"行列を成分とする行列"のように考えることができて計算や証明の見通しがよくなることがある．

1.6 行列のブロック分割

行列 A の成分を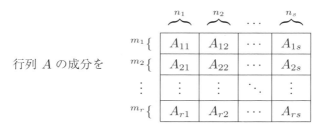

のように分割する．各ブロックから得られる行列 A_{ij} を A の **小行列** という．これらの小行列を成分のようにして

$$A = \begin{pmatrix} A_{11} & A_{12} & \cdots & A_{1s} \\ A_{21} & A_{22} & \cdots & A_{2s} \\ \vdots & \vdots & \ddots & \vdots \\ A_{r1} & A_{r2} & \cdots & A_{rs} \end{pmatrix}$$

と表わす．これを行列 A の **ブロック分割** という．このブロック分割はとくに積の演算をブロックごとに行うときに有効である．A が $m \times n$ 行列，B が $n \times l$ 行列で，A, B のブロック分割において A の列の分け方と B の行の分け方が次のように一致している場合を考える．

$$A = \begin{pmatrix} \overbrace{A_{11}}^{n_1} & \overbrace{A_{12}}^{n_2} & \cdots & \overbrace{A_{1t}}^{n_t} \\ A_{21} & A_{22} & \cdots & A_{2t} \\ \vdots & \vdots & \ddots & \vdots \\ A_{s1} & A_{s2} & \cdots & A_{st} \end{pmatrix}, \quad B = \begin{matrix} n_1 \{ \\ n_2 \{ \\ \vdots \\ n_t \{ \end{matrix} \begin{pmatrix} B_{11} & B_{12} & \cdots & B_{1u} \\ B_{21} & B_{22} & \cdots & B_{2u} \\ \vdots & \vdots & \ddots & \vdots \\ B_{t1} & B_{t2} & \cdots & B_{tu} \end{pmatrix}.$$

この場合，各ブロックを数と同じように考えて形式的に行列の積をとることによって AB を計算できる．すなわち

$$AB = \begin{pmatrix} C_{11} & C_{12} & \cdots & C_{1u} \\ C_{21} & C_{22} & \cdots & C_{2u} \\ \vdots & \vdots & \ddots & \vdots \\ C_{s1} & C_{s2} & \cdots & C_{su} \end{pmatrix}$$

$$C_{ij} = A_{i1}B_{1j} + \cdots + A_{it}B_{tj} \quad (i=1,\cdots,s\,;\, j=1,\cdots,u)$$

となる．たとえば A_1, B_1 が m 次正方行列，A_2, B_2 が n 次正方行列，A', B' が $m \times n$ 行列とするとき

$$\begin{pmatrix} A_1 & A' \\ O & A_2 \end{pmatrix} \begin{pmatrix} B_1 & B' \\ O & B_2 \end{pmatrix} = \begin{pmatrix} A_1B_1 & A_1B' + A'B_2 \\ O & A_2B_2 \end{pmatrix}$$

となる．とくに

$$\begin{pmatrix} E_m & A' \\ O & E_n \end{pmatrix} \begin{pmatrix} E_m & B' \\ O & E_n \end{pmatrix} = \begin{pmatrix} E_m & A' + B' \\ O & E_n \end{pmatrix}$$

が成り立つ．

例題 1.5 $\begin{pmatrix} 1 & 0 & 1 \\ 0 & 1 & 2 \\ 0 & 0 & 1 \end{pmatrix}^{500}$ および $\begin{pmatrix} 1 & 2 & 3 \\ 0 & 1 & 0 \\ 0 & 0 & 1 \end{pmatrix}^{1000}$ を計算せよ．

解答 $\begin{pmatrix} 1 & 0 & 500 \\ 0 & 1 & 1000 \\ 0 & 0 & 1 \end{pmatrix}$ および $\begin{pmatrix} 1 & 2000 & 3000 \\ 0 & 1 & 0 \\ 0 & 0 & 1 \end{pmatrix}$．一般に A を $m \times n$ 行列とすると，任意の k に対し $\begin{pmatrix} E_m & A \\ O & E_n \end{pmatrix}^k = \begin{pmatrix} E_m & kA \\ O & E_n \end{pmatrix}$ となることを使えばよい．これは k に関する帰納法で示す．$k=1$ なら明らかに成立する．k で成立すると仮定すれば

$$\begin{pmatrix} E_m & A \\ O & E_n \end{pmatrix}^{k+1} = \begin{pmatrix} E_m & kA \\ O & E_n \end{pmatrix} \begin{pmatrix} E_m & A \\ O & E_n \end{pmatrix} = \begin{pmatrix} E_m & (k+1)A \\ O & E_n \end{pmatrix}$$

となり，$k+1$ でも成立する． □

1.7 正則行列

ここでは n 次正方行列を考える．

$$E = E_n = \begin{pmatrix} 1 & 0 & \cdots & 0 \\ 0 & 1 & \ddots & \vdots \\ \vdots & \ddots & \ddots & 0 \\ 0 & \cdots & 0 & 1 \end{pmatrix} \in M(n, K)$$

を n 次単位行列とする．任意の $A \in M(n, K)$ に対し $AE_n = E_n A = A$ が成り立ち，E_n は数の 1 と同じような役割をもっている．

行列 A に対して行列 B で $AB = BA = E_n$ となるものが存在するだろうか？たとえば $A = \begin{pmatrix} 0 & 1 \\ 0 & 0 \end{pmatrix}$ ならば $B = \begin{pmatrix} b_{11} & b_{12} \\ b_{21} & b_{22} \end{pmatrix}$ に対して $AB = \begin{pmatrix} b_{21} & b_{22} \\ 0 & 0 \end{pmatrix}$ ゆえ，これが $E_2 = \begin{pmatrix} 1 & 0 \\ 0 & 1 \end{pmatrix}$ となることはあり得ない．

しかしたとえば，$A = \begin{pmatrix} 2 & 3 \\ 3 & 5 \end{pmatrix}$ に対して $B = \begin{pmatrix} 5 & -3 \\ -3 & 2 \end{pmatrix}$ とおくと $AB = BA = E_2$ となりこの場合は存在する．

そこで $AB = BA = E_n$ となる行列 $B \in M(n, K)$ が存在するような行列 $A \in M(n, K)$ を **正則行列** という．このような B を A の **逆行列** という．もし $B, B' \in M(n, K)$ がそれぞれ $BA = E_n$ および $AB' = E_n$ をみたせば，

$$B = BE_n = B(AB') = (BA)B' = E_n B' = B'$$

となり $B = B'$ となる．とくに A の逆行列は存在すれば一意的であるから，それを A^{-1} と書く．じつは $BA = E_n$ となる B が存在すれば，A は正則行列で

つねに $AB = E_n$, すなわち $B = A^{-1}$ となることが第 2 章の系 2.13 で示される. また, 正則行列 A と自然数 k に対して, $A^0 = E$, $A^{-k} = (A^{-1})^k$ と定める.

> **定理 1.4** (正則行列の積)　n 次正方行列 A, B について, A, B が正則行列なら, 積 AB も正則行列で, $(AB)^{-1} = B^{-1}A^{-1}$ である. また A^{-1} も正則行列で $(A^{-1})^{-1} = A$ である.

証明　$(AB)(B^{-1}A^{-1}) = A(BB^{-1})A^{-1} = AA^{-1} = E$ ゆえ AB は正則行列で, その逆行列は $B^{-1}A^{-1}$ である. また $AA^{-1} = A^{-1}A = E$ より A^{-1} は正則行列でその逆行列 $(A^{-1})^{-1}$ は A である. □

> **定理 1.5** (正則行列の転置行列)　n 次正方行列 A が正則行列ならば, その転置行列 ${}^t\!A$ も正則行列で
> $$({}^t\!A)^{-1} = {}^t(A^{-1})$$
> が成り立つ. この行列を ${}^t\!A^{-1}$ と記す.

証明　${}^t(A^{-1}) \cdot {}^t\!A = {}^t(AA^{-1}) = {}^t\!E = E$ であるから ${}^t\!A$ の逆行列 $({}^t\!A)^{-1}$ は ${}^t(A^{-1})$ である. □

例 1.1　対角行列 $\mathrm{diag}(a_1, \cdots, a_n)$ はすべての $a_i \neq 0$ のときに限って正則行列で, その逆行列は $\mathrm{diag}\left(\dfrac{1}{a_1}, \cdots, \dfrac{1}{a_n}\right)$ である. また, 2 次行列の場合,

$$\begin{pmatrix} a & b \\ c & d \end{pmatrix} \begin{pmatrix} d & -b \\ -c & a \end{pmatrix} = \begin{pmatrix} ad-bc & 0 \\ 0 & ad-bc \end{pmatrix}$$

であるから, $A = \begin{pmatrix} a & b \\ c & d \end{pmatrix}$ は $ad - bc \neq 0$ のとき正則行列で逆行列は

$$A^{-1} = \begin{pmatrix} \dfrac{d}{ad-bc} & -\dfrac{b}{ad-bc} \\ -\dfrac{c}{ad-bc} & \dfrac{a}{ad-bc} \end{pmatrix}$$

で与えられる．

ここで用いた値 $ad - bc$ を 2 次行列 A の **行列式**[1])とよび，$\det(A) = ad - bc$ で表わす．$\det(A) \neq 0$ ならば A は正則行列である．一般的に式で書けるので **行列式** とよんでいるが，成分が具体的数値の場合には式ではなく値となる．$\det(A)$ の代わりに $\Delta(A)$ を用いることもある．2 次行列 A, B に対して $\det(AB) = \det(A)\det(B)$ となることが，直接計算により確かめられる．これを用いると A が正則行列ならば $\det(A) \neq 0$ であることもわかる．

例題 1.6 A を m 次正則行列，B を n 次正則行列，C を $m \times n$ 行列とするとき，$\begin{pmatrix} A & C \\ O & B \end{pmatrix}$ の逆行列を求めよ．とくに $\begin{pmatrix} E_m & C \\ O & E_n \end{pmatrix}$ の逆行列は何か？

解答 ブロック分割による計算により，

$$\begin{pmatrix} A & C \\ O & B \end{pmatrix} \begin{pmatrix} X & Z \\ O & Y \end{pmatrix} = \begin{pmatrix} AX & AZ+CY \\ O & BY \end{pmatrix}.$$

$AX = E_m$, $BY = E_n$, $AZ + CY = O$, すなわち $X = A^{-1}$, $Y = B^{-1}$, $Z = -A^{-1}CB^{-1}$ とすればよいから，逆行列は，$\begin{pmatrix} A^{-1} & -A^{-1}CB^{-1} \\ O & B^{-1} \end{pmatrix}$ となる．

とくに $\begin{pmatrix} E_m & C \\ O & E_n \end{pmatrix}^{-1} = \begin{pmatrix} E_m & -C \\ O & E_n \end{pmatrix}$. □

問題 1.15 数ベクトル $\boldsymbol{a}_1, \cdots, \boldsymbol{a}_s \in K^n$ と正則行列 $B \in M(n, K)$ に対し，$\boldsymbol{a}_1, \cdots, \boldsymbol{a}_s$ が線形独立であることと，$B\boldsymbol{a}_1, \cdots, B\boldsymbol{a}_s$ が線形独立であることは同値であることを示せ．

---

[1]) 英語では determinant とよばれる．

1.8 第1章付録

よく使う数学的用語や記号について説明しよう．一般に何かもの(数学的な対象)の集まりを **集合** とよぶ．そしてそれぞれのものを，その集合の $\underset{げん}{元}$ または **要素** とよぶ．元が存在しない集合というのも考えておくと都合がよいので，それを $\underset{くうしゅうごう}{空集合}$ とよんで $\emptyset$ と記すことにする．集合 X の元の個数が有限個のとき，X を **有限集合** とよび，その元の個数を $\#X$ あるいは $|X|$ と記す．元の個数が無限個のときは **無限集合** とよぶ．

x が集合 X の元であるとき，x は X に属す，ともいい，

$$x \in X, \quad あるいは，\quad X \ni x$$

という記号で表わす．これとは逆に x が X に属さないときは

$$x \notin X, \quad あるいは，\quad X \not\ni x$$

という記号で表わすことにする．たとえば $\mathbf{Z} = \{\cdots, -1, 0, 1, 2, \cdots\}$ で整数全体のなす集合を表わすとき，$-3 \in \mathbf{Z}$ であり，また $\dfrac{3}{2} \notin \mathbf{Z}$ でもある．

集合 X が集合 Y の **部分集合** であるとは，X の任意の元が Y に属すことで，

$$X \subset Y, \quad あるいは，\quad Y \supset X$$

と記す．この記号は $X = Y$ の場合も含むことに注意しよう．Y の部分集合 X が $\underset{しんぶぶんしゅうごう}{真部分集合}$ であるとは，X に属さない Y の元が存在することで，

$$X \subsetneq Y, \quad あるいは，\quad Y \supsetneq X$$

と表わす．したがって，$X \subsetneq Y$ は，$X \subset Y$ かつ $X \neq Y$ を意味する．

Y の元 y で，ある条件 $P(y)$ をみたすもの全体のなす Y の部分集合 X を

$$X = \{y \in Y \mid P(y)\}$$

と記す．集合 X と集合 Y の両方に属す元全体を $X \cap Y$ と記し，X と Y の **共通部分** とよぶ．たとえば実数の閉区間を例にとると，$X = [0, 2]$, $Y = [1, 3]$ なら $X \cap Y = [1, 2]$ である．X と Y の両方に属す元が存在しないとき，"X

と Y は交わらない"といい，$X \cap Y = \emptyset$ となる．たとえば，$[0,1] \cap [2,3] = \emptyset$ である．これは集合が三つ以上あっても同様で，集合 X_i ($i \in I$, ここで I は添数集合を表わす) に対して X_i ($i \in I$) の共通部分を，

$$\bigcap_{i \in I} X_i = \{x \,|\, \text{すべての } i \in I \text{ に対して } x \in X_i\}$$

と定める．$X_1, \cdots, X_n$ の共通部分を $X_1 \cap \cdots \cap X_n$，あるいは $\bigcap_{i=1}^{n} X_i$ と記す．集合 X または集合 Y の少なくとも一方に属す元全体を $X \cup Y$ と記し，X と Y の **和集合**，あるいは **合併集合** とよぶ．たとえば，$X = [0,2]$, $Y = [1,3]$ なら $X \cup Y = [0,3]$ である．これも集合が三つ以上あっても同様で，集合 X_i ($i \in I$, ここで I は添数集合) に対して X_i ($i \in I$) の和集合を

$$\bigcup_{i \in I} X_i = \{x \,|\, \text{ある } i \in I \text{ に対して } x \in X_i\}$$

と定める．$X_1, \cdots, X_n$ の和集合を $X_1 \cup \cdots \cup X_n$，あるいは $\bigcup_{i=1}^{n} X_i$ と記す．集合 X と集合 Y の **直積**(ちょくせき) とは X の元 x と Y の元 y の組 (x,y) のなす集合のことで $X \times Y$ と表わす．

$$X \times Y = \{(x,y) \,|\, x \in X, y \in Y\}$$

3 個以上でも以下のように記す．

$$X_1 \times \cdots \times X_n = \{(x_1, \cdots, x_n) \,|\, x_1 \in X_1, \cdots, x_n \in X_n\}$$

とくに $X_1 = \cdots = X_n = X$ のとき，X^n と略記することがある．

$$X^n = \{(x_1, \cdots, x_n) \,|\, x_1, \cdots, x_n \in X\}$$

2 つの集合 X, Y (同一でもよい) が与えられているとする．X の各要素に対して，Y の要素が対応しているとき，この対応を **写像** とよぶ．(高校で学んだ) 関数は写像の 1 つの例である．写像も関数と同じように記号を用いて $f : X \to Y$ と書くことが多い．この場合，$a \in X$ に対応する Y の要素を $f(a)$ と書き，それを $a \mapsto f(a)$ と表わす．注意することは，$a \in X$ に対応する Y の要素はただ 1 つということである．Y の要素に対応する X の要素はなくても，いくつあってもかまわない．写像 $f : X \to Y$ と $g : Y \to Z$ に対し，f と g

の合成写像 $g \circ f : X \to Z$ を $g \circ f(a) = g(f(a))$ により定める．ただし，$g \circ f$ を単に gf と書くこともあり，また f^2 は $f \circ f$ の意味とする．

第 1 章の章末問題

問題 1 $\mathbf{R}^2$ の部分集合 $S = \{\begin{pmatrix} 2x \\ 3x^2 \end{pmatrix} \mid x \neq 0, x \in \mathbf{R}\}$ の任意の 2 つの異なる平面ベクトル $\boldsymbol{x}, \boldsymbol{y} \in S$ は線形独立であることを示せ．

問題 2 複素数 a, b が $\overline{a}b \neq 1$ で a か b の少なくとも一方の絶対値は 1 とする．このとき，複素数 $\dfrac{a - b}{1 - \overline{a}b}$ の絶対値は 1 であることを示せ．

問題 3 a, b, c, d を $ad - bc > 0$ をみたす実数とする．このとき $\operatorname{Im} z > 0$ となる複素数 z に対して $\operatorname{Im} \left(\dfrac{az + b}{cz + d} \right) > 0$ となることを示せ．

問題 4 複素数 $x = a + b\sqrt{-1}$ $(a, b \in \mathbf{R})$ に対し 2 次正方行列 $M(x) = \begin{pmatrix} a & -b \\ b & a \end{pmatrix}$ を対応させる．このとき $x, y \in \mathbf{C}$ に対して以下を示せ．

（1） $M(x + y) = M(x) + M(y)$
（2） $M(xy) = M(x)M(y)$
（3） $M(1) = \begin{pmatrix} 1 & 0 \\ 0 & 1 \end{pmatrix}$, $M(\sqrt{-1}) = \begin{pmatrix} 0 & -1 \\ 1 & 0 \end{pmatrix}$

問題 5 A をスカラー行列ではない 2 次正方行列とする．このとき 2 次正方行列 X に対して次の (1) と (2) は同値であることを示せ．

(1) $AX = XA \iff$ (2) $X = tA + sE_2$ (t, s はスカラー)

問題 6 2 次正方行列 A, B が，スカラー行列ではない 2 次正方行列 C に対し $AC = CA, BC = CB$ となれば $AB = BA$ となることを示せ．

問題 7 3次正方行列 A, B で，スカラー行列ではない3次正方行列 C に対し $AC = CA$, $BC = CB$ でかつ $AB \neq BA$ となる例をひとつ挙げよ．

問題 8 $A \in M(n, K)$ がすべての $\boldsymbol{x} \in K^n$ に対して，$A\boldsymbol{x} = \boldsymbol{0}$ となれば，$A = O$ となることを示せ．

問題 9 以下の行列の2乗，3乗，4乗を計算せよ．
$$\begin{pmatrix} 0 & 1 \\ 0 & 0 \end{pmatrix}, \quad \begin{pmatrix} 0 & 1 & 0 \\ 0 & 0 & 1 \\ 0 & 0 & 0 \end{pmatrix}, \quad \begin{pmatrix} 0 & 1 & 0 & 0 \\ 0 & 0 & 1 & 0 \\ 0 & 0 & 0 & 1 \\ 0 & 0 & 0 & 0 \end{pmatrix}$$

問題 10 ある自然数 m に対して $A^m = O$ となる正方行列 A を巾零(べきれい)行列とよぶ．

(1) A が巾零行列ならば，$E - A$, $E + A$ は正則行列であることを示せ．

(2) A, B が巾零行列で，$AB = BA$ ならば，$AB, A + B$ も巾零行列であることを示せ．

問題 11 一般に r 次正方行列 $A = (a_{ij})$ の対角成分の和 $\sum_{i=1}^{r} a_{ii}$ を A のトレースとよび，$\mathrm{Tr}\, A$ と記す．このとき，次を示せ．

(1) A, A' が r 次正方行列ならば，$\mathrm{Tr}\,(A + A') = \mathrm{Tr}\, A + \mathrm{Tr}\, A'$ である．

(2) $m \times n$ 行列 B と $n \times m$ 行列 C に対して $\mathrm{Tr}\, BC = \mathrm{Tr}\, CB$ である．

(3) 任意の $n \times m$ 行列 C に対して $\mathrm{Tr}\, BC = 0$ ならば，$B = O$ となる．

問題 12 任意の n 次正方行列 A, B に対し，$AB - BA \neq E_n$ を示せ．

問題 13 [対角化] 2次実対称行列 $A = \begin{pmatrix} a & b \\ b & c \end{pmatrix}$, $b \neq 0$ に対し，2次方程式 $t^2 - (a+c)t + (ac - b^2) = 0$ の解を α, β とし，$U = \begin{pmatrix} b & b \\ \alpha - a & \beta - a \end{pmatrix}$ とおくとき，U は正則行列であり，$U^{-1}AU = \begin{pmatrix} \alpha & 0 \\ 0 & \beta \end{pmatrix}$ が成り立つことを示せ．

第 2 章

連立 1 次方程式と行列

2.1 基本変形

A を $m \times n$ 行列とする.このとき $1 \leqq i,j \leqq m$ で $i \neq j$ となる i,j に対して

(1) A の第 i 行を c 倍する.ただし,$c \neq 0$.

(2) A の第 i 行と第 j 行を入れかえる.

(3) A の第 i 行に第 j 行の c 倍を加える.ここで c は任意の数.

このような変換を A の**行基本変形**[1]という.単位行列 E_m にそれぞれ (1), (2), (3) の行基本変形を施すと

$$(1)' \quad E_i(c) = \begin{pmatrix} 1 & & & & \vdots & & & \\ & \ddots & & & \vdots & & & \\ & & 1 & & \vdots & & & \\ \cdots & \cdots & \cdots & & c & & & \\ & & & & & 1 & & \\ & & & & & & \ddots & \\ & & & & & & & 1 \end{pmatrix} \begin{matrix} \\ \\ \\ i) \\ \\ \\ \\ \end{matrix} \quad (c \neq 0)$$

---

[1] 行基本変形を単に基本変形とよぶこともある.

$$(2)'\quad P_{ij}=\begin{pmatrix}
 & & & & \overset{i}{\vdots} & & & & \overset{j}{\vdots} & & & \\
 & 1 & & & \vdots & & & & \vdots & & & \\
 & & \ddots & & \vdots & & & & \vdots & & & \\
 & & & 1 & \vdots & & & & \vdots & & & \\
i) & \cdots & \cdots & \cdots & 0 & \cdots & \cdots & \cdots & 1 & & & \\
 & & & & \vdots & 1 & & & \vdots & & & \\
 & & & & \vdots & & \ddots & & \vdots & & & \\
 & & & & \vdots & & & 1 & \vdots & & & \\
j) & \cdots & \cdots & \cdots & 1 & \cdots & \cdots & \cdots & 0 & & & \\
 & & & & & & & & & 1 & & \\
 & & & & & & & & & & \ddots & \\
 & & & & & & & & & & & 1
\end{pmatrix}$$

$$(3)'\quad E_{ij}(c)=\begin{pmatrix}
 & & & \overset{i}{\vdots} & & \overset{j}{\vdots} & & \\
 1 & & & \vdots & & \vdots & & \\
 & \ddots & & \vdots & & \vdots & & \\
i) & \cdots & \cdots & 1 & \cdots & c & & \\
 & & & & \ddots & \vdots & & \\
j) & \cdots & \cdots & \cdots & \cdots & 1 & & \\
 & & & & & & \ddots & \\
 & & & & & & & 1
\end{pmatrix}$$

が得られる.これらを m 次 **基本行列** という.基本行列は正則行列であり,基本行列の逆行列も基本行列である.実際に,

$$E_i(c)^{-1}=E_i(c^{-1}),\quad P_{ij}^{-1}=P_{ij},\quad E_{ij}(c)^{-1}=E_{ij}(-c).$$

$m\times n$ 行列 A に行基本変形 (1), (2), (3) を行って得られる行列は,それぞれ $E_i(c)A$, $P_{ij}A$, $E_{ij}(c)A$ と表わすことができる.

問題 2.1 以下の行列の積 $E_3(3)A, P_{23}A, E_{41}(-3)A$ を計算して，行列 A のどのような行基本変形になっているかをそれぞれ説明せよ．

$$E_3(3) = \begin{pmatrix} 1 & 0 & 0 & 0 \\ 0 & 1 & 0 & 0 \\ 0 & 0 & 3 & 0 \\ 0 & 0 & 0 & 1 \end{pmatrix}, \quad P_{23} = \begin{pmatrix} 1 & 0 & 0 & 0 \\ 0 & 0 & 1 & 0 \\ 0 & 1 & 0 & 0 \\ 0 & 0 & 0 & 1 \end{pmatrix},$$

$$E_{41}(-3) = \begin{pmatrix} 1 & 0 & 0 & 0 \\ 0 & 1 & 0 & 0 \\ 0 & 0 & 1 & 0 \\ -3 & 0 & 0 & 1 \end{pmatrix}, \quad A = \begin{pmatrix} 1 & 2 & 3 & 4 \\ 5 & 6 & 7 & 8 \\ 9 & 0 & 1 & 2 \\ 3 & 4 & 5 & 6 \end{pmatrix}.$$

さて $m \times n$ 行列 A の第 i 行がゼロベクトルでないとき，その成分 $a_{i1}, a_{i2}, \cdots, a_{in}$ の中で 0 でない最初の元を $a_{ik(i)}$ とおく．すなわち各行で最初に 0 でない成分が出てくる列をその行の **先頭列** とよぶことにすると，i 行の先頭列が $k(i)$ 列である．

このとき次の 3 条件をみたす $m \times n$ 行列 A を **階段行列** という．

(i) $k(1) < k(2) < \cdots < k(r) \leqq n$.
(ii) $a_{1\,k(1)} = \cdots = a_{r\,k(r)} = 1 \quad (r \leqq m)$.
(iii) $r < m$ のとき第 $(r+1)$ 行以下の行ベクトルはゼロベクトルである．

$$A = \begin{pmatrix} 1 & * & \cdots & * & * & \cdots & \cdots & \cdots \\ & & & 1 & * & \cdots & \cdots & \cdots \\ & & & & & \ddots & \ddots & \\ & & & & & & 1 & * & \cdots \\ & & & 0 & & & & & \\ & & & & & & & & \\ & \vdots & & \vdots & & & \vdots & & \\ & k(1) & & k(2) & & & k(r) & & \end{pmatrix} \Big\} r$$

とくに階段行列 A の $a_{i\,k(i)}$ を含む列ベクトルの成分が $a_{i\,k(i)} = 1$ を除いて

すべて 0 であるとき，A を **簡約階段行列** という．簡約階段行列においては，もし i 行がゼロベクトルでなければ，その先頭列は基本ベクトル e_i になる．正則行列が簡約階段行列ならば，最終行が $\mathbf{0}$ となり得ないので，$m = n = r$，したがって $k(i) = i\ (1 \leqq i \leqq r)$ となり，それは単位行列 E_n でなければならない．行列に行基本変形を何回か施して変形することを **行変形** という．

定理 2.1 (簡約階段行列へ行変形) 任意の $m \times n$ 行列 A は行変形により簡約階段行列にすることができる．とくに m 次正則行列 B で BA が簡約階段行列になるものが存在する．

証明 最初に，すべての成分が 0 である行は，行の入れ換えにより最下段にまとめることができる．次に 0 でない成分をもつ各行について，行の入れかえを行って $k(1) \leqq k(2) \leqq \cdots \leqq k(r')$ とする．もし $k(i) = k(i+1)$ ならば，第 i 行の $-\dfrac{a_{i+1\,k(i+1)}}{a_{i\,k(i)}}$ 倍を第 $(i+1)$ 行に加えて $a_{i+1\,k(i+1)} = 0$ とできる．この操作により $k(1) < k(2) < \cdots < k(r)$ とできる．

次に 0 でない成分をもつ第 i 行を $a_{i\,k(i)}^{-1}$ 倍して $a_{i\,k(i)} = 1$ とできる．これにより階段行列が得られる．$a_{i\,k(i)} = 1$ のとき，$a_{j\,k(i)} \neq 0\ (j < i)$ なる成分が存在すれば，第 i 行の $-a_{j\,k(i)}$ 倍を第 j 行に加えて $a_{j\,k(i)} = 0$ とする．これにより簡約階段行列が得られる．

行基本変形は基本行列を左からかけることに対応しているから m 次基本行列 $Q_1, \cdots, Q_s$ が存在して $Q_s \cdots Q_1 A$ が簡約階段行列になる．$Q_1, \cdots, Q_s$ は正則行列ゆえ $B = Q_s \cdots Q_1$ も正則行列である．   □

定理 2.2 (簡約階段行列の一意性) 行列 A を行変形で簡約階段行列 B, C に移すと $B = C$ である．

証明 行列 A の列の数 n に関する帰納法で示す．$n = 1$ なら簡約階段行列はゼロベクトルか $e_1 = {}^t(1, 0, \cdots, 0)$ しかなく，それぞれ $A = O$ か $A \neq O$ に対応している．そこで n 列までのすべての行列には定理が成り立つと仮定して，

A は $m \times (n+1)$ 行列とする．B と C の n 列まではそれぞれ A の n 列までの簡約階段行列への変形になるので，帰納法の仮定から一致している．

どの行の先頭列にもなっていない列が n 列までにあれば，その列を除いた行列も簡約階段行列になるので，帰納法が使えて B と C の $(n+1)$ 列も一致する．したがって B と C の n 列までは，$(\boldsymbol{e}_1|\cdots|\boldsymbol{e}_n)$ であるとしてよい．B と C の両方の $(n+1)$ 列がある行の先頭列ならば，それは $n+1$ 行で $B=C$ となる．

それ以外の場合は，B の $(n+1)$ 列がどの行の先頭列にもなっていないとしてよいから，$B = \begin{pmatrix} E_n & v \\ O & O \end{pmatrix}, C = \begin{pmatrix} E_n & u \\ O & F \end{pmatrix}$ という形であるとしてよい．このとき，B, C は A の行変形から得たので，ある正則行列 P_1, P_2 があって，$P_1 A = B, P_2 A = C$ となる．そこで $P = P_2 P_1^{-1}$ とおくと $PB = C$ となる．

いま，$P = \begin{pmatrix} P_{11} & P_{12} \\ P_{21} & P_{22} \end{pmatrix}$ とおくと，$PB = \begin{pmatrix} P_{11} & P_{11}v \\ P_{21} & P_{21}v \end{pmatrix} = \begin{pmatrix} E_n & u \\ O & F \end{pmatrix}$

より，$P_{11} = E_n, u = v, P_{21} = O, F = O$ を得る．ゆえに，$B = C$ である．□

例題 2.1 $A = \begin{pmatrix} 1 & 2 & 3 & 4 & 5 & 6 \\ 6 & 5 & 4 & 3 & 2 & 1 \\ 4 & 5 & 6 & 1 & 2 & 3 \end{pmatrix}$ を行変形で簡約階段行列にせよ．

解答 第 1 行 $\times(-6)$ を第 2 行に加え，第 1 行 $\times(-4)$ を第 3 行に加えると

$$\begin{pmatrix} 1 & 2 & 3 & 4 & 5 & 6 \\ 0 & -7 & -14 & -21 & -28 & -35 \\ 0 & -3 & -6 & -15 & -18 & -21 \end{pmatrix}$$

となるので第 2 行に $\left(-\dfrac{1}{7}\right)$ をかけ，第 3 行に $\left(-\dfrac{1}{3}\right)$ をかけると

$$\begin{pmatrix} 1 & 2 & 3 & 4 & 5 & 6 \\ 0 & 1 & 2 & 3 & 4 & 5 \\ 0 & 1 & 2 & 5 & 6 & 7 \end{pmatrix}$$

を得る．次に第 2 行 $\times(-2)$ を第 1 行に加え，第 2 行 $\times(-1)$ を第 3 行に加えると

$$\begin{pmatrix} 1 & 0 & -1 & -2 & -3 & -4 \\ 0 & 1 & 2 & 3 & 4 & 5 \\ 0 & 0 & 0 & 2 & 2 & 2 \end{pmatrix}$$

を得る．第 3 行に $\dfrac{1}{2}$ をかけたあと，第 3 行 $\times 2$ を第 1 行に加え第 3 行 $\times(-3)$ を第 2 行に加えると

$$\begin{pmatrix} 1 & 0 & -1 & 0 & -1 & -2 \\ 0 & 1 & 2 & 0 & 1 & 2 \\ 0 & 0 & 0 & 1 & 1 & 1 \end{pmatrix}$$

という簡約階段行列が得られた． □

問題 2.2 以下の行列を行変形で簡約階段行列にせよ．

(1) $\begin{pmatrix} 1 & 2 & 1 & 1 & 1 & 6 \\ 1 & 2 & 2 & 2 & 1 & 8 \\ 2 & 4 & 5 & 5 & 3 & 21 \end{pmatrix}$ (2) $\begin{pmatrix} 2 & 6 & 3 & 4 \\ 2 & 9 & 4 & 8 \\ 0 & 3 & 1 & 3 \end{pmatrix}$

定理 2.3 (正則行列は基本行列の積) 正方行列 A について，

A は正則行列 $\iff$ A は有限個の基本行列の積で表わせる．

証明 A が正則行列ならば，定理 2.1 により基本行列 $P_1, \cdots, P_r$ をかけて $P_r \cdots P_1 A$ を正則な簡約階段行列にすることができる．しかし正則な簡約階段行列は単位行列 E にほかならない．したがって $P_r \cdots P_1 A = E$ であるが，基本行列は正則行列で逆行列が存在するから，左から $P_1^{-1} \cdots P_r^{-1}$ をかけると $A = P_1^{-1} \cdots P_r^{-1}$ となる．基本行列の逆行列も基本行列であるから A は基本行列の積で表わせる．

逆に $A = Q_1 \cdots Q_r$ のように基本行列 $Q_1, \cdots, Q_r$ の積で表わせれば，$A^{-1} = Q_r^{-1} \cdots Q_1^{-1}$ が A の逆行列となり，A は正則行列である． □

この証明からわかるように，正方行列 A に左から正則行列 B をかけて $BA = E_n$ となれば，左から B^{-1}，右から B をかけて $AB = E_n$ となり A は正則行列で $B = A^{-1}$ である．ここでじつは正方行列 B が正則であるという仮定をしなくても $BA = E_n$ ならば A が正則行列になることが系 2.13 で示される．

例題 2.2 正則行列 $A = \begin{pmatrix} 1 & 2 \\ 3 & 4 \end{pmatrix}$ を基本行列の積で表わせ．

解答 A の第 1 行の 3 倍を第 2 行から引く基本変形は，$Q_1 = \begin{pmatrix} 1 & 0 \\ -3 & 1 \end{pmatrix}$ を左から掛けることに対応していて，$Q_1 A = \begin{pmatrix} 1 & 2 \\ 0 & -2 \end{pmatrix}$ となる．次に第 2 行を $-\frac{1}{2}$ 倍するために，$Q_2 = \begin{pmatrix} 1 & 0 \\ 0 & -\frac{1}{2} \end{pmatrix}$ を掛けて $Q_2 Q_1 A = \begin{pmatrix} 1 & 2 \\ 0 & 1 \end{pmatrix}$ とする．最後に第 1 行から第 2 行の 2 倍を引いて単位行列にするため，左から $Q_3 = \begin{pmatrix} 1 & -2 \\ 0 & 1 \end{pmatrix}$ を掛けて，$Q_3 Q_2 Q_1 A = E_2$ となる．よって $A = Q_1^{-1} Q_2^{-1} Q_3^{-1}$ となるので，

$$\begin{pmatrix} 1 & 2 \\ 3 & 4 \end{pmatrix} = \begin{pmatrix} 1 & 0 \\ 3 & 1 \end{pmatrix} \begin{pmatrix} 1 & 0 \\ 0 & -2 \end{pmatrix} \begin{pmatrix} 1 & 2 \\ 0 & 1 \end{pmatrix}.$$

なお基本行列の積としての表わし方は一意的ではないことに注意しよう．たとえば，

$$\begin{pmatrix} 3 & 2 \\ 1 & 1 \end{pmatrix} = \begin{pmatrix} 1 & 2 \\ 0 & 1 \end{pmatrix} \begin{pmatrix} 1 & 0 \\ 1 & 1 \end{pmatrix}$$
$$= \begin{pmatrix} 3 & 0 \\ 0 & 1 \end{pmatrix} \begin{pmatrix} 1 & 0 \\ 1 & 1 \end{pmatrix} \begin{pmatrix} 1 & 0 \\ 0 & \frac{1}{3} \end{pmatrix} \begin{pmatrix} 1 & \frac{2}{3} \\ 0 & 1 \end{pmatrix}$$

である． □

2.2 逆行列の計算

一般に $A \in M(m,n;K)$ と $B \in M(m,l;K)$ が与えられたとき，A と B を並べてできる $m \times (n+l)$ 行列のことを，$(A\,|\,B) \in M(m,n+l;K)$ と書くことにする．

$A \in M(n,K)$ が正則行列ならば $(A\,|\,E_n) \in M(n,2n;K)$ に対して

$$A^{-1} \cdot (A\,|\,E_n) = (E_n\,|\,A^{-1})$$

となる．定理 2.3 により正則行列はいくつかの基本行列の積なので，左から正則行列をかけるということは，行に関する基本変形を何回か行うことに等しい．よって，n 次正則行列 A が E_n に変形されるとき，同じ行変形を $(A|E_n)$ に対して行うと，$(E_n|A^{-1})$ となる．一般に，$A,B,C \in M(n,K)$ かつ $(A|E_n)$ が行変形により簡約階段行列 $(B|C)$ に変形されていると仮定とする．このとき，もし $B = E_n$ ならば A は正則で $C = A^{-1}$ となり，また，$B \neq E_n$ であれば A は正則ではない．

例題 2.3 $A = \begin{pmatrix} 1 & 2 & 1 \\ 2 & 4 & 1 \\ 1 & 1 & 2 \end{pmatrix}$ の逆行列を求めよ．

解答 $\tilde{A} = \begin{pmatrix} 1 & 2 & 1 & 1 & 0 & 0 \\ 2 & 4 & 1 & 0 & 1 & 0 \\ 1 & 1 & 2 & 0 & 0 & 1 \end{pmatrix} = (A\,|\,E_3)$

に行変形を施す．

第 2 行 $- (2 \times$ 第 1 行$)$ と 第 3 行 $-$ 第 1 行 により，

$$\longrightarrow \begin{pmatrix} 1 & 2 & 1 & 1 & 0 & 0 \\ 0 & 0 & -1 & -2 & 1 & 0 \\ 0 & -1 & 1 & -1 & 0 & 1 \end{pmatrix}$$

$(-1) \times$ 第 3 行 と $(-1) \times$ 第 2 行 をとりかえる．

$$\longrightarrow \begin{pmatrix} 1 & 2 & 1 & 1 & 0 & 0 \\ 0 & 1 & -1 & 1 & 0 & -1 \\ 0 & 0 & 1 & 2 & -1 & 0 \end{pmatrix}$$

第 1 行 $- (2 \times$ 第 2 行$)$ により,

$$\longrightarrow \begin{pmatrix} 1 & 0 & 3 & -1 & 0 & 2 \\ 0 & 1 & -1 & 1 & 0 & -1 \\ 0 & 0 & 1 & 2 & -1 & 0 \end{pmatrix}$$

第 1 行 $- (3 \times$ 第 3 行$)$, 第 2 行 $+$ 第 3 行 より,

$$\longrightarrow \begin{pmatrix} 1 & 0 & 0 & -7 & 3 & 2 \\ 0 & 1 & 0 & 3 & -1 & -1 \\ 0 & 0 & 1 & 2 & -1 & 0 \end{pmatrix}$$

すなわち $A^{-1} = \begin{pmatrix} -7 & 3 & 2 \\ 3 & -1 & -1 \\ 2 & -1 & 0 \end{pmatrix}$. □

問題 2.3 行変形によるやり方で, 以下の行列の逆行列を計算せよ.

$(1)\ \begin{pmatrix} 2 & 1 & 1 \\ 1 & 2 & 1 \\ 1 & 1 & 2 \end{pmatrix} \quad (2)\ \begin{pmatrix} 3 & 1 & 1 \\ 1 & 3 & 1 \\ 1 & 1 & 3 \end{pmatrix} \quad (3)\ \begin{pmatrix} 3 & 2 & 2 \\ 2 & 3 & 2 \\ 2 & 2 & 3 \end{pmatrix}$

2.3 連立 1 次方程式

$x_1, \cdots, x_n$ を未知数として次のような **連立 1 次方程式** を考えよう.

$$\begin{cases} a_{11}x_1 + a_{12}x_2 + \cdots + a_{1n}x_n = b_1 \\ a_{21}x_1 + a_{22}x_2 + \cdots + a_{2n}x_n = b_2 \\ \cdots \quad \cdots \quad \cdots \quad \cdots \\ a_{m1}x_1 + a_{m2}x_2 + \cdots + a_{mn}x_n = b_m \end{cases} \tag{2.1}$$

この方程式は,

$$A = \begin{pmatrix} a_{11} & a_{12} & \cdots & a_{1n} \\ a_{21} & a_{22} & \cdots & a_{2n} \\ \vdots & \vdots & \ddots & \vdots \\ a_{m1} & a_{m2} & \cdots & a_{mn} \end{pmatrix}, \quad \boldsymbol{a}_i = \begin{pmatrix} a_{1i} \\ a_{2i} \\ \vdots \\ a_{mi} \end{pmatrix} \quad (1 \leqq i \leqq n),$$

$$\boldsymbol{x} = \begin{pmatrix} x_1 \\ \vdots \\ x_n \end{pmatrix}, \quad \boldsymbol{b} = \begin{pmatrix} b_1 \\ \vdots \\ b_m \end{pmatrix}$$

とおくと

$$A\boldsymbol{x} = \boldsymbol{b} \tag{2.2}$$

または

$$x_1 \boldsymbol{a}_1 + x_2 \boldsymbol{a}_2 + \cdots + x_n \boldsymbol{a}_n = \boldsymbol{b} \tag{2.3}$$

と表わすことができる.$m \times (n+1)$ 行列 $\tilde{A} = (A \mid \boldsymbol{b})$ を **連立 1 次方程式** (2.1) に **対応する行列** という.A を係数行列,$(A|b)$ を拡大係数行列ともよぶ.

一般に連立 1 次方程式 (2.1) は,まったく解をもたない場合もあるし無数に解をもつこともある.

例 2.1 $\begin{cases} x + 2y = 1 \\ 2x + 4y = 1 \end{cases}$

に解が存在すれば第 1 行の 2 倍から第 2 行を引いて $0 = 1$ となり矛盾.

例 2.2 $\begin{cases} x + 2y = 1 \\ 2x + 4y = 2 \end{cases}$

これは a を任意の数として $x = 2a + 1, y = -a$ が解になる.

(2.2) に左から m 次正則行列 B をかけると

$$BA\bm{x} = B\bm{b} \tag{2.4}$$

となる．(2.4) に左から B^{-1} をかければ (2.2) が得られるから $\bm{x}$ が (2.2) の解であることと (2.4) の解であることは同値である．そこで行列 B を適当に選んで (2.4) を解がすぐわかるような簡単な形になるようにしたい．

定理 2.1 より $\tilde{A} = (A \mid \bm{b})$ を行変形で簡約階段行列 $\tilde{A}' = (A' \mid \bm{b}')$ にすることができる．このときある m 次正則行列 B が存在して $\tilde{A}' = B\tilde{A}$, すなわち

$$(A' \mid \bm{b}') = (BA \mid B\bm{b})$$

となるから (2.2) を解くことは

$$A'\bm{x} = \bm{b}' \tag{2.5}$$

を解くことに帰着する．ここで $\tilde{A}' = (A' \mid \bm{b}')$ は簡約階段行列であるから

$$(A' \mid \bm{b}') = \begin{pmatrix} 1 & * & \cdots & 0 & * & \cdots & 0 & * & \cdots & \cdots & 0 \\ & & & 1 & * & \cdots & 0 & * & \cdots & \cdots & 0 \\ & & & & & & 1 & * & \cdots & \cdots & 0 \\ & & & & & & & & \ddots & & \vdots \\ & & & & & & & & & 1 & * & \cdots \\ & & & & 0 & & & & & & \\ \end{pmatrix}$$

$$\phantom{(A' \mid \bm{b}') = }\;\;\vdots\qquad\quad\vdots\qquad\quad\vdots\qquad\qquad\vdots$$
$$\phantom{(A' \mid \bm{b}') = }\;\,k(1)\quad\;\;\;k(2)\quad\;\;\;k(3)\qquad\quad k(r)$$

の形である．ここで $k(r) \leqq n+1$ であるから，$k(r) \leqq n$ と $k(r) = n+1$ の場合に分ける．

まず $k(r) \leqq n$ の場合を考える．このとき

$$I = \{i \mid 1 \leqq i \leqq n;\ i \neq k(1), \cdots, i \neq k(r)\}$$

とおくと，(2.5) は

$$\begin{cases} x_{k(1)} + \sum_{i\in I} a'_{1i} x_i = b'_1 \\ x_{k(2)} + \sum_{i\in I} a'_{2i} x_i = b'_2 \\ \quad \cdots \qquad\qquad \cdots \\ x_{k(r)} + \sum_{i\in I} a'_{ri} x_i = b'_r \end{cases} \tag{2.6}$$

各 $i \in I$ について $x_i = s_i$ を任意の数にとると

$$\begin{cases} x_{k(t)} = b'_t - \sum_{i\in I} a'_{ti} s_i \quad (t=1,\cdots,r) \\ x_i = s_i \qquad\qquad\qquad (i \in I) \end{cases} \tag{2.7}$$

は (2.5) の解であり,したがって (2.1) の解である.方程式の解 (2.7) に現れる任意定数 s_i $(i \in I)$ の個数 $\#I = n-r$ を方程式 (2.1) の **解の自由度** とよぶ.

解の自由度が 0 のとき,すなわち $r = n$ のときは $I = \emptyset$ となり,$x_1 = b'_1, \cdots, x_n = b'_n$ が唯一の解である.$r < n$ のときは,$I \neq \emptyset$ であるから解は無数に存在して,解の自由度は $\#I = n - r > 0$ である.

次に $k(r) = n+1$ のときは簡約階段行列が $(0, \cdots, 0, 1)$ なる行を含むので連立 1 次方程式が $0 = 1$ なる式を含むことになり解は存在しない.

以上から次を得る.

定理 2.4 (連立 1 次方程式の具体的解法)　一般に連立 1 次方程式 (2.1) はそれに対応する行列を簡約階段行列にする操作で完全に解くことができる.

問題 2.4　次の連立 1 次方程式を解け.

$$\begin{cases} 3x_1 + 6x_2 + x_3 + 13x_4 + 21x_5 + 2x_6 + 47x_7 = 11 \\ 2x_1 + 4x_2 + 2x_3 + 14x_4 + 22x_5 + x_6 + 39x_7 = 9 \\ 2x_1 + 4x_2 + x_3 + 10x_4 + 16x_5 + 2x_6 + 40x_7 = 10 \\ x_1 + 2x_2 + x_3 + 7x_4 + 11x_5 + x_6 + 24x_7 = 6 \end{cases}$$

次に (2.2) において $\boldsymbol{b} = \boldsymbol{0}$ であるような連立 1 次方程式 $A\boldsymbol{x} = \boldsymbol{0}$, すなわち

$$\begin{cases} a_{11}x_1 + a_{12}x_2 + \cdots + a_{1n}x_n = 0 \\ a_{21}x_1 + a_{22}x_2 + \cdots + a_{2n}x_n = 0 \\ \cdots \quad \cdots \quad \cdots \quad \cdots \\ a_{m1}x_1 + a_{m2}x_2 + \cdots + a_{mn}x_n = 0 \end{cases} \tag{2.8}$$

を考えよう. このような方程式を **斉次の連立 1 次方程式** という.

$(A\,|\,\boldsymbol{0})$ を階段行列に変形した場合は必ず $k(r) \leqq n$ となるから, 斉次連立 1 次方程式は必ず解をもつ. 実際 $\boldsymbol{x} = \boldsymbol{0}$, すなわち $x_1 = \cdots = x_n = 0$ は解である. これを **自明な解** という. したがって斉次連立 1 次方程式については自明でない解 (これを **非自明解** という) が存在するかどうかが問題になる.

斉次連立 1 次方程式の解の和やスカラー倍もまた解である. 解の自由度が $n - r$ であるから, ちょうど $n - r$ 個の線形独立な解が存在し他の任意の解は, それらの線形結合として一意的に表わされる. このような $n - r$ 個の線形独立な解の組を斉次連立 1 次方程式の **基本解** とよぶ.

例題 2.4 $\begin{cases} x_1 + 2x_2 + 3x_3 + 4x_4 = 0 \\ 2x_1 + 3x_2 + 4x_3 + x_4 = 0 \\ 4x_1 + 7x_2 + 10x_3 + 9x_4 = 0 \\ x_1 + x_2 + x_3 - 3x_4 = 0 \end{cases}$ の基本解を 1 つ求めよ.

解答 係数行列を行変形によって簡約階段行列にすると $\begin{pmatrix} 1 & 0 & -1 & -10 \\ 0 & 1 & 2 & 7 \\ 0 & 0 & 0 & 0 \\ 0 & 0 & 0 & 0 \end{pmatrix}$

となるから α, β を任意の数として, $(x_1, x_2, x_3, x_4) = (\alpha + 10\beta, -2\alpha - 7\beta, \alpha, \beta)$ が解である. したがって $\boldsymbol{a}_1 = \begin{pmatrix} 1 \\ -2 \\ 1 \\ 0 \end{pmatrix}, \boldsymbol{a}_2 = \begin{pmatrix} 10 \\ -7 \\ 0 \\ 1 \end{pmatrix}$ は基本解である. □

$r \leqq m$ であるから特に $m < n$ の場合には $r < n$ となって，(2.8) の解は無数に存在し，特に自明でない解をもつ．この事実から次の結果が得られる．

> **定理 2.5** (線形従属のための十分条件)　$K = \mathbf{R}$ または $K = \mathbf{C}$ とする．$m < n$ のとき l 項数ベクトル $\boldsymbol{a}_1, \cdots, \boldsymbol{a}_n \in K^l$ がそれぞれ $\boldsymbol{b}_1, \cdots, \boldsymbol{b}_m \in K^l$ の線形結合で表わされるならば，$\boldsymbol{a}_1, \cdots, \boldsymbol{a}_n \in K^l$ は線形従属となる．とくに $l < n$ ならば，$\boldsymbol{a}_1, \cdots, \boldsymbol{a}_n \in K^l$ はつねに線形従属である．

証明　$\boldsymbol{a}_i = \sum_{j=1}^{m} c_{ji} \boldsymbol{b}_j \ (1 \leqq i \leqq n)$ と表わすとき，

$$x_1 \boldsymbol{a}_1 + \cdots + x_n \boldsymbol{a}_n = \sum_{i=1}^{n} x_i \left(\sum_{j=1}^{m} c_{ji} \boldsymbol{b}_j \right)$$
$$= \sum_{j=1}^{m} \left(\sum_{i=1}^{n} c_{ji} x_i \right) \boldsymbol{b}_j$$

で，斉次の連立 1 次方程式 $\sum_{i=1}^{n} c_{ji} x_i = 0 \ (1 \leqq j \leqq m)$ は，$m < n$ ゆえ自明でない解 $(d_1, \cdots, d_n) \neq (0, \cdots, 0)$ をもつ．このとき $d_1 \boldsymbol{a}_1 + \cdots + d_n \boldsymbol{a}_n = \boldsymbol{0}$ ゆえ $\boldsymbol{a}_1, \cdots, \boldsymbol{a}_n$ は線形従属となる．

$\boldsymbol{a}_1, \cdots, \boldsymbol{a}_n$ はつねに基本ベクトル $\boldsymbol{e}_1, \cdots, \boldsymbol{e}_l$ の線形結合で表わされるから，$l < n$ なら，いま示したことにより $\boldsymbol{a}_1, \cdots, \boldsymbol{a}_n$ は線形従属である． □

問題 2.5　$\mathbf{R}^4$ のベクトル $\boldsymbol{b}_1 = \begin{pmatrix} 2 \\ 1 \\ 1 \\ 1 \end{pmatrix}$, $\boldsymbol{b}_2 = \begin{pmatrix} 1 \\ 2 \\ 1 \\ 1 \end{pmatrix}$, $\boldsymbol{b}_3 = \begin{pmatrix} 1 \\ 1 \\ 2 \\ 1 \end{pmatrix}$ の線形結合

$$\boldsymbol{a}_1 = \begin{pmatrix} 4 \\ 4 \\ 4 \\ 3 \end{pmatrix} \ (= \boldsymbol{b}_1 + \boldsymbol{b}_2 + \boldsymbol{b}_3), \quad \boldsymbol{a}_2 = \begin{pmatrix} 0 \\ 2 \\ 2 \\ 1 \end{pmatrix} \ (= -\boldsymbol{b}_1 + \boldsymbol{b}_2 + \boldsymbol{b}_3),$$

$$\boldsymbol{a}_3 = \begin{pmatrix} 3 \\ 4 \\ 1 \\ 2 \end{pmatrix} (= \boldsymbol{b}_1 + 2\boldsymbol{b}_2 - \boldsymbol{b}_3), \quad \boldsymbol{a}_4 = \begin{pmatrix} 4 \\ 1 \\ 3 \\ 2 \end{pmatrix} (= 2\boldsymbol{b}_1 - \boldsymbol{b}_2 + \boldsymbol{b}_3)$$

に対して, $c_1\boldsymbol{a}_1 + c_2\boldsymbol{a}_2 + c_3\boldsymbol{a}_3 + c_4\boldsymbol{a}_4 = \boldsymbol{0}$ となる $(c_1, c_2, c_3, c_4) \neq (0, 0, 0, 0)$ を 1 つ求めよ.

定理 2.6 (数ベクトル空間の基底の個数の一意性) $K = \mathbf{R}$ または $K = \mathbf{C}$ とする. $\boldsymbol{a}_1, \cdots, \boldsymbol{a}_n \in K^l$ の線形結合全体を
$$\langle \boldsymbol{a}_1, \cdots, \boldsymbol{a}_n \rangle_K = \{c_1\boldsymbol{a}_1 + \cdots c_n\boldsymbol{a}_n \in K^l \mid c_1, \cdots, c_n \in K\}$$
と表わす. $\boldsymbol{a}_1, \cdots, \boldsymbol{a}_n \in K^l$ と $\boldsymbol{b}_1, \cdots, \boldsymbol{b}_m \in K^l$ がそれぞれ線形独立で $\langle \boldsymbol{a}_1, \cdots, \boldsymbol{a}_n \rangle_K = \langle \boldsymbol{b}_1, \cdots, \boldsymbol{b}_m \rangle_K$ ならば $m = n$ である. とくに $\boldsymbol{a}_1, \cdots, \boldsymbol{a}_n \in K^l$ が線形独立で, $K^l = \langle \boldsymbol{a}_1, \cdots, \boldsymbol{a}_n \rangle_K$ ならば $n = l$ である.

証明 もし $m < n$ ならば, 定理 2.5 により, $\boldsymbol{a}_1, \cdots, \boldsymbol{a}_n \in K^l$ が線形従属となり矛盾. $m > n$ の場合も同様. 後半は基本ベクトル $\boldsymbol{e}_1, \cdots, \boldsymbol{e}_l \in K^l$ が線形独立で $K^l = \langle \boldsymbol{e}_1, \cdots, \boldsymbol{e}_l \rangle_K$ による. □

2.4　行列の階数

今まで行基本変形を考えて, その応用として逆行列の計算法や連立 1 次方程式の解法を与えた. 次に列基本変形を考えてみよう.

A を $m \times n$ 行列として, i, j ($1 \leqq i, j \leqq n$, $i \neq j$) をとる. このとき
(1)　A の第 i 列を c 倍する. ただし, $c \neq 0$.
(2)　A の第 i 列と第 j 列を入れかえる.
(3)　A の第 i 列に第 j 列の c 倍を加える. ここで c は任意の数.
このような変換を A の **列基本変形** という. これは対応する n 次の基本行列 $E_i(c), P_{ij}, E_{ji}(c)$ を右からかけることと同値である.

さて A を任意の $m \times n$ 行列とすると，定理 2.1 により m 次正則行列 B で $C = BA = (c_{ij})$ が簡約階段行列となるものが存在する．これに列基本変形を施すと，$c_{ik(i)} = 1$ なので i 行の他の成分はすべて 0 にでき，ゼロ列ベクトルは右側に集めることができるから $\begin{pmatrix} E_r & O \\ O & O \end{pmatrix}$ の形にすることができる．ただし，i 行の先頭列が $k(i)$ 列であり，r は先頭列の個数である．すなわち次の定理が成り立つ．

定理 2.7 (行列の階数標準形) A を任意の $m \times n$ 行列とすると，m 次正則行列 B と n 次正則行列 C が存在して
$$BAC = \begin{pmatrix} E_r & O \\ O & O \end{pmatrix}$$
の形にすることができる．ここで E_r は r 次単位行列である．

さらに，次の定理も成り立つ．

定理 2.8 (階数標準形の一意性) A を任意の $m \times n$ 行列，B, B' を m 次正則行列，C, C' を n 次正則行列として
$$BAC = \begin{pmatrix} E_r & O \\ O & O \end{pmatrix}, \quad B'AC' = \begin{pmatrix} E_{r'} & O \\ O & O \end{pmatrix}$$
とすると $r = r'$ である．

証明
$$\begin{pmatrix} E_{r'} & O \\ O & O \end{pmatrix} = B'AC' = B'B^{-1}(BAC)C^{-1}C'$$
$$= B'B^{-1} \begin{pmatrix} E_r & O \\ O & O \end{pmatrix} C^{-1}C'$$

であるが，
$$\begin{pmatrix} E_r & O \\ O & O \end{pmatrix} C^{-1}C' = \begin{pmatrix} F \\ \hline O \end{pmatrix} \quad (F \in M(r, n))$$

の形の行列の行変形による簡約階段行列は $\begin{pmatrix} F' \\ \hline O \end{pmatrix}$ $(F' \in M(r,n))$ の形で，それは定理 2.2 により一意的であるから，$\begin{pmatrix} E_{r'} & O \\ O & O \end{pmatrix}$ と一致する．したがって $m - r' \geqq m - r$ となり $r' \leqq r$ を得る．同様にして $r \leqq r'$ もいえる．□

この r を行列 A の **階数** (または **ランク**) といい $\operatorname{rank} A$ と記す．$\begin{pmatrix} E_r & O \\ O & O \end{pmatrix}$ を A の **階数標準形** という．この定理 2.8 のより直接的な別証明が第 2 章末の付録で与えられる．$m \times n$ 行列 A に対して，定義から明らかに $\operatorname{rank} A \leqq \min\{m, n\}$ が成り立つ．

さて，ここで行列の列ベクトル (あるいは行ベクトル) に対して，線形独立や線形従属という議論ができることに注意しておこう．

問題 2.6 次の行列の階数を求めよ．

(1) $\begin{pmatrix} 1 & 1 \\ 1 & 1 \end{pmatrix}$ (2) $\begin{pmatrix} 1 & 0 & 0 \\ -3 & 3 & 1 \\ 0 & 3 & 1 \end{pmatrix}$

(3) $\begin{pmatrix} 1 & 2 & 1 \\ 0 & 1 & 1 \\ 1 & 0 & -1 \\ 1 & 1 & 0 \end{pmatrix}$ (4) $\begin{pmatrix} 1 & 4 & 7 & 3 \\ 1 & 0 & 1 & 1 \\ 1 & -2 & -2 & 0 \\ 5 & -2 & 1 & 0 \end{pmatrix}$

系 2.9 (階数の正則行列の積による不変性) A を $m \times n$ 行列，B を任意の m 次正則行列，C を任意の n 次正則行列とすると，

$$\operatorname{rank} BAC = \operatorname{rank} A.$$

証明 m 次正則行列 B', B'' と n 次正則行列 C', C'' によって

$$B'(BAC)C' = \begin{pmatrix} E_r & O \\ O & O \end{pmatrix}, \quad B''AC'' = \begin{pmatrix} E_s & O \\ O & O \end{pmatrix}$$

とすると，$B'B, CC'$ は正則行列ゆえ $r = s$. □

系 2.10 (転置による階数の不変性)　A を $m \times n$ 行列，${}^tA$ をその転置行列とすると，
$$\operatorname{rank} {}^tA = \operatorname{rank} A.$$

証明　$BAC = \begin{pmatrix} E_r & O \\ O & O \end{pmatrix}$ ならば ${}^tC\,{}^tA\,{}^tB = \begin{pmatrix} E_r & O \\ O & O \end{pmatrix} \in M(n, m; K)$ で ${}^tC, {}^tB$ は正則行列ゆえ $\operatorname{rank} {}^tA = r = \operatorname{rank} A$. □

系 2.11 (行列の積の階数)　A を $m \times n$ 行列，B を任意の $l \times m$ 行列，C を任意の $n \times k$ 行列とすると，
$$\operatorname{rank} BA \leqq \operatorname{rank} A, \quad \operatorname{rank} AC \leqq \operatorname{rank} A.$$

証明　m 次正則行列 B_1 と n 次正則行列 C_1 によって $B_1 A C_1 = \begin{pmatrix} E_r & O \\ O & O \end{pmatrix}$ とすると，
$$\begin{aligned}
\operatorname{rank} AC &= \operatorname{rank}(B_1 A C_1)(C_1^{-1} C) \\
&= \operatorname{rank} \begin{pmatrix} E_r & O \\ O & O \end{pmatrix}(C_1^{-1} C) \\
&= \operatorname{rank} \left(\begin{array}{c} C' \\ \hline O \end{array} \right) \\
&\leqq r = \operatorname{rank} A.
\end{aligned}$$
ここで C' は，ある $r \times k$ 行列である．そして
$$\operatorname{rank} BA = \operatorname{rank} {}^tA\,{}^tB \leqq \operatorname{rank} {}^tA = \operatorname{rank} A. \quad □$$

系 2.12 (正則行列の階数) A が n 次正方行列のとき
$$\operatorname{rank} A = n \iff A \text{ は正則行列}$$

証明 ($\Longrightarrow$) 正則行列 B, C が存在して $BAC = E_n$. したがって,$A = B^{-1}C^{-1}$ となり,これは正則行列.
($\Longleftarrow$) A^{-1} と E_n は正則行列で,$A^{-1}AE_n = E_n$ ゆえ $\operatorname{rank} A = n$. □

系 2.13 (左逆行列は逆行列) n 次正方行列 A に対して,正方行列 B が $BA = E_n$ をみたすならば $AB = E_n$ で $B = A^{-1}$ となり A, B は正則行列である.$AB = E_n$ の場合も同様である.

証明 系 2.11 を使うと,$n = \operatorname{rank} E_n = \operatorname{rank} BA \leqq \operatorname{rank} A \leqq n$ となり $\operatorname{rank} A = n$ を得る.したがって系 2.12 により A は正則行列である.このとき,$B = BE_n = BAA^{-1} = E_n A^{-1} = A^{-1}$ であり,$BA = E_n$ も明らか. □

定理 2.14 (階数と線形独立性) A を $m \times n$ 行列とする.
(1) $\operatorname{rank} A$ は A の線形独立な列ベクトルの個数の最大値に等しい.
(2) $\operatorname{rank} A$ は A の線形独立な行ベクトルの個数の最大値に等しい.

証明 (1) 問題 1.15 および系 2.9 により,A が行変形によって簡約階段行列 A' に変形されるとき,A の代わりに A' が結論をみたしていれば十分である.よって,はじめから A が簡約階段行列であるとしてよい.このとき,A の先頭列を $\boldsymbol{a}_{k(1)}, \cdots, \boldsymbol{a}_{k(r)}$ とすれば,$\operatorname{rank} A = r$ である.他方,$\boldsymbol{a}_1, \cdots, \boldsymbol{a}_n$ は $\boldsymbol{a}_{k(1)}, \cdots, \boldsymbol{a}_{k(r)}$ の線形結合で表わされるので,定理 2.5 により,$\boldsymbol{a}_1, \cdots, \boldsymbol{a}_n$ から選んだどの s 個のベクトルも $s > r$ なる限り線形従属となる.ここで,r 個のベクトル $\boldsymbol{a}_{k(1)}, \cdots, \boldsymbol{a}_{k(r)}$ が線形独立であることに注意すれば,$\boldsymbol{a}_1, \cdots, \boldsymbol{a}_n$ における線形独立な最大個数は r となる.

(2) A の行ベクトルは ${}^t\!A$ の列ベクトルで $\operatorname{rank} A = \operatorname{rank} {}^t\!A$ ゆえ (1) より主張を得る. □

さて連立 1 次方程式 (2.1) に対応する行列 $\tilde{A} = (A \,|\, \boldsymbol{b})$ を行変形で簡約階段行列 $\tilde{A}' = (A' \,|\, \boldsymbol{b}')$ にしたとき，$k(r) \leqq n$ ならば解をもち $k(r) = n+1$ ならば解をもたなかった．$k(r) \leqq n$ は $\operatorname{rank} \tilde{A}' = \operatorname{rank} A'$，すなわち $\operatorname{rank} \tilde{A} = \operatorname{rank} A$ と同値であるから次の定理が得られる．

定理 2.15 (連立 1 次方程式の解の存在定理)　連立 1 次方程式 (2.1) に対応する行列を $(A \,|\, \boldsymbol{b})$ とするとき，

(1)　この方程式が解をもつ $\iff \operatorname{rank} A = \operatorname{rank}(A \,|\, \boldsymbol{b})$.

このときの解の自由度は $n - \operatorname{rank} A$ である．

(2)　この方程式が解をもたない $\iff \operatorname{rank} A < \operatorname{rank}(A \,|\, \boldsymbol{b})$.

この場合連立 1 次方程式の解は (2.7) で与えられて $n - \operatorname{rank} A = n - r$ の自由度をもつ．とくに解が一意的に存在するためには $n - \operatorname{rank} A = 0$ が必要十分条件であるから次の定理を得る．

定理 2.16 (連立 1 次方程式の解の一意性)　連立 1 次方程式 (2.1) に対応する行列を $(A \,|\, \boldsymbol{b})$ とするとき，この方程式がただ一組の解をもつ必要十分条件は $\operatorname{rank} A = \operatorname{rank}(A \,|\, \boldsymbol{b}) = n$ である．

定理 2.15 と定理 2.16 をあわせれば次のことが分かる．

定理 2.17 (斉次連立 1 次方程式の解)　斉次連立 1 次方程式 (2.8) を $A\boldsymbol{x} = \boldsymbol{0}$ と表わすとき，非自明解 $\boldsymbol{x} \neq \boldsymbol{0}$ をもつ必要十分条件は $\operatorname{rank} A < n$ である．このとき $(n - \operatorname{rank} A)$ 個の元からなる基本解が存在する．

証明　定理 2.16 より $\operatorname{rank} A = n$ のときはただ 1 つの解，すなわち自明な解 $\boldsymbol{x} = \boldsymbol{0}$ のみをもつ．後半は，解の自由度が $n - \operatorname{rank} A$ であることによる．　□

例 2.3 斉次連立 1 次方程式

$$\begin{cases} x_1 + 3x_2 = 0 \\ 2x_1 + 6x_2 = 0 \end{cases}$$

を考えよう．$A = \begin{pmatrix} 1 & 3 \\ 2 & 6 \end{pmatrix}$ とすると，

$$\begin{pmatrix} 1 & 0 \\ -2 & 1 \end{pmatrix} A \begin{pmatrix} 1 & -3 \\ 0 & 1 \end{pmatrix} = \begin{pmatrix} 1 & 0 \\ 0 & 0 \end{pmatrix}$$

であるから $\operatorname{rank} A = 1 < 2$ である．したがって非自明解をもつ．実際 $x_1 = -3a, x_2 = a \ (a \neq 0)$ が非自明解である．$2 - \operatorname{rank} A = 1$ が基本解の元の個数で，たとえば $\boldsymbol{x} = \begin{pmatrix} -3 \\ 1 \end{pmatrix}$ が基本解である．

2.5 第 2 章付録

定理 2.8 の別証として，行列の計算のみによる直接的な証明を与えておく．

証明 $r \neq r'$ とする．$r < r'$ として一般性を失わない．このとき，次のようにブロック分けする．

$$B'B^{-1} = \begin{array}{c} r \\ r'-r \\ m-r' \end{array} \!\!\left\{ \begin{pmatrix} \overbrace{B_{11}}^{r} & \overbrace{B_{12}}^{r'-r} & \overbrace{B_{13}}^{m-r'} \\ B_{21} & B_{22} & B_{23} \\ B_{31} & B_{32} & B_{33} \end{pmatrix} \right. ,$$

$$C'^{-1}C = \begin{array}{c} r \\ r'-r \\ n-r' \end{array} \!\!\left\{ \begin{pmatrix} \overbrace{C_{11}}^{r} & \overbrace{C_{12}}^{r'-r} & \overbrace{C_{13}}^{n-r'} \\ C_{21} & C_{22} & C_{23} \\ C_{31} & C_{32} & C_{33} \end{pmatrix} \right. .$$

すると，

$$\begin{pmatrix} B_{11} & B_{12} & B_{13} \\ B_{21} & B_{22} & B_{23} \\ B_{31} & B_{32} & B_{33} \end{pmatrix} \begin{pmatrix} E_r & O & O \\ O & O & O \\ O & O & O \end{pmatrix}$$

$$= \begin{pmatrix} E_r & O & O \\ O & E_{r'-r} & O \\ O & O & O \end{pmatrix} \begin{pmatrix} C_{11} & C_{12} & C_{13} \\ C_{21} & C_{22} & C_{23} \\ C_{31} & C_{32} & C_{33} \end{pmatrix}$$

より，

$$\begin{pmatrix} B_{11} & O & O \\ B_{21} & O & O \\ B_{31} & O & O \end{pmatrix} = \begin{pmatrix} C_{11} & C_{12} & C_{13} \\ C_{21} & C_{22} & C_{23} \\ O & O & O \end{pmatrix}.$$

これから

$$C_{12} = O, \quad C_{13} = O, \quad C_{22} = O, \quad C_{23} = O$$

となるが，これは $C'^{-1}C$ の正則性に反する．実際，$C'^{-1}C = (c_{ij})$ の第 r' 行までに着目すると，ゼロでない列は高々 r 個しかない．そこで最初の第 r' 行までを行基本変形により階段行列に変形してみれば，$r' > r$ なので r' 番目の行はゼロとなる．これは (c_{ij}) が正則であることに反する． □

第 2 章の章末問題

問題 1 次の連立 1 次方程式を解け．

(1) $\begin{cases} x_1 + x_2 + x_3 + x_4 = 10 \\ 2x_1 - x_2 + x_3 - x_4 = -1 \\ -x_1 + x_2 - x_3 + 2x_4 = 6 \\ x_1 + 3x_2 + 2x_3 - 2x_4 = 5 \end{cases}$

(2) $\begin{cases} 0.3x_1 + 2.5x_2 - 1.7x_3 = -5 \\ x_1 - 0.7x_2 - 1.35x_3 = 1 \\ 0.4x_1 - 3x_2 - 0.1x_3 = 4 \end{cases}$

問題 2 次の行列の階数を求めよ.

(1) $\begin{pmatrix} 1 & x \\ x & 1 \end{pmatrix}$ (2) $\begin{pmatrix} 1 & x & x \\ x & 1 & x \\ x & x & 1 \end{pmatrix}$ (3) $\begin{pmatrix} 1 & x & x & x \\ x & 1 & x & x \\ x & x & 1 & x \\ x & x & x & 1 \end{pmatrix}$

問題 3 $A \in M(m, n; K)$ に対して次を示せ.
(1) $\operatorname{rank} A \leqq 1 \iff A = \boldsymbol{x}{}^t\boldsymbol{y}\ (\boldsymbol{x} \in K^m,\ \boldsymbol{y} \in K^n)$
(2) $\operatorname{rank} A \leqq 2 \iff A = \boldsymbol{x}_1{}^t\boldsymbol{y}_1 + \boldsymbol{x}_2{}^t\boldsymbol{y}_2\ (\boldsymbol{x}_1, \boldsymbol{x}_2 \in K^m,\ \boldsymbol{y}_1, \boldsymbol{y}_2 \in K^n)$

問題 4 $A, B \in M(m, n)$ を並べて $m \times 2n$ 行列 $(A \mid B)$ を作る. このとき次を示せ.
(1) $\operatorname{rank}(A + B) \leqq \operatorname{rank}(A \mid B) \leqq \operatorname{rank} A + \operatorname{rank} B$
(2) $|\operatorname{rank} A - \operatorname{rank} B| \leqq \operatorname{rank}(A - B)$

問題 5 A, B を n 次正方行列とするとき, $\operatorname{rank} A + \operatorname{rank} B - n \leqq \operatorname{rank} AB$ を示せ.

問題 6 $m \times n$ 行列 A に対して $n \times m$ 行列 B が存在して $AB = E_m$ となれば, $n \geqq m = \operatorname{rank} A$ となることを示せ.

問題 7 連立 1 次方程式 $(*)\ A\boldsymbol{x} = \boldsymbol{b}$ に対し, $\operatorname{rank} A = \operatorname{rank}(A|\boldsymbol{b})$ と仮定する. $(*)$ の解 $\boldsymbol{x}_0$ を 1 つ選び固定する (これを特殊解とよぶ). また, 斉次の連立 1 次方程式 $(**)\ A\boldsymbol{x} = \boldsymbol{0}$ の基本解を $\boldsymbol{u}_1, \cdots, \boldsymbol{u}_s$ とする. このとき, $(*)$ の一般解は $\boldsymbol{x} = \boldsymbol{x}_0 + c_1\boldsymbol{u}_1 + \cdots + c_s\boldsymbol{u}_s\ (c_i \in K)$ で与えられることを示せ.

第3章

行列式

3.1 はじめに

行列式とは，式という文字が付いているが普通の式ではなく，

『各正方行列に対して決まる特別なスカラー』

のことである (正方行列に対してしか定義しない).

実際には各行列に対していろいろなスカラーを決めることができるが，

（1） 行列式とはどんなスカラーなのか？

『ベクトルの集まりが決める図形の面積や体積を示すものである』

(3.3 節，例題 3.7 を参照)

（2） それはどんな役に立つのか？

『逆行列をもつかどうかを決めることができる』

また，

『方程式の解を求めることもできる』

（3） それはどう表示されるのか？

$$A = \begin{pmatrix} a_{11} & \cdots & a_{1n} \\ a_{21} & \cdots & a_{2n} \\ \vdots & \ddots & \vdots \\ a_{n1} & \cdots & a_{nn} \end{pmatrix} \text{ に対して } \begin{vmatrix} a_{11} & \cdots & a_{1n} \\ a_{21} & \cdots & a_{2n} \\ \vdots & \ddots & \vdots \\ a_{n1} & \cdots & a_{nn} \end{vmatrix}$$

と書くか，または

$$\det A, \qquad \det(A), \qquad |A|$$

等と書く (便利なのでいろいろな方面で使われ，そのためいくつかの表わし方がある)[1]．本章 (および次章) では，特に断らないかぎり，正方行列を扱う．

3.1.1 2次の正方行列の行列式

一般的な行列式の意味を説明する前に，1次と2次の行列の行列式の定義を与え，簡単な応用例を紹介しておこう．

定義 3.1

$\det(a_{11}) = a_{11}$ （絶対値記号と区別するために det を使う）

$\begin{vmatrix} a_{11} & a_{12} \\ a_{21} & a_{22} \end{vmatrix} = a_{11}a_{22} - a_{12}a_{21}$

たとえば，$\begin{vmatrix} 1 & 2 \\ 3 & 4 \end{vmatrix} = 1 \times 4 - 2 \times 3 = -2$ である．

ここでは2次の正方行列だけで説明するが，これから述べることは一般サイズの正方行列に対しても成り立っているので，どのようなものが一般の行列に対する行列式となるかを考えて欲しい．

例 3.1 (逆行列が行列式を使って表示できる)　例 1.1 の逆行列 A^{-1} は行列式 $\det(A) = ad - bc \neq 0$ を使うことで，

$$\begin{pmatrix} \dfrac{d}{\det(A)} & \dfrac{-b}{\det(A)} \\ \dfrac{-c}{\det(A)} & \dfrac{a}{\det(A)} \end{pmatrix}$$

と表わせる．

---

[1] 西洋の本では，行列式の重要性を最初に示したのは 1693 年のライプニッツ (Leibniz) の手紙だといわれている．しかし，その 10 年前に関孝和がすでに解伏題之法と名付けた方法を発表しており，その本には 5 次までの行列式の計算法が載っている．

たとえば，x, y を変数，$a, b, c, d, e, f \in K$ をスカラーとして，2 変数 2 式の連立方程式

$$\begin{cases} ax + by = e \\ cx + dy = f \end{cases}$$

が与えられているとき，

$$A = \begin{pmatrix} a & b \\ c & d \end{pmatrix}, \quad \boldsymbol{b} = \begin{pmatrix} e \\ f \end{pmatrix}, \quad \boldsymbol{x} = \begin{pmatrix} x \\ y \end{pmatrix}$$

と書き換えると，上の連立方程式は変数 (ベクトル) $\boldsymbol{x}$ に対する 1 つの方程式

$$A\boldsymbol{x} = \boldsymbol{b}$$

という簡単な形で表示できる．もし，A が逆行列 A^{-1} をもつなら，

$$\boldsymbol{x} = A^{-1}\boldsymbol{b}$$

となり，$A^{-1}\boldsymbol{b}$ がただ 1 つの解となっていることがわかる．

例題 3.1（方程式の解が行列式を使って表示できる）　上の方程式の解 x, y は行列式を使って

$$x = \frac{\det \begin{pmatrix} e & b \\ f & d \end{pmatrix}}{\det \begin{pmatrix} a & b \\ c & d \end{pmatrix}}, \quad y = \frac{\det \begin{pmatrix} a & e \\ c & f \end{pmatrix}}{\det \begin{pmatrix} a & b \\ c & d \end{pmatrix}}$$

と表示できることを示せ (クラメール (Cramér) の公式．4.4 節参照．)．

解答　実際，$ad - bc \neq 0$ の場合，$x = \dfrac{ed - bf}{ad - bc}, y = \dfrac{af - ec}{ad - bc}$ を代入してみると，

$$ax + by = \frac{aed - abf + abf - ebc}{ad - bc} = \frac{e(ad - bc)}{ad - bc} = e,$$

$$cx + dy = \frac{ced - cbf + daf - dec}{ad - bc} = \frac{f(ad - bc)}{ad - bc} = f$$

となり，方程式を満足していることが確認できる． □

行列と行列式の別の重要な働きを見てみよう．第 1 章で，複素数 $a+b\sqrt{-1} \in \mathbf{C}$ と平面ベクトル $\begin{pmatrix} a \\ b \end{pmatrix}$ を対応させ，和やスカラー倍が自然に対応していることを示した．ここでは，複素数の積を考える．特に 1 つの複素数 $u = a + b\sqrt{-1}$ との積が複素数全体をどのように変化させているかを見てみよう．

まず，平面ベクトルに対応させたのと同様に，各複素数 $z = e + f\sqrt{-1}$ と $x \times y$ 平面の 1 点 (e, f) とを対応させて考える．この対応で複素数全体を平面と見ることができる．

定義から $uz = (ae - bf) + (be + af)\sqrt{-1}$ なので，これを平面の点で表わすと u との積は平面上の各点 (e, f) を $(ae - bf, be + af)$ に移している．これを次のように表わす[2]．

$$\varphi_u \overset{\text{ファイ}}{} : (x, y) \mapsto (ax - by, bx + ay)$$

このような平面 (空間) の点を平面 (空間) に移す操作を **変換** という．(x, y) の移った先 $(ax - by, bx + ay)$ を (x, y) の φ_u による **像** という言い方をし，$\varphi_u((x, y))$ で表わす．u の積で与えられた変換は

(1) 原点を原点に移す．
(2) 直線を直線 (1 点も直線と考える) に移す．
(3) 平行四辺形を平行四辺形 (1 点も線分も平行四辺形と考える) に移す．

という性質をもっている．

このような性質を線形または線形性とよび，それをみたす変換を **線形変換** (または **1 次変換**) という[3]．

では，平面の線形変換は複素数の積だけだろうか？

---

[2] この記号は写像を表わすもので，3.6 節の付録に説明が載っているので参照すること．
[3] 第 5 章でこの例の一般的な拡張を学ぶ．

> $A = \begin{pmatrix} a_{11} & a_{12} \\ a_{21} & a_{22} \end{pmatrix}$ を 2 次の正方行列とする．このとき，$x \times y$ 平面の点 (x, y) を $(a_{11}x + a_{12}y, a_{21}x + a_{22}y)$ に移す変換
>
> $$\varphi_A : (x, y) \mapsto (a_{11}x + a_{12}y, a_{21}x + a_{22}y)$$
>
> も線形変換である．

$x \times y$ 平面上に $(0,0), (1,0), (1,1), (0,1)$ を頂点とする単位正方形を考えよう．線形変換 φ_A によって，この正方形は

$$O = (0, 0), \quad P = (a_{11}, a_{21}),$$
$$Q = (a_{11} + a_{12}, a_{21} + a_{22}), \quad R = (a_{12}, a_{22})$$

を頂点とする平行四辺形 $OPQR$ に移る．この平行四辺形の面積 S を求めてみよう．直接の計算から，面積は $|a_{11}a_{22} - a_{12}a_{21}|$ であり，$A = \begin{pmatrix} a_{11} & a_{12} \\ a_{21} & a_{22} \end{pmatrix}$ の行列式 $a_{11}a_{22} - a_{12}a_{21}$ の絶対値に等しいことが分かる[4]．

より一般に，$x \times y$ 平面内の図形 W に対して，n を十分大きくとって，x 軸と y 軸に平行な直線によって平面を 1 辺の長さが $\dfrac{1}{n}$ の正方形に分割する．細分化された正方形 T_i を適切に張り合わせた $\tilde{W} = \bigcup\limits_{i=1}^{k} T_i$ で W を近似する．各 T_i は写像 φ_A によって平行四辺形 $\varphi_A(T_i)$ に移るので，その張り合わせ $\varphi_A(\tilde{W}) = \bigcup\limits_{i=1}^{k} \varphi_A(T_i)$ は W の像 $\varphi_A(W)$ の近似となっている．すべての T_i は線形写像 φ_A によって同じ形の平行四辺形に移っているので，単位正方形が面積 S の平行四辺形に移るなら，図形 $\varphi_A(W)$ の面積もまた W の面積の S 倍となる．すなわち，**行列式** とは，A を線形変換 φ_A とみたとき，"φ_A が図形の面積を何倍に拡大するか"を示すスカラーなのである．

---

[4] この事実は 1775 年にラグランジュ(Lagrange) によって見つけられたものである．

3.1.2 負の値をとる行列式

定義 3.1 で $\begin{vmatrix} a_{11} & a_{12} \\ a_{21} & a_{22} \end{vmatrix} = a_{11}a_{22} - a_{12}a_{21}$ を示したが，この定義だと，行を交換した $\begin{pmatrix} a_{21} & a_{22} \\ a_{11} & a_{12} \end{pmatrix}$ の行列式は $a_{21}a_{12} - a_{11}a_{22}$ であり，最初の行列式の -1 倍となっている．このように定義した方がよいものができることをここで説明しよう．

いま，1 辺が長さ 1 の正方形を考え，1 辺だけを 2 倍にし，他の辺は変化させないとすると，明らかに面積は 2 倍になる．a ($a \geqq 0$) 倍すれば a 倍となる．では，-2 倍すると面積はどうなるだろうか？ -2 倍といいたいが，一般には負の面積は考えない．面積を求める方法として積分がある．積分は負の値も許すが，面積はつねに正またはゼロである．できるだけ，物事の本質を把握しようとするのが数学なので，通常の面積だと考えずに積分と同じく負の値ももつ面積を考えてみよう (実際には面積ではないが，そのまま面積とよぶことにする).

負の面積も含めると，次のようなことが起こる．下図の左端の正方形 $OPQR$ を考える．ただし，$O = (0,0)$, $P = (1,0)$, $Q = (1,1)$, $R = (0,1)$ である．原点を中心に 90° 回転すると，中央の図 $\{O, (0,1), (-1,1), (-1,0)\}$ となる．これは回転したものなので，面積は同じ 1 と考えた方がよいだろう．さらに X 軸方向に -1 倍すると右端の図 $\{O, (1,0), (1,1), (0,1)\}$ となる．これは中央の図の一辺を -1 倍したものなので，面積は -1 と考えたいが，図形として左端の図と同じものである．2 つの図形の違いは辺を与えているベクトルの順番

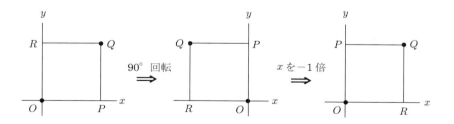

図 **3.1**

だけで，左図では $\{OP, OR\}$ であり，右図では $\{OR, OP\}$ となっている．

上の事実は，"正方形を定義する 2 辺の基本ベクトルを交換すると面積は -1 倍になる" と考えた方がよいことを示している．

しかし，ここで疑問が起こる．このように定義して問題は起きないのだろうか？ たとえば，正方形 $OPQR$ の辺の間の交換を奇数回行ってもとの形に戻るようなことが起きたら，自分の面積は自分の -1 倍ということになってしまう．次の節で，このような矛盾が起きないことを示し，積分と同じく負の値や，複素数の値までも自然に扱うことができることを示そう．

3.2 置換

『置換とは，集合 $\Omega = \{1, 2, \cdots, n\}$ の順序を入れかえる操作のことである』

たとえば，席替えを考察してみよう．Ω を n 個の席と見る．すると席替えとは，各 i にいる人がどこかの席 j に移動し，($i \to j$ と表わすことにする．)

（1） 1 つの席に 2 人が座ることはない　　(**単射**)

（2） どの席にも誰かが座る　　(**全射**)

ということである．これを写像[5]の言葉で説明すると，席替えとは

$$\textbf{全単射写像} \quad \sigma : \quad \Omega \quad \to \quad \Omega$$
$$i \quad \mapsto \quad \sigma(i)$$

のことである．ここでは移った後の席の配置よりも，席替えという行為に注目し，個々の席替えに名前，たとえば σ 等，をつけて考えるわけである．この場合，i の移った先を $\sigma(i)$ で表わす．このように写像で表示する方が便利なのでよく利用される．また，置換を数字と区別するために，σ, ϕ, ψ などのように，ギリシャ文字で表わすことが多い．

---

[5] 数学では，写像で考えると扱いやすくなることが多いので，線形変換を含めて，写像という考え方に慣れるようにしよう．そのためにこの章の最後に写像の説明を入れてある．

定義 3.2 (置換) Ω から Ω への全単射写像 $\sigma : \Omega \to \Omega$ を Ω 上の **置換** とよぶ．また，Ω 上の置換全体の集合を S_Ω で表わし，Ω の **対称群**[7] とよぶ．特に，Ω の個数 n を使って S_n とも書く．

補題 3.1 $\Omega = \{1, 2, \cdots, n\}$ の置換の個数は $n! = n(n-1)\cdots 1$ である．

証明 1 の行き先は n 通り自由に選ぶことができ，2 の行き先は 1 の行き先以外の $n-1$ 通りから自由に選ぶことができ，3 の行き先は 1, 2 の 2 つの行き先以外の $n-2$ 通りある．このように順に行き先を決めていくと全体として，$n(n-1)(n-2)\cdots 1$ 通りの決め方があることがわかる． □

置換をたびたび使うので，簡明な表示法を決めておこう．置換 σ に対して，i の行き先 $\sigma(i)$ を明示する方法がある (第 1 ステップ)．

$$\begin{pmatrix} 1 & 2 & \cdots & n \\ \sigma(1) & \sigma(2) & \cdots & \sigma(n) \end{pmatrix}$$

σ は全単射なので，この表示では 2 行目にもすべての $1, 2, \cdots, n$ がちょうど一度ずつある．たとえば，

$$\begin{pmatrix} 1 & 2 & 3 & 4 & 5 & 6 \\ 2 & 3 & 1 & 4 & 6 & 5 \end{pmatrix}$$

は，1 を 2 へ，2 を 3 へ，$\cdots$，6 を 5 へ移す置換を表わしている．ここでは $1, 2, \cdots, n$ は単なる記号であって，順番に意味はないので

$$\begin{pmatrix} 5 & 2 & 4 & 1 & 3 & 6 \\ 6 & 3 & 4 & 2 & 1 & 5 \end{pmatrix} \quad \text{と書いても} \quad \begin{pmatrix} 4 & 3 & 2 & 1 & 6 & 5 \\ 4 & 1 & 3 & 2 & 5 & 6 \end{pmatrix}$$

---

[7] Ω の対称性全体の集まりなので，対称群とよぶ．S_Ω の S は対称性を表わす Symmetry から来ている．ギリシャ語を使って Σ_Ω と書くこともある．

と書いても上の置換と同じものである．また，この表示だとすべての数字を二度ずつ使っているので，簡略化して

$$1 \to 2 \to 3 \to 1, \qquad 4 \to 4, \qquad 5 \to 6 \to 5$$

と表示してもどのように動かしているかが分かる (第 2 ステップ).

最初の数字と最後の数字がつねに同じなので，括弧 ($\cdots$) を利用し，括弧の中ではつねに右に進み，最後は最初に戻ると決めて，

$$(1,2,3)(4)(5,6)$$

と表示することにする (第 3 ステップ).

このように，ある数字から出発して，その数字にもどる数字の列を括弧で囲む表わし方を **巡回表示** とよぶ．特に，$(1,2,3)$ のように，1 つの数字から出発してでてくる数字だけをまとめた (それゆえ，括弧は一組だけ) ものを **巡回置換** とよぶ．明らかに，すべての数字は巡回表示のどこかにちょうど一度だけでてくる．また，出発する数字はどれでもよいので，$(1,2,3)=(2,3,1)=(3,1,2)$ であり，また $(5,6)=(6,5)$ でもある．最後に，(4) は 4 を固定しているので，これを略して (最終形)

$$(1,2,3)(5,6)$$

と書くことにする．すなわち表示にでていない数字はすべて固定されていると考える．ただし，何も動かさないものも置換として扱い，これを **恒等置換** とよぶ．1_Ω で表わすことが多いが，上のルールに従って巡回表示をすると，すべての文字が消えてしまうので，1 つは残し，(1) と表わすことにする．

例題 3.2 次の置換を巡回表示せよ．

$$\overset{\text{ファイ}}{\phi} = \begin{pmatrix} 1 & 2 & 3 & 4 & 5 \\ 2 & 1 & 4 & 3 & 5 \end{pmatrix}$$

解答 ϕ は $1 \to 2, 2 \to 1, 3 \to 4, 4 \to 3, 5 \to 5$ なので，$(1,2)(3,4)(5)$ と書ける．ここで，$i \to j$ は $\phi(i) = j$ を略して表わしている．また，最後の (5) を略して，$(1,2)(3,4)$ とも書ける． □

問題 3.1 次の置換を巡回表示せよ．

（1） $\begin{pmatrix} 1 & 2 & 3 & 4 & 5 \\ 5 & 3 & 4 & 2 & 1 \end{pmatrix}$ （2） $\begin{pmatrix} 1 & 2 & 3 & 4 & 5 \\ 3 & 4 & 5 & 1 & 2 \end{pmatrix}$

（3） $\begin{pmatrix} 1 & 2 & 3 & 4 & 5 \\ 1 & 2 & 3 & 4 & 5 \end{pmatrix}$

3.2.1 偶置換と奇置換

Ω の中の 2 つの数字だけを交換し，他の数字は動かさないような置換を **互換**（ごかん）とよぶ．互換は (i,j) の形の巡回置換である．

$\sigma : \Omega \to \Omega$ と $\phi : \Omega \to \Omega$ を 2 つの置換とする．このとき，写像 $h : \Omega \to \Omega$ を $h(i) = \sigma(\phi(i))$ として定義すると，h も全単射となる．すなわち，h も置換である．これを $\sigma \circ \phi$ で表示し，**σ と ϕ の積** とよぶ．2 つの置換の組に対して 1 つの置換を決めるので，これも写像 $\circ : S_\Omega \times S_\Omega \to S_\Omega$ である（このような写像を **演算** とよぶ．積だと分かる場合には，$\circ$ などの記号を略すことが多い．

例題 3.3 置換の積 $(1,2,3) \circ (3,4,5)$ を巡回表示で表わせ．

注意 巡回置換表示の中では，$\longrightarrow$ 方向に動きを表わしており，置換の積のときには，$\longleftarrow$ 方向の順番に置換の積を実行していく．

解答 （1） $\sigma = (1,2,3), \phi = (3,4,5)$ とすると，$\sigma \circ \phi$ は

$1 \xrightarrow{\phi} 1 \xrightarrow{\sigma} 2, \quad 2 \xrightarrow{\phi} 2 \xrightarrow{\sigma} 3, \quad 3 \xrightarrow{\phi} 4 \xrightarrow{\sigma} 4, \quad 4 \xrightarrow{\phi} 5 \xrightarrow{\sigma} 5, \quad 5 \xrightarrow{\phi} 3 \xrightarrow{\sigma} 1$

なので，$\sigma \circ \phi = (1,2,3,4,5)$． □

問題 3.2 次の置換を巡回表示で表わせ．
（1） $(3,4,5) \circ (1,2,3)$ （2） $(1,2) \circ ((2,3) \circ (3,4))$

注意 $\sigma_1, \sigma_2, \sigma_3 \in S_\Omega$ とすると，$(\sigma_1 \circ \sigma_2) \circ \sigma_3$ も Ω 上の置換である．
一般に演算 $\circ$ が

$$(a \circ b) \circ c = a \circ (b \circ c)$$

をみたしているとき，∘ は **結合法則**[8]をみたすという．

> **補題 3.2** 上の置換の積は結合法則をみたす．

証明 明らかに，$(\sigma_1 \circ \sigma_2) \circ \sigma_3$ も $\sigma_1 \circ (\sigma_2 \circ \sigma_3)$ も i を $\sigma_1(\sigma_2(\sigma_3(i)))$ に移す置換なので，同じ置換である． □

結合法則をみたしている演算のよさは，$(\sigma_1 \circ \sigma_2) \circ \sigma_3$ のように括弧をつける必要がないことである．演算をどこから始めても結果は同じになる．

Ω の置換 σ に対して，もとの位置に戻す置換を **逆置換** とよび，σ^{-1} で表わす．明らかに，σ の逆置換とは $\sigma \circ \sigma^{-1} = \sigma^{-1} \circ \sigma = 1_\Omega$ をみたす置換 σ^{-1} のことである．

例題 3.4 $(1,2,3,4,5)$ の逆置換を求めよ．また，$\sigma \circ \phi$ の逆置換は $\phi^{-1} \circ \sigma^{-1}$ であることを示せ (T シャツの上にジャケットを着たときに，ぬぐのはジャケットが先で，後で T シャツ)．

解答 巡回置換 $(1,2,3,4,5)$ は $1 \to 2, 2 \to 3, 3 \to 4, 4 \to 5, 5 \to 1$ を意味している．矢印を逆に向けて，$1 \leftarrow 2, 2 \leftarrow 3, 3 \leftarrow 4, 4 \leftarrow 5, 5 \leftarrow 1$ が $(1,2,3,4,5)$ の逆置換であり，これは $(1,5,4,3,2)$ である．出発点を変えて，$(5,4,3,2,1)$ と表示できる．

結合法則が成り立つことに着目すると，

$$(\phi^{-1} \circ \sigma^{-1}) \circ (\sigma \circ \phi) = \phi^{-1} \circ (\sigma^{-1} \circ (\sigma \circ \phi))$$
$$= \phi^{-1} \circ ((\sigma^{-1} \circ \sigma) \circ \phi) = \phi^{-1} \circ ((1) \circ \phi) = \phi^{-1} \circ \phi = (1)$$

となり，$\phi^{-1} \circ \sigma^{-1}$ が $\sigma \circ \phi$ の逆置換であることが確認できる．ここで (1) は (なにも動かさない) 恒等置換を表わしている． □

問題 3.3 巡回置換 $(a_1, a_2, \cdots, a_n)$ の逆置換は $(a_n, \cdots, a_2, a_1)$ であることを示せ．

---

[8] この定義では 3 個の積だけを考えているが，4 個以上の積は考えなくてよいのだろうか？ 答えは，「必要無い」のである．上の条件から，4 個以上の場合も同様に，どの順番に積をとっても同じ元となることが証明できる．

> **定理 3.3** (置換は互換の積)　任意の置換 σ は互換の積で書ける.

証明　任意の置換は巡回置換の積で表示できるので, 各々の巡回置換 $(i_1, \cdots, i_n)$ が互換の積で書けることを示せば十分である. 実際,

$$(i_1, \cdots, i_n) = (i_1, i_2) \circ (i_2, i_3) \circ \cdots \circ (i_{n-1}, i_n)$$

となることは容易に確かめられる. □

置換 σ と $(i,j) \circ (i,j) \circ \sigma$ は同じ置換なので, 1 つの置換を表わす互換の積の表示は一意的ではない. しかし,

> **定理 3.4** (置換の偶奇は決まる)　置換を互換の積で表示した場合, 互換の数が偶数個か奇数個かは表示の仕方に関係なく決まる.

証明　$\Omega = \{1, 2, \cdots, n\}$ とし, Ω の置換を σ, 1_Ω で恒等置換を表わす. i を自然数と考え, $\varepsilon(\sigma)$ を分数 $\dfrac{\sigma(j) - \sigma(i)}{j - i}$ の積

$$\begin{aligned}\varepsilon(\sigma) &= \prod_{i<j} \left(\frac{\sigma(j) - \sigma(i)}{j - i} \right) \\ &= \left(\frac{\sigma(2) - \sigma(1)}{2 - 1} \right) \cdots \left(\frac{\sigma(n) - \sigma(1)}{n - 1} \right) \left(\frac{\sigma(3) - \sigma(2)}{3 - 2} \right) \\ &\quad \cdots \left(\frac{\sigma(n) - \sigma(n-1)}{n - (n-1)} \right)\end{aligned}$$

と定義する. ここで $\prod_{i<j} \left(\dfrac{\sigma(j) - \sigma(i)}{j - i} \right)$ は $i < j$ の条件をみたすすべての項 $\left(\dfrac{\sigma(j) - \sigma(i)}{j - i} \right)$ の積を表わす. $\varepsilon(\sigma)$ を σ の**符号**[9]といい, $\mathrm{sgn}\,\sigma$ と書くこともある. たとえば, $\sigma = (1, 2, 3)$ とすると,

$$\varepsilon((1,2,3)) = \frac{\sigma(2) - \sigma(1)}{2 - 1} \cdot \frac{\sigma(3) - \sigma(1)}{3 - 1} \cdot \frac{\sigma(3) - \sigma(2)}{3 - 2}$$

---

[9]　英語で signature という.

$$= \frac{3-2}{2-1} \cdot \frac{1-2}{3-1} \cdot \frac{1-3}{3-2} = 1$$

である．$\varepsilon(\sigma)$ は明らかに σ によって決まり，ゼロではない．$\dfrac{\sigma(i) - \sigma(j)}{i - j} = \dfrac{\sigma(j) - \sigma(i)}{j - i}$ なので，容易に

$$\begin{aligned}
\varepsilon(\sigma \circ \phi) &= \prod_{i<j} \left(\frac{\sigma(\phi(j)) - \sigma(\phi(i))}{j - i} \right) \\
&= \prod_{i<j} \left(\frac{\sigma(\phi(j)) - \sigma(\phi(i))}{\phi(j) - \phi(i)} \right) \prod_{i<j} \left(\frac{\phi(j) - \phi(i)}{j - i} \right) \\
&= \varepsilon(\sigma)\varepsilon(\phi)
\end{aligned}$$

であることがわかる．一方，任意の互換 $f = (i, j)$ に対しては，

$$\begin{aligned}
\varepsilon(f) &= \left(\prod_{\substack{s<t \\ s,t \neq i,j}} \frac{f(s) - f(t)}{s - t} \right) \left(\prod_{s \neq i,j} \frac{f(s) - f(j)}{s - j} \right) \\
&\quad \times \left(\prod_{s \neq i,j} \frac{f(s) - f(i)}{s - i} \right) \left(\frac{f(i) - f(j)}{i - j} \right) \\
&= \left(\prod_{\substack{s<t \\ s,t \neq i,j}} \frac{s - t}{s - t} \right) \left(\prod_{s \neq i,j} \frac{s - i}{s - j} \frac{s - j}{s - i} \right) \left(\frac{j - i}{i - j} \right) = -1
\end{aligned}$$

となる．ゆえに置換 σ が m 個の互換の積として表示できるなら，$\varepsilon(\sigma) = (-1)^m$ となる．それゆえ，表示にでてくる互換の個数の偶奇は $\varepsilon(\sigma)$ によって判定できる． □

偶数個の互換の積に書ける置換を **偶置換**，奇数個の互換の積に書ける置換を **奇置換** とよぶ．もし，置換 σ が偶置換なら $\varepsilon(\sigma) = 1$，奇置換なら $\varepsilon(\sigma) = -1$ である．

問題 3.4 （1） 偶置換と偶置換の積は偶置換，奇置換と奇置換の積も偶置換である．また，奇置換と偶置換の積と偶置換と奇置換の積は奇置換である．これらを示せ．

（2） n 個の元からなる巡回置換 $(i_1, i_2, \cdots, i_n)$ は n が奇数のとき偶置換であり，n が偶数のとき奇置換であることを示せ．

(3) 置換 σ とその逆置換 σ^{-1} の偶奇は同じであることを示せ．

例 3.2 各置換 σ の前に，$\varepsilon(\sigma)$ をつけて表示してみる．
$n=1$, $S_1 = \{+(1)\}$ のみ．
$n=2$, $S_2 = \{+(1), -(1,2)\}$.
$n=3$, $S_3 = \{+(1), -(2,3), -(1,2), -(1,3), +(1,2,3), +(1,3,2)\}$

問題 3.5 $n=4$ に対して，すべての置換に $\varepsilon(\sigma)$ をつけて表示せよ．

問題 3.6 次のあみだくじを巡回表示で表わし，$\varepsilon(\sigma), \varepsilon(\delta)$ を求めよ．

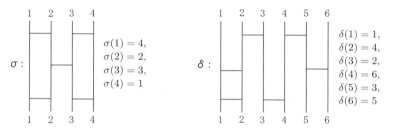

図 3.2

次に，これまで説明してきた置換を行列を使って表わす方法を考えてみよう．n 個の数字 $1, 2, \cdots, n$ の代わりに，n 項数ベクトル

$$\Omega = \left\{ \boldsymbol{e}_1 = \begin{pmatrix} 1 \\ 0 \\ \vdots \\ 0 \end{pmatrix}, \boldsymbol{e}_2 = \begin{pmatrix} 0 \\ 1 \\ \vdots \\ 0 \end{pmatrix}, \cdots, \boldsymbol{e}_n = \begin{pmatrix} 0 \\ 0 \\ \vdots \\ 1 \end{pmatrix} \right\}$$

を考える．

単位行列 E_n や $\begin{pmatrix} 0 & 0 & 1 \\ 1 & 0 & 0 \\ 0 & 1 & 0 \end{pmatrix}$ のように，各行，各列の成分の中に 1 がただ 1 つあり，それ以外の成分はすべて 0 となっているような正方行列を **置換行列** とよぶ．A が置換行列ならば，$A\boldsymbol{e}_i$ は $\boldsymbol{e}_1, \cdots, \boldsymbol{e}_n$ のどれかと同じになる．実際，

i 列において, k 行成分だけが 1 で他の成分がすべてゼロなら, $Ae_i = e_k$ である. すなわち,

$$A : \{e_1, \cdots, e_n\} \to \{Ae_1, \cdots, Ae_n\}$$

は置換となっている. たとえば,

$$\begin{pmatrix} 0 & 0 & 1 \\ 1 & 0 & 0 \\ 0 & 1 & 0 \end{pmatrix} \begin{pmatrix} 1 \\ 0 \\ 0 \end{pmatrix} = \begin{pmatrix} 0 \\ 1 \\ 0 \end{pmatrix},$$

$$\begin{pmatrix} 0 & 0 & 1 \\ 1 & 0 & 0 \\ 0 & 1 & 0 \end{pmatrix} \begin{pmatrix} 0 \\ 1 \\ 0 \end{pmatrix} = \begin{pmatrix} 0 \\ 0 \\ 1 \end{pmatrix},$$

$$\begin{pmatrix} 0 & 0 & 1 \\ 1 & 0 & 0 \\ 0 & 1 & 0 \end{pmatrix} \begin{pmatrix} 0 \\ 0 \\ 1 \end{pmatrix} = \begin{pmatrix} 1 \\ 0 \\ 0 \end{pmatrix}$$

なので置換 $(1,2,3)$ に対応している. また, 基本行列 P_{ij} は互換 (i,j) を表わす置換行列である.

例題 3.5 置換 σ を与える置換行列を A_σ で表わすと, A_σ の (i,j) 成分は $\delta_{i,\sigma(j)}$ であることを示せ. また,

$$A_\sigma A_\phi = A_{\sigma \circ \phi}, \qquad A_{(1)} = E_n, \qquad A_{\sigma^{-1}} = (A_\sigma)^{-1}$$

が成り立つことも示せ (これらの性質を覚えよう).

解答 置換行列 $A_\sigma = (a_{ij})$ は e_j を $e_{\sigma(j)}$ に移すわけであるが, $(a_{ij})e_j = e_i$ であるためには, $a_{ij} = 1$ で, j 列の残りの成分が 0 であることが必要十分である. それゆえ, $a_{ij} = \delta_{i,\sigma(j)}$ となる. 残りは, 成分を計算し行列の積と置換の積とが対応していることを示せばよい.

問題 3.7 (1) 巡回置換 $(1,2,3,4,5)$ に対応する置換行列を求めよ.
(2) 巡回置換 $(5,4,3,2,1)$ に対応する置換行列を求めよ.
(3) ${}^t A_\sigma = A_{\sigma^{-1}}$ であることを示せ.

3.3 行列式の定義と展開

まず，もっとも重要な手段である **行列式**[10] の定義から始めよう．これは正方行列に対してだけ定義されている．

定義 3.3 (行列式の定義)　$A = (a_{ij})$ を n 次正方行列とする．
$$\det A = \sum_{\sigma \in S_n} \varepsilon(\sigma) a_{1,\sigma(1)} a_{2,\sigma(2)} \cdots a_{n,\sigma(n)}$$
を A の **行列式** とよび，$\det A$ または $|A|$ で表わす．ここで，$\sum_{\sigma \in S_n}$ は σ が n 文字 $\{1, 2, \cdots, n\}$ の置換全体 S_n の元をすべてを動くことを示している (注意：項の個数は $n!$ である．たとえば $2! = 2$, $3! = 6$, $4! = 24$.)．

注釈　急に，不思議な式がでてきて驚いたかもしれない．この式は行列式が列ベクトルが定義する立体の体積の概念を拡張したものと考えると自然にでてくるものなのである．2つの列を交換すると -1 倍という歪対称性，立体の体積は，j 列以外の列ベクトルが定義する底面と j 列ベクトルが定義する高さの積で決まり，底面が同じなら，立体の体積は j 列ベクトルの高さに関して線形であるという多重線形性，それと単位立方体の体積は 1 という 3 つの条件から上の定義がでてくるのである．ここでは多重線形性の定義を最初にもってこないが，理解して欲しい線形代数の重要な概念である．できるだけ 4.5.1 節の多重線形性と行列式の説明を読んでおいて欲しい．

これから行列式を簡単に求めるためのいろいろな関係式を示していくが，その前に単純に定義に従って行列式を求めてみよう．

問題 3.8　行列式の定義に従って，次を展開して求めよ．

(1) $\begin{vmatrix} 1 & 2 \\ 3 & 4 \end{vmatrix}$　　(2) $\begin{vmatrix} 1 & 2 & 3 \\ 2 & 0 & 1 \\ 1 & 1 & 1 \end{vmatrix}$

---

[10] 行列式 (determinant) という言葉を最初に用いたのは，交代式 $xy - yx$ などを研究していたコーシー (Cauchy 1812 年) で，第 4 章や第 7 章にでてくる固有多項式 $\Phi_A(x) = |xE_n - A|$ なども導入している．

注意 行列式 $\det A$ の展開式の各項

$$\varepsilon(\sigma) a_{1,\sigma(1)} a_{2,\sigma(2)} \cdots a_{n,\sigma(n)}$$

には必ず各行から1個, 各列から1個ずつ成分が入っている. 逆に σ として $\{1,2,\cdots,n\}$ の置換をすべて動いているので, 各行各列から1個ずつになるような取り方はすべて出てくる. 実際の例として例題 3.7 の後の式や例 3.3 を参照すること.

また, 行列式の定義には成分のかけ算と加法しか使っていない. それゆえ, 整数や多項式のようにわり算のできないものを成分とする行列に対しても計算できる.

補題 3.5 $\sigma \in S_n$ を表わす置換行列を A_σ とすると, $|A_\sigma| = \varepsilon(\sigma)$ である. 特に, $|E_n| = 1$ である.

証明 行列式の展開式 (定義 3.3) にでてくる項を考える. A_σ の各列, 各行はゼロでない成分を1つしかもっていないので, それらをすべて含む項だけがゼロではない. しかも $a_{\sigma(i),i} = 1$ なので, $|A_\sigma| = \varepsilon(\sigma^{-1}) = \varepsilon(\sigma)$. □

補題 3.6 もし, A を上三角行列

$$A = \begin{pmatrix} a_{11} & a_{12} & \cdots & a_{1n} \\ 0 & a_{22} & \cdots & a_{2n} \\ \vdots & \ddots & \ddots & \vdots \\ 0 & \cdots & 0 & a_{nn} \end{pmatrix}$$

とすると, $\det A = a_{11} a_{22} \cdots a_{nn}$ である.

証明 行列式の展開式において, ゼロでない項のみを考えると, 1列目からの成分として必ず a_{11} を含む. それゆえ, 1行目からは a_{11} 以外の項を選ぶことができない. それゆえ, ゼロでない項は2列目の成分として a_{22} を含まなければならない. これを繰り返して, 補題の結果を得る. □

同じような論法で, 次の結果も得る.

補題 3.7 A が m 次正方行列，B を $m \times n$ 行列，C が n 次正方行列なら，

$$\left|\begin{pmatrix} A & B \\ O & C \end{pmatrix}\right| = |A||C|$$

である．

2 次や 3 次の行列の行列式は定義から

$$\begin{vmatrix} a_{11} & a_{12} \\ a_{21} & a_{22} \end{vmatrix} = \varepsilon((1))a_{11}a_{22} + \varepsilon((1,2))a_{12}a_{21} = a_{11}a_{22} - a_{12}a_{21}$$

$$\begin{vmatrix} a_{11} & a_{12} & a_{13} \\ a_{21} & a_{22} & a_{23} \\ a_{31} & a_{32} & a_{33} \end{vmatrix}$$

$$= \varepsilon((1))a_{11}a_{22}a_{33} + \varepsilon((1,2))a_{12}a_{21}a_{33} + \varepsilon((1,3))a_{13}a_{22}a_{31}$$
$$+ \varepsilon((2,3))a_{11}a_{23}a_{32} + \varepsilon((1,2,3))a_{12}a_{23}a_{31} + \varepsilon((1,3,2))a_{13}a_{21}a_{32}$$

$$= a_{11}a_{22}a_{33} - a_{12}a_{21}a_{33} - a_{13}a_{22}a_{31}$$
$$- a_{11}a_{23}a_{32} + a_{12}a_{23}a_{31} + a_{13}a_{21}a_{32}$$

となるが，これを **サラスの方法** とよばれる次の図式で覚える方法が便利である．基本は正の部分では一般に右下がりに進み，負の部分では左下がりに進むことである．

行列式	=	ε が＋の部分		ε が－の部分
$\begin{vmatrix} a_{11} & a_{12} \\ a_{21} & a_{22} \end{vmatrix}$	=	$\begin{pmatrix} a_{11} & a_{12} \\ a_{21} & a_{22} \end{pmatrix}$	－	$\begin{pmatrix} a_{11} & a_{12} \\ a_{21} & a_{22} \end{pmatrix}$
$\begin{vmatrix} a_{11} & a_{12} & a_{13} \\ a_{21} & a_{22} & a_{23} \\ a_{31} & a_{32} & a_{33} \end{vmatrix}$	=	$\begin{pmatrix} a_{11} & a_{12} & a_{13} \\ a_{21} & a_{22} & a_{23} \\ a_{31} & a_{32} & a_{33} \end{pmatrix}$	－	$\begin{pmatrix} a_{11} & a_{12} & a_{13} \\ a_{21} & a_{22} & a_{23} \\ a_{31} & a_{32} & a_{33} \end{pmatrix}$

残念ながら，4次以上の行列に対しては，サラスの方法のような簡単に覚えられる方法はないが，これから学ぶ行列式の性質を利用すると簡単に計算できるようになる．

一応，4次正方行列の行列式の展開を表示しておこう．

例 3.3

$$\begin{vmatrix} a_{11} & a_{12} & a_{13} & a_{14} \\ a_{21} & a_{22} & a_{23} & a_{24} \\ a_{31} & a_{32} & a_{33} & a_{34} \\ a_{41} & a_{42} & a_{43} & a_{44} \end{vmatrix}$$

$= \varepsilon((1))a_{11}a_{22}a_{33}a_{44} + \varepsilon((12))a_{12}a_{21}a_{33}a_{44} + \varepsilon((13))a_{13}a_{22}a_{31}a_{44}$
$\quad + \varepsilon((23))a_{11}a_{23}a_{32}a_{44} + \varepsilon((14))a_{14}a_{22}a_{33}a_{41} + \varepsilon((24))a_{11}a_{24}a_{33}a_{42}$
$\quad + \varepsilon((34))a_{11}a_{22}a_{34}a_{43} + \varepsilon((12)(34))a_{12}a_{21}a_{34}a_{43} + \varepsilon((13)(24))a_{13}a_{24}a_{31}a_{42}$
$\quad + \varepsilon((14)(23))a_{14}a_{23}a_{32}a_{41} + \varepsilon((123))a_{12}a_{23}a_{31}a_{44} + \varepsilon((132))a_{13}a_{21}a_{32}a_{44}$
$\quad + \varepsilon((124))a_{12}a_{24}a_{33}a_{41} + \varepsilon((142))a_{14}a_{21}a_{33}a_{42} + \varepsilon((134))a_{13}a_{22}a_{34}a_{41}$
$\quad + \varepsilon((143))a_{14}a_{22}a_{31}a_{43} + \varepsilon((234))a_{11}a_{23}a_{34}a_{42} + \varepsilon((243))a_{11}a_{24}a_{32}a_{43}$
$\quad + \varepsilon((1234))a_{12}a_{23}a_{34}a_{41} + \varepsilon((1243))a_{12}a_{24}a_{31}a_{43} + \varepsilon((1324))a_{13}a_{24}a_{32}a_{41}$
$\quad + \varepsilon((1342))a_{13}a_{21}a_{34}a_{42} + \varepsilon((1423))a_{14}a_{23}a_{31}a_{42} + \varepsilon((1432))a_{14}a_{21}a_{32}a_{43}$

$= a_{11}a_{22}a_{33}a_{44} - a_{12}a_{21}a_{33}a_{44} - a_{13}a_{22}a_{31}a_{44} - a_{11}a_{23}a_{32}a_{44}$
$\quad - a_{14}a_{22}a_{33}a_{41} - a_{11}a_{24}a_{33}a_{42} - a_{11}a_{22}a_{34}a_{43} + a_{12}a_{21}a_{34}a_{43}$
$\quad + a_{13}a_{24}a_{31}a_{42} + a_{14}a_{23}a_{32}a_{41} + a_{12}a_{23}a_{31}a_{44} + a_{13}a_{21}a_{32}a_{44}$
$\quad + a_{12}a_{24}a_{33}a_{41} + a_{14}a_{21}a_{33}a_{42} + a_{13}a_{22}a_{34}a_{41} + a_{14}a_{22}a_{31}a_{43}$
$\quad + a_{11}a_{23}a_{34}a_{42} + a_{11}a_{24}a_{32}a_{43} - a_{12}a_{23}a_{34}a_{41} - a_{12}a_{24}a_{31}a_{43}$
$\quad - a_{13}a_{24}a_{32}a_{41} - a_{13}a_{21}a_{34}a_{42} - a_{14}a_{23}a_{31}a_{42} - a_{14}a_{21}a_{32}a_{43}$

ここで，(ij) と (ijk), $(ijkl)$ はそれぞれ互換 (i,j) と 巡回置換 (i,j,k), (i,j,k,l) の意味とする．

例題 3.6 次の行列の行列式を求めよ.

$$A = \begin{pmatrix} 1 & 3 & -2 \\ 3 & 1 & -3 \\ 1 & -2 & 1 \end{pmatrix}, B = \begin{pmatrix} \frac{1}{2} & -3 & \frac{1}{3} \\ \frac{2}{3} & 4 & -1 \\ 1 & 4 & \frac{-1}{2} \end{pmatrix}, C = \begin{pmatrix} 4 & -3 & 8 & 4 \\ 0 & -2 & 4 & 3 \\ 0 & 0 & 2 & -1 \\ 0 & 0 & 1 & 2 \end{pmatrix}$$

解答 $|A| = 1 \cdot 1 \cdot 1 + 3 \cdot (-3) \cdot 1 + (-2) \cdot 3 \cdot (-2) - (-2) \cdot 1 \cdot 1 - 3 \cdot 3 \cdot 1$
$- 1 \cdot (-2) \cdot (-3) = 1 - 9 + 12 + 2 - 9 - 6 = -9.$

$|B| = -1 + 3 + \dfrac{8}{9} - \dfrac{4}{3} - 1 + 2 = 3 - \dfrac{4}{9} = \dfrac{23}{9}$

$|C| = \begin{vmatrix} 4 & -3 \\ 0 & -2 \end{vmatrix} \times \begin{vmatrix} 2 & -1 \\ 1 & 2 \end{vmatrix} = -8 \times (4 + 1) = -40.$ □

例題 3.7 原点 O と次の 3 点 A, B, C を結ぶ 3 辺 OA, OB, OC を辺とする平行 6 面体の体積を求めよ. また, それらを行とする行列の行列式を求めよ.

$$A(1, 1, 0), B(1, 3, -4), C(1, 2, -5)$$

解答 OA, OB, OC を 3 辺とする平行 6 面体の体積を $S(A, B, C)$ で表わす. このとき, 平行 6 面体の体積は OA, OB の 2 辺が定義する平行四辺形を底面 P と見ると, P の面積 × (C の P からの高さ) となる. それゆえ, P からの高さを変えない変形 (底面に平行に C を移動させる) $C \Rightarrow C - aA - bB$ を行っても, 体積は変化しないので,

$$S(A, B, C) = S(A, B, C - A)$$

である. 同様に,

$$S(A, B, C - A) = S(A, B - A, C - A)$$
$$= S((1, 1, 0), (0, 2, -4), (0, 1, -5))$$

であり, さらに,

$$S(A, B, C) = S(A, B - A, (C - A) - (B - A)/2)$$
$$= S((1, 1, 0), (0, 2, -4), (0, 0, -3))$$

$$= S((1,1,0), (0,2,0), (0,0,-3))$$
$$= S((1,0,0), (0,2,0), (0,0,-3))$$

となる．これは $(0,0,0), (1,0,0), (0,2,0), (0,0,-3)$ を頂点にもつ直方体の体積なので，体積は 6 である．

一方，A, B, C を行とする行列の行列式は

$$\begin{vmatrix} 1 & 1 & 0 \\ 1 & 3 & -4 \\ 1 & 2 & -5 \end{vmatrix} = -15 - 4 + 5 + 8 = -6$$

となり，絶対値は体積と一致する． □

例題 3.8 $u = e + f\sqrt{-1}$ を複素数とする．このとき，u との積で与えられる複素平面の 1 次変換

$$\phi_{e+f\sqrt{-1}} : (x,y) \mapsto (ex - fy, ey + fx)$$

は面積を何倍に拡大しているかを求めよ．

解答 $\phi_{e+f\sqrt{-1}}((1,0)) = (e,f)$, $\phi_{e+f\sqrt{-1}}((0,1)) = (-f,e)$ である．原点 $O(0,0), (e,f), (-f,e)$ を頂点にもつ平行四辺形の面積は

$$\begin{vmatrix} e & f \\ -f & e \end{vmatrix} = e^2 + f^2 = |u|^2$$

である．すなわち，複素数 u をかけるという 1 次変換は，面積を u の絶対値の 2 乗 $|u|^2$ 倍している． □

3.4 行列式の性質

行列式は非常に強力な手段なので計算して求めることが多い．前節では行列式の一般的な計算法を紹介したが，行列式の性質を理解しておくと簡単に計算できるようになる．まず，行列式の定義からただちにでてくる性質を整理しておこう．

> **定理 3.8** (互換は -1 倍)　異なる 2 つの行を交換すると行列式は -1 倍となる．列に関しても同様である．

証明　$A = (a_{ij})$ を n 次行列とし，$B = (b_{ij})$ を A の第 s 行と第 t 行を交換したものとする．A の行列式の中の置換 σ に対応した項を

$$a_{1,\sigma(1)} a_{2,\sigma(2)} \cdots a_{n,\sigma(n)} = a_{1,j_1} \cdots a_{s,j_s} \cdots a_{t,j_t} \cdots a_{n,j_n}$$

とし，$\tau = \sigma \circ (s,t)$ とおくとき，B の行列式の中の σ に対応した項は

$$b_{1,\sigma(1)} b_{2,\sigma(2)} \cdots b_{n,\sigma(n)} = a_{1,j_1} \cdots a_{t,j_s} \cdots a_{s,j_t} \cdots a_{n,j_n}$$
$$= a_{1,\tau(1)} a_{2,\tau(2)} \cdots a_{n,\tau(n)}$$

となる．このとき，$\varepsilon(\sigma) = -\varepsilon(\tau)$ に注意すれば

$$|B| = \sum_{\sigma \in S_n} \varepsilon(\sigma) b_{1,\sigma(1)} b_{2,\sigma(2)} \cdots b_{n,\sigma(n)}$$
$$= \sum_{\sigma \in S_n, \tau = \sigma \circ (s,t)} \varepsilon(\sigma) a_{1,\tau(1)} a_{2,\tau(2)} \cdots a_{n,\tau(n)}$$
$$= -\sum_{\tau \in S_n} \varepsilon(\tau) a_{1,\tau(1)} a_{2,\tau(2)} \cdots a_{n,\tau(n)}$$
$$= -|A|$$

を得る．ここで，σ が置換全体を動くとき，τ も置換全体を動くことを用いた．　□

> **定理 3.9** (転置行列の行列式は同じ)　A を $n \times n$ 行列とすると，
> $$|{}^t A| = |A|$$
> である．ここで ${}^t A$ は A の転置行列を表わしている．

証明　$b_{ij} = a_{ji}$ とおく．行列式の定義に従って $|{}^t A|$ を計算すると，表示に現れる各項 $\varepsilon(\sigma) b_{1,\sigma(1)} \cdots b_{s,\sigma(s)} \cdots b_{n,\sigma(n)}$ は $\varepsilon(\sigma) a_{\sigma(1),1} \cdots a_{\sigma(s),s} \cdots a_{\sigma(n),n}$ と同じであり，これは A の展開の中の項

$$\varepsilon(\sigma^{-1}) a_{1,\sigma^{-1}(1)} \cdots a_{s,\sigma^{-1}(s)} \cdots a_{n,\sigma^{-1}(n)}$$

に対応している.しかもこの対応 $\sigma \to \sigma^{-1}$ は 1 対 1 対応である.また,$\sigma\sigma^{-1} = (1)$ は偶置換なので,$\varepsilon(\sigma) = \varepsilon(\sigma^{-1})$ であり,$|A| = |{}^t A|$ となる. □

定理 3.10 (行列式の分配法則)

$$\begin{vmatrix} a_{11} & a_{12} & \cdots & ra_{1j}+b_{1j} & \cdots & a_{1n} \\ a_{21} & a_{22} & \cdots & ra_{2j}+b_{2j} & \cdots & a_{2n} \\ \vdots & \vdots & & \vdots & & \vdots \\ a_{n1} & a_{n2} & \cdots & ra_{nj}+b_{nj} & \cdots & a_{nn} \end{vmatrix}$$

$$= r \begin{vmatrix} a_{11} & a_{12} & \cdots & a_{1j} & \cdots & a_{1n} \\ a_{21} & a_{22} & \cdots & a_{2j} & \cdots & a_{2n} \\ \vdots & \vdots & & \vdots & & \vdots \\ a_{n1} & a_{n2} & \cdots & a_{nj} & \cdots & a_{nn} \end{vmatrix}$$

$$+ \begin{vmatrix} a_{11} & a_{12} & \cdots & b_{1j} & \cdots & a_{1n} \\ a_{21} & a_{22} & \cdots & b_{2j} & \cdots & a_{2n} \\ \vdots & \vdots & & \vdots & & \vdots \\ a_{n1} & a_{n2} & \cdots & b_{nj} & \cdots & a_{nn} \end{vmatrix}$$

すなわち,ある一列だけ和の形になっていると 2 つ行列式の和になる.ある一列だけ r 倍されている行列の行列式は r 倍である (行に対しても同様の結果が成り立つ).

注意 他の列を固定して考えている.行に関しても同様である.1 つの列だけでなく,複数の列の成分に対して線形[11])となっているので,このような性質を **多重線形** とよぶ.

証明 最初の行列式の展開にでてくる項をみると,必ず i 列の成分が 1 つだけ入っており,各項は

---

[11]) 数ベクトル空間上の関数あるいは写像 $f: K^n \to K$ が

$$f(\boldsymbol{u}+\boldsymbol{v}) = f(\boldsymbol{u}) + f(\boldsymbol{v}), \quad f(r\boldsymbol{u}) = rf(\boldsymbol{u}) \ (r \in K,\ \boldsymbol{u}, \boldsymbol{v} \in K^n)$$

という性質をみたしているとき,**線形** であるという.

$$\varepsilon(\sigma)a_{\sigma^{-1}(1),1}\cdots(ra_{\sigma^{-1}(i),i}+b_{\sigma^{-1}(i),i})\cdots a_{\sigma^{-1}(n),n}$$

の形をしている．分配法則を使って，

$$\varepsilon(\sigma)a_{\sigma^{-1}(1),1}\cdots(ra_{\sigma^{-1}(i),i}+b_{\sigma^{-1}(i),i})\cdots a_{\sigma^{-1}(n),n}$$
$$=r\cdot\varepsilon(\sigma)a_{\sigma^{-1}(1),1}\cdots a_{\sigma^{-1}(i),i}\cdots a_{\sigma^{-1}(n),n}$$
$$+\varepsilon(\sigma)a_{\sigma^{-1}(1),1}\cdots b_{\sigma^{-1}(i),i}\cdots a_{\sigma^{-1}(n),n}$$

と分解し，この最初の項だけを集めたものはちょうど下の2式における最初の行列式であり，後ろの項を集めたものが2番目の行列式となっていることが分かる．行に対しても同様に証明できる． □

これらの定理から，次の定理が成り立っていることが分かる．

定理 3.11 A を $n\times n$ 行列とする．
（1） もし，A の2つの行が同じなら $|A|=0$ である．
（2） もし，A のある行の成分がすべてゼロなら $|A|=0$ である．
列に関しても同様である．

次の定理が行列式の一番基本的な性質である．

定理 3.12 (積と行列式) n 次正方行列 A,B に対して，
$$|AB|=|A||B|$$
である．

最初に述べたように，A の行列式とは線形変換 φ_A が図形の体積 (面積) を何倍に拡大するかを示すものであり，$\varphi_{AB}=\varphi_A\circ\varphi_B$ となることを考えると上の定理は当然の帰結であるが，複素数成分などの一般的な行列も考えているので行列式の定義に従って証明しよう．$n=2$ の場合に雰囲気をつかむとよい．

証明 いろいろな証明があるが，ここでは直接的な方法を紹介しよう．$A=(a_{ij}),B=(b_{st})$ を n 次正方行列とし，$AB=C=(c_{pq})$ とおく．積の定義か

ら $c_{pq} = \sum_{j=1}^{n} a_{pj}b_{jq}$ であり，

$$|C| = \sum_{\sigma \in S_n} \varepsilon(\sigma) c_{1,\sigma(1)} \cdots c_{n,\sigma(n)}$$

$$= \sum_{\sigma \in S_n} \varepsilon(\sigma) \left(\sum_{j_1=1}^{n} a_{1,j_1} b_{j_1,\sigma(1)} \right) \cdots \left(\sum_{j_n=1}^{n} a_{n,j_n} b_{j_n,\sigma(n)} \right)$$

$$= \sum_{\sigma \in S_n} \varepsilon(\sigma) \sum_{j_1=1}^{n} \cdots \sum_{j_n=1}^{n} a_{1,j_1} a_{2,j_2} \cdots a_{n,j_n} b_{j_1,\sigma(1)} \cdots b_{j_n,\sigma(n)}$$

$$= \sum_{j_1=1}^{n} \cdots \sum_{j_n=1}^{n} a_{1,j_1} \cdots a_{n,j_n} \left(\sum_{\sigma \in S_n} \varepsilon(\sigma) b_{j_1,\sigma(1)} \cdots b_{j_n,\sigma(n)} \right)$$

である．ここで，n 次行列 $D = (d_{k\ell})$ を $d_{k\ell} = b_{j_k,\ell}$ により定めると，最後の式の括弧内は $|D|$ に他ならない．もし，$j_1, \cdots, j_n$ の中に同じ番号があれば，D の 2 つの行が同じになるので，定理 3.11 により $|D| = 0$ である．すなわち，和を考える上では，こういう場合を除いてよいことになる．それゆえ，$|C|$ の式の $j_1, \cdots, j_n$ はすべて異なる，すなわち，$\tau : i \mapsto j_i$ が置換となっているもの，だけを考えてもよい．それゆえ，

$$|C| = \sum_{\sigma \in S_n} \varepsilon(\sigma) c_{1,\sigma(1)} \cdots c_{n,\sigma(n)}$$

$$= \sum_{j_1=1}^{n} \cdots \sum_{j_n=1}^{n} a_{1,j_1} \cdots a_{n,j_n} \left(\sum_{\sigma \in S_n} \varepsilon(\sigma) b_{j_1,\sigma(1)} \cdots b_{j_n,\sigma(n)} \right)$$

$$= \sum_{\tau \in S_n} a_{1,\tau(1)} \cdots a_{n,\tau(n)} \left(\sum_{\sigma \in S_n} \varepsilon(\sigma) b_{\tau(1),\sigma(1)} \cdots b_{\tau(n),\sigma(n)} \right)$$

$$= \sum_{\tau \in S_n} \varepsilon(\tau) a_{1,\tau(1)} \cdots a_{n,\tau(n)} \left(\sum_{\sigma \in S_n} \varepsilon(\sigma \circ \tau^{-1}) b_{\tau(1),\sigma(1)} \cdots b_{\tau(n),\sigma(n)} \right)$$

$$= \sum_{\tau \in S_n} \varepsilon(\tau) a_{1,\tau(1)} \cdots a_{n,\tau(n)} \left(\sum_{\xi \in S_n} \varepsilon(\xi) b_{1,\xi(1)} \cdots b_{n,\xi(n)} \right)$$

$$= |A||B|$$

を得る．最後から一歩前の式の ξ（グザイ）は $\sigma \circ \tau^{-1}$ を表わしており，各 τ 毎に，σ が S_n の元をすべて一度ずつ網羅することと，ξ が一度ずつ網羅していることは同じことであるので，上のように書くことができる． □

ここで，基本変形と行列式との関係を少し説明しよう．まず，基本変形を思い出そう．
（1） s 行と t 行を交換する $(s \neq t)$．
（2） t 行を r 倍して s 行に加える $(s \neq t)$．
（3） s 行を r 倍する．ここで $r \neq 0$ である．

系 3.13 第 2 章で説明したように，上の基本変形はそれぞれ次の n 次正則行列 (基本行列) を左からかけることと同じである．
（1） $P_{st} = (p_{ij}) \quad (s \neq t): \quad p_{ii} = 1 \ (i \neq s, t), \quad p_{st} = p_{ts} = 1$
（2） $E_{st}(r) = (q_{ij}) \quad (s \neq t): \quad q_{ii} = 1 \ (i = 1, \cdots, n), q_{st} = r$
（3） $E_s(r) = (r_{ij}) \quad (r \neq 0): \quad r_{ii} = 1 \ (i \neq s), \quad r_{ss} = r$
ただし指定されていない成分はすべて 0 とする．

簡単な計算から次のことが分かる．

補題 3.14 $\quad |P_{st}| = -1, \quad |E_{st}(r)| = 1, \quad |E_s(r)| = r$

それゆえ，基本変形によって行列式は次のように変化する．

系 3.15 任意の n 次正方行列 A と $P_{st}, E_{st}(r), E_s(r)$ に対して，次が成り立つ．
（1） $|P_{st} A| = -|A|$
（2） $|E_{st}(r) A| = |A|$
（3） $|E_s(r) A| = r\,|A|$

2.1 節の基本変形を応用した行列の変形を思い出そう．定理 2.1 では，A を正方行列とすると，行基本変形をいくつか行うことで，単位行列 E_n または簡約階段行列 $\begin{pmatrix} * \cdots * \\ \vdots \cdots \vdots \\ 0 \cdots 0 \end{pmatrix}$ のどちらかに変形できることを示した．また，定理 2.3

で，単位行列に変形できることが正則行列であるための必要十分条件であることも示した．それゆえ，次の結果を得ることができる．

定理 3.16 (行列式で逆行列をもつか判定)　A が正則であることと $|A| \neq 0$ は同値である．

定理 3.17 (非自明解の存在判定)　$|A| = 0$ なら，$\boldsymbol{v}A = (0, \cdots, 0)$ となるようなゼロでないベクトル $\boldsymbol{v} = (b_1, b_2, \cdots, b_n)$ が存在する．

証明　上で述べたように基本行列の積 Q があって，$QA = \begin{pmatrix} * \\ 0 \cdots 0 \end{pmatrix}$ とできる．Q の n 行目を $\boldsymbol{v} = (b_1, \cdots, b_n)$ とすると，$(b_1, \cdots, b_n)A = (0, \cdots, 0)$ なので，$\boldsymbol{v}A = 0$ である．また，$|Q| \neq 0$ なので，$(b_1 \cdots b_n)$ はゼロベクトルではない．(系 2.12，定理 2.17，定理 3.9，定理 3.16 からも示される．)　□

例題 3.9　行列式の性質を使って次の行列式を求めよ．

$$A = \begin{vmatrix} 3 & 2-\sqrt{2} & -4+5\sqrt{3} & -5 \\ 1 & -6+4\sqrt{2} & 3 & 0 \\ 1 & 2 & -1+\sqrt{3} & -1 \\ 1 & 2+2\sqrt{2} & 1 & 0 \end{vmatrix}$$

解答　根号など扱いづらい部分は分離させて計算しよう．

$$A = \begin{vmatrix} 3 & 2-\sqrt{2} & -4 & -5 \\ 1 & -6+4\sqrt{2} & 3 & 0 \\ 1 & 2 & -1 & -1 \\ 1 & 2+2\sqrt{2} & 1 & 0 \end{vmatrix} + \begin{vmatrix} 3 & 2-\sqrt{2} & 5\sqrt{3} & -5 \\ 1 & -6+4\sqrt{2} & 0 & 0 \\ 1 & 2 & \sqrt{3} & -1 \\ 1 & 2+2\sqrt{2} & 0 & 0 \end{vmatrix}$$

$$
= \begin{vmatrix} 3 & 2-\sqrt{2} & -4 & -5 \\ 1 & -6+4\sqrt{2} & 3 & 0 \\ 1 & 2 & -1 & -1 \\ 1 & 2+2\sqrt{2} & 1 & 0 \end{vmatrix} + \sqrt{3} \begin{vmatrix} 3 & 2-\sqrt{2} & 5 & -5 \\ 1 & -6+4\sqrt{2} & 0 & 0 \\ 1 & 2 & 1 & -1 \\ 1 & 2+2\sqrt{2} & 0 & 0 \end{vmatrix}
$$

2 つ目の行列において，第 4 列は第 3 列の -1 倍なので行列式は 0．

$$
= \begin{vmatrix} 3 & 2-\sqrt{2} & -4 & -5 \\ 1 & -6+4\sqrt{2} & 3 & 0 \\ 1 & 2 & -1 & -1 \\ 1 & 2+2\sqrt{2} & 1 & 0 \end{vmatrix}
$$

$$
= \begin{vmatrix} 3 & 2 & -4 & -5 \\ 1 & -6 & 3 & 0 \\ 1 & 2 & -1 & -1 \\ 1 & 2 & 1 & 0 \end{vmatrix} + \begin{vmatrix} 3 & -\sqrt{2} & -4 & -5 \\ 1 & 4\sqrt{2} & 3 & 0 \\ 1 & 0 & -1 & -1 \\ 1 & 2\sqrt{2} & 1 & 0 \end{vmatrix}
$$

$$
= \begin{vmatrix} 3 & 2 & -4 & -5 \\ 1 & -6 & 3 & 0 \\ 1 & 2 & -1 & -1 \\ 1 & 2 & 1 & 0 \end{vmatrix} + \sqrt{2} \begin{vmatrix} 3 & -1 & -4 & -5 \\ 1 & 4 & 3 & 0 \\ 1 & 0 & -1 & -1 \\ 1 & 2 & 1 & 0 \end{vmatrix}
$$

4 行の適当なスカラー倍を 1, 2, 3 行に加えると

$$
= \begin{vmatrix} 0 & -4 & -7 & -5 \\ 0 & -8 & 2 & 0 \\ 0 & 0 & -2 & -1 \\ 1 & 2 & 1 & 0 \end{vmatrix} + \sqrt{2} \begin{vmatrix} 0 & -7 & -7 & -5 \\ 0 & 2 & 2 & 0 \\ 0 & -2 & -2 & -1 \\ 1 & 2 & 1 & 0 \end{vmatrix}
$$

行や列のスカラー倍を他の行や列に加えて，

$$= \begin{vmatrix} 0 & 8 & 3 & 0 \\ 0 & 0 & 2 & 0 \\ 0 & 0 & 0 & -1 \\ 1 & 0 & 0 & 0 \end{vmatrix} + \sqrt{2} \begin{vmatrix} 0 & -7 & -7 & 0 \\ 0 & 2 & 2 & 0 \\ 0 & 0 & 0 & -1 \\ 1 & 0 & 0 & 0 \end{vmatrix}$$

$$= 16$$

2つ目の行列は2列が一致しているから行列式は0. □

問題 3.9 $ad - bc = 1$ とする. 行列 $\begin{pmatrix} a & b \\ c & d \end{pmatrix}$ を基本行列の積で表わせ.

3.4.1 小行列と余因子展開

1.6節で，行列のブロック分割を学んだが，そのときには小行列が長方形のブロックになるように行や列を順番に従って分けた．ここではブロックの形を取らないものも含む一般的な小行列を考える．すなわち，$A = (a_{ij})$ を $m \times n$ 行列とする．2つの自然数 s, t ($0 \leqq s \leqq m$, $0 \leqq t \leqq n$) を固定し，適当な $1 \leqq i_1 < i_2 < \cdots < i_s \leqq m$ と $1 \leqq j_1 < j_2 < \cdots < j_t \leqq n$ に対して，A の (i_h, j_k) 成分を (h, k) 成分とする $s \times t$ 行列を考える．このような行列を **$s \times t$ 小行列** とよぶ．たとえば 2×2 小行列とは各々の $1 \leqq i < j \leqq m$, $1 \leqq h < k \leqq n$ に対して存在し，小行列は $\begin{pmatrix} a_{ih} & a_{ik} \\ a_{jh} & a_{jk} \end{pmatrix}$ である．また，$m \times n$ 小行列は A 自身である．

例えば，3×3 行列 $\begin{pmatrix} 1 & 2 & 3 \\ 4 & 5 & 6 \\ 7 & 8 & 9 \end{pmatrix}$ の 2×2 小行列は

$$\begin{pmatrix} 1 & 2 \\ 4 & 5 \end{pmatrix}, \begin{pmatrix} 1 & 3 \\ 4 & 6 \end{pmatrix}, \begin{pmatrix} 2 & 3 \\ 5 & 6 \end{pmatrix}, \begin{pmatrix} 1 & 2 \\ 7 & 8 \end{pmatrix}, \begin{pmatrix} 1 & 3 \\ 7 & 9 \end{pmatrix}$$

$$\begin{pmatrix} 2 & 3 \\ 8 & 9 \end{pmatrix}, \begin{pmatrix} 4 & 5 \\ 7 & 8 \end{pmatrix}, \begin{pmatrix} 4 & 6 \\ 7 & 9 \end{pmatrix}, \begin{pmatrix} 5 & 6 \\ 8 & 9 \end{pmatrix}$$

の 9 通りある.

例 3.4 $A = (a_{ij})$ を $n \times n$ 行列とし,

$$A = \begin{pmatrix} a_{11} & \cdots & a_{1j_1} & \cdots & a_{1j_2} & \cdots & a_{1j_t} & \cdots & a_{1n} \\ \vdots & & \vdots & & \vdots & & \vdots & & \vdots \\ a_{i_1 1} & \cdots & a_{i_1 j_1} & \cdots & a_{i_1 j_2} & \cdots & a_{i_1 j_t} & \cdots & a_{i_1 n} \\ \vdots & & \vdots & & \vdots & & \vdots & & \vdots \\ a_{i_2 1} & \cdots & a_{i_2 j_1} & \cdots & a_{i_2 j_2} & \cdots & a_{i_2 j_t} & \cdots & a_{i_2 n} \\ \vdots & & \vdots & & \vdots & & \vdots & & \vdots \\ a_{i_s 1} & \cdots & a_{i_s j_1} & \cdots & a_{i_s j_2} & \cdots & a_{i_s j_t} & \cdots & a_{i_s n} \\ \vdots & & \vdots & & \vdots & & \vdots & & \vdots \\ a_{n1} & \cdots & a_{nj_1} & \cdots & a_{nj_2} & \cdots & a_{nj_t} & \cdots & a_{nn} \end{pmatrix}$$

とおく.このとき,$\{i_1 < i_2 < \cdots < i_s\}, \{j_1 < j_2 < \cdots < j_t\}$ に対応する $s \times t$ 小行列は

$$\begin{pmatrix} a_{i_1 j_1} & a_{i_1 j_2} & \cdots & a_{i_1 j_t} \\ a_{i_2 j_1} & a_{i_2 j_2} & \cdots & a_{i_2 j_t} \\ \vdots & \vdots & \cdots & \vdots \\ a_{i_s j_1} & a_{i_s j_2} & \cdots & a_{i_s j_t} \end{pmatrix}$$

である.

注意 小行列はたくさんある.$n \times n$ 行列の中に,$(n-1) \times (n-1)$ 小行列の取り方は

$$_nC_{n-1} \times {_nC_{n-1}} = n^2$$

通りある.一般に,$n_1 \times n_2$ 行列の中の $m_1 \times m_2$ 小行列の取り方は

$$_{n_1}C_{m_1} \times {_{n_2}C_{m_2}}$$

通りある.ここで,$_nC_m = \dfrac{n(n-1)\cdots(n-m+1)}{m(m-1)\cdots 1}$ は 2 項係数である.

$(n-1) \times (n-1)$ 小行列を使って行列式の新しい展開を見ていこう．n 次正方行列 A において，i, j を固定すると，i 行以外の行と j 列以外の列からなる $(n-1) \times (n-1)$ 小行列がただ1つ決まる．これを A_{ij} で表わし，$(-1)^{i+j}|A_{ij}|$ を A の **(i, j) 余因子** とよぶ．

これを使うと行列式の定義が帰納的に書ける．

定理 3.18 (余因子展開) $1 \leqq p \leqq n$ を固定する．このとき，各 p に対して
$$|A| = \sum_{j=1}^{n} (-1)^{p+j} a_{pj} |A_{pj}|$$
が成り立つ．

証明 (p 行を (p, j) 成分毎の和に分解して)

$$\begin{vmatrix} a_{11} & a_{12} & \cdots & a_{1n} \\ \vdots & \vdots & \ddots & \vdots \\ a_{p-1,1} & a_{p-1,2} & \cdots & a_{p-1,n} \\ a_{p1} & a_{p2} & \cdots & a_{pn} \\ a_{p+1,1} & a_{p+1,2} & \cdots & a_{p+1,n} \\ \vdots & \vdots & \ddots & \vdots \\ a_{n1} & a_{n2} & \cdots & a_{nn} \end{vmatrix} = \begin{vmatrix} a_{11} & a_{12} & \cdots & a_{1n} \\ \vdots & \vdots & \ddots & \vdots \\ a_{p-1,1} & a_{p-1,2} & \cdots & a_{p-1,n} \\ a_{p1} & 0 & \cdots & 0 \\ a_{p+1,1} & a_{p+1,2} & \cdots & a_{p+1,n} \\ \vdots & \vdots & \ddots & \vdots \\ a_{n1} & a_{n2} & \cdots & a_{nn} \end{vmatrix}$$

$$+ \begin{vmatrix} a_{11} & a_{12} & \cdots & a_{1n} \\ \vdots & \vdots & \ddots & \vdots \\ a_{p-1,1} & a_{p-1,2} & \cdots & a_{p-1,n} \\ 0 & a_{p2} & 0\cdots & 0 \\ a_{p+1,1} & a_{p+1,2} & \cdots & a_{p+1,n} \\ \vdots & \vdots & \ddots & \vdots \\ a_{n1} & a_{n2} & \cdots & a_{nn} \end{vmatrix} + \cdots + \begin{vmatrix} a_{11} & \cdots & a_{1n-1} & a_{1n} \\ \vdots & \ddots & \vdots & \vdots \\ a_{p-1,1} & \cdots & a_{p-1,n-1} & a_{p-1,n} \\ 0 & \cdots & 0 & a_{p,n} \\ a_{p+1,1} & \cdots & a_{p+1,n-1} & a_{p+1,n} \\ \vdots & \ddots & \vdots & \vdots \\ a_{n1} & \cdots & a_{nn-1} & a_{nn} \end{vmatrix}$$

(行列式の中の項は，j 列からは a_{pj} を選ぶ以外はゼロとなるので，j 列の他の成分はどれでも同じであり，0 で置き換える)

$$= \begin{vmatrix} 0 & a_{12} & \cdots & a_{1n} \\ \vdots & \vdots & \ddots & \vdots \\ 0 & a_{p-1,2} & \cdots & a_{p-1,n} \\ a_{p1} & 0 & \cdots & 0 \\ 0 & a_{p+1,2} & \cdots & a_{p+1,n} \\ \vdots & \vdots & \ddots & \vdots \\ 0 & a_{n2} & \cdots & a_{nn} \end{vmatrix} + \cdots + \begin{vmatrix} a_{1,1} & \cdots & a_{1,n-1} & 0 \\ \vdots & \ddots & \vdots & \vdots \\ a_{p-1,1} & \cdots & a_{p-1,n-1} & 0 \\ 0 & \cdots & 0 & a_{p,n} \\ a_{p+1,1} & \cdots & a_{p+1,n-1} & 0 \\ \vdots & \ddots & \vdots & \vdots \\ a_{n,1} & \cdots & a_{n,n-1} & 0 \end{vmatrix}$$

(p 行目を 1 行目にもってくる置換 $(1, 2, \cdots, p)$ を行い，さらに，a_{pj} がでてくる行列に対して，j 列目を 1 列目にもってくる置換 $(1, 2, \cdots, j)$ も行うと，)

$$= (-1)^{p+1} a_{p1} \begin{vmatrix} \square & a_{12} & \cdots & a_{1n} \\ \vdots & \vdots & \ddots & \vdots \\ \square & a_{p-1,2} & \cdots & a_{p-1,n} \\ \square & \square & \cdots & \square \\ \square & a_{p+1,2} & \cdots & a_{p+1,n} \\ \vdots & \vdots & \ddots & \vdots \\ \square & a_{n2} & \cdots & a_{nn} \end{vmatrix} + (-1)^{p+2} a_{p2} \begin{vmatrix} a_{11} & \square & \cdots & a_{1n} \\ \vdots & \vdots & \ddots & \vdots \\ a_{p-1,1} & \square & \cdots & a_{p-1,n} \\ \square & \square & \cdots & \square \\ a_{p+1,1} & \square & \cdots & a_{p+1,n} \\ \vdots & \vdots & \ddots & \vdots \\ a_{n1} & \square & \cdots & a_{nn} \end{vmatrix}$$

$$+ \cdots + (-1)^{p+n} a_{pn} \begin{vmatrix} a_{11} & \cdots & a_{1,n-1} & \square \\ \vdots & \ddots & \vdots & \vdots \\ a_{p-1,1} & \cdots & a_{p-1,n-1} & \square \\ \square & \cdots & \square & \square \\ a_{p+1,1} & \cdots & a_{p+1,n-1} & \square \\ \vdots & \ddots & \vdots & \vdots \\ a_{n1} & \cdots & a_{n,n-1} & \square \end{vmatrix} = \sum_{j=1}^{n} (-1)^{p+j} a_{pj} |A_{pj}|$$

ここで，$\square$ は行列 A のそこの部分を除いたことを意味する． $\square$

たとえば，$p = 1$ とすると，

$$|A| = a_{11}|A_{11}| - a_{12}|A_{12}| + \cdots + (-1)^{n+1} a_{1n}|A_{1n}|$$

である．

上の展開を $|A|$ の **余因子展開** とよぶ.
このとき，次の定理が成り立つ.

定理 3.19 (余因子積)
$$\sum_{k=1}^{n} a_{ik}(-1)^{j+k}|A_{jk}| = \delta_{ij}|A|$$
$$\sum_{k=1}^{n} a_{ki}(-1)^{j+k}|A_{kj}| = \delta_{ij}|A|$$

証明 前の小節で述べたように 2 つの列が同じなら行列式は 0 となることを使う．第 1 式を証明しよう．$i = j$ のときは余因子展開と同じである．A の j 行を A の i 行 $(a_{i1}, \cdots, a_{in})$ と同じ行で置き換えた行列を B とすると，$j \neq i$ のときには，左式は B の行列式 $|B|$ を余因子展開したものと見ることができる．それゆえ，0 となる．第 2 式は行と列を交換したものである． □

問題 3.10 $\begin{vmatrix} 2 & 1 & 3 & -1 \\ 1 & 2 & 1 & 0 \\ -1 & 2 & 1 & 1 \\ 0 & 1 & 1 & 1 \end{vmatrix}$ を第 2 行を使って余因子展開せよ．

n 次の正方行列 $A = (a_{ij})$ に対して，A の (i,j) の余因子 $(-1)^{i+j}|A_{ij}|$ を成分とする行列 $((-1)^{i+j}|A_{ij}|)$ の転置行列

$$\tilde{A} = \begin{pmatrix} |A_{11}| & -|A_{21}| & \cdots & (-1)^{n+1}|A_{n1}| \\ -|A_{12}| & |A_{22}| & \cdots & (-1)^n|A_{n2}| \\ \vdots & \vdots & \ddots & \vdots \\ (-1)^{1+n}|A_{1n}| & (-1)^n|A_{2n}| & \cdots & |A_{nn}| \end{pmatrix}$$

を **余因子行列** とよぶ．このとき，次が成り立つ[12]．

---
[12] ラプラス (Laplace) の展開定理とよばれる．

> **定理 3.20** (余因子による逆行列)
> $$A\tilde{A} = \tilde{A}A = |A|E_n$$
> 特に，$|A| \neq 0$ なら，$\dfrac{1}{|A|}\tilde{A}$ が A の逆行列である．

余因子を使って逆行列を求める方法は一見簡単そうに見えるが，実際に多くの行列式を求める必要があり，2×2 行列や特殊な行列でもない限り基本変形による方法の方が簡単である．しかし，上の表記は逆行列がどのような成分をもっているかを示しており，いろいろ役に立つ．

例題 3.10 $A = \begin{pmatrix} 2 & 3 \\ 1 & -1 \end{pmatrix}$ の逆行列を余因子行列を使って求めよ．

解答 $|A| = -2 - 3 = -5 \neq 0$ であり，2 次正方行列 $A = (a_{ij})$ の場合，$A_{11} = a_{22}$, $A_{12} = a_{21}$, $A_{21} = a_{12}$, $A_{22} = a_{11}$ なので，

$$A^{-1} = \frac{1}{|A|} \begin{pmatrix} |A_{11}| & -|A_{21}| \\ -|A_{12}| & |A_{22}| \end{pmatrix}$$

$$= \frac{-1}{5} \begin{pmatrix} -1 & -3 \\ -1 & 2 \end{pmatrix} = \begin{pmatrix} \dfrac{1}{5} & \dfrac{3}{5} \\ \dfrac{1}{5} & -\dfrac{2}{5} \end{pmatrix}$$

となる． □

問題 3.11 $A = \begin{pmatrix} 2 & 3 & 0 \\ -1 & 0 & -2 \\ 1 & -1 & 1 \end{pmatrix}$ の逆行列を余因子行列を使って求めよ．

3.5 よくでてくる行列式の例

応用の面で重要な行列式の例を求めておこう．

定理 3.21

$$\begin{vmatrix} 1 & x_1 & x_1^2 & \cdots & x_1^{n-1} \\ 1 & x_2 & x_2^2 & \cdots & x_2^{n-1} \\ \vdots & \vdots & \vdots & \ddots & \vdots \\ 1 & x_n & x_n^2 & \cdots & x_n^{n-1} \end{vmatrix} = \prod_{1 \leq i < j \leq n} (x_j - x_i)$$

この行列式を **ファンデルモンドの行列式**[13] とよぶ.

注意 $x_1, x_2, \cdots, x_n$ を変数と考えると, 行列式は多変数の多項式となっている. すなわち, どんなスカラー (複素数, 実数) を適当に $x_1, \cdots, x_n$ に代入しても上の等式は成り立っているのである. この右辺の形を **差積** とよぶことがある.

例 3.5

$$\begin{vmatrix} 1 & x_1 \\ 1 & x_2 \end{vmatrix} = x_2 - x_1,$$

$$\begin{vmatrix} 1 & x_1 & x_1^2 \\ 1 & x_2 & x_2^2 \\ 1 & x_3 & x_3^2 \end{vmatrix} = x_2 x_3^2 + x_3 x_1^2 + x_1 x_2^2 - x_2 x_1^2 - x_3 x_2^2 - x_1 x_3^2$$

$$= (x_3 - x_2)(x_3 - x_1)(x_2 - x_1)$$

証明 求める行列式を $A(x_1, \cdots, x_n)$ とおく. 帰納的に考え, $n-1$ 次では定理が成り立つとする. 定理の中で与えられた行列に対して次の基本変形を行う. n 列から $n-1$ 列の x_1 倍を引く. 次に $n-1$ 列から $n-2$ 列の x_1 倍を引く. これを繰り返し, 最後に 1 列の x_1 倍を 2 列目から引く. すると行列式は変わらず, 行列の内部は

$$A(x_1, \cdots, x_n)$$

---

[13] この式は 1771 年にファンデルモンド (Vandermonde) によって発見されたものである.

$$= \begin{vmatrix} 1 & \cdots & x_1^{n-2} & x_1^{n-1} \\ 1 & \cdots & x_2^{n-2} & x_2^{n-1} \\ \vdots & \ddots & \vdots & \vdots \\ 1 & \cdots & x_n^{n-2} & x_n^{n-1} \end{vmatrix} = \begin{vmatrix} 1 & x_1 & \cdots & x_1^{n-2} & 0 \\ 1 & x_2 & \cdots & x_2^{n-2} & (x_2-x_1)x_2^{n-2} \\ \vdots & \vdots & \cdots & \vdots & \vdots \\ 1 & x_n & \cdots & x_n^{n-2} & (x_n-x_1)x_n^{n-2} \end{vmatrix}$$

$$= \cdots = \begin{vmatrix} 1 & 0 & 0 & \cdots & 0 \\ 1 & x_2-x_1 & (x_2-x_1)x_2 & \cdots & (x_2-x_1)x_2^{n-2} \\ \vdots & \vdots & \vdots & \ddots & \vdots \\ 1 & x_n-x_1 & (x_n-x_1)x_n & \cdots & (x_n-x_1)x_n^{n-2} \end{vmatrix}$$

と変化する．それゆえ，

$$A(x_1,\cdots,x_n) = \begin{vmatrix} x_2-x_1 & (x_2-x_1)x_2 & \cdots & (x_2-x_1)x_2^{n-2} \\ \vdots & \vdots & \ddots & \vdots \\ x_n-x_1 & (x_n-x_1)x_n & \cdots & (x_n-x_1)x_n^{n-2} \end{vmatrix}$$

となる．i 行目の成分から $(x_{i+1}-x_1)$ 倍を取り出すと，

$$A(x_1,\cdots,x_n) = (x_2-x_1)\cdots(x_n-x_1) \begin{vmatrix} 1 & x_2 & \cdots & x_2^{n-2} \\ \vdots & \vdots & \ddots & \vdots \\ 1 & x_n & \cdots & x_n^{n-2} \end{vmatrix}$$

$$= (x_2-x_1)\cdots(x_n-x_1)A(x_2,\cdots,x_n)$$

となる．帰納法の仮定より，

$$A(x_2,\cdots,x_n) = \prod_{1<i<j}(x_j-x_i) \text{ なので}, A(x_1,\cdots,x_n) = \prod_{1\leqq i<j}(x_j-x_i)$$

を得る． □

例題 3.11 $\begin{vmatrix} 1 & 1 & 1 & 1 \\ 1 & 2 & 4 & 8 \\ 1 & 3 & 9 & 27 \\ 1 & 4 & 16 & 64 \end{vmatrix}$ を求めよ．

解答
$$\begin{vmatrix} 1 & 1 & 1 & 1 \\ 1 & 2 & 4 & 8 \\ 1 & 3 & 9 & 27 \\ 1 & 4 & 16 & 64 \end{vmatrix} = \begin{vmatrix} 1 & 1 & 1 & 1 \\ 1 & 2 & 2^2 & 2^3 \\ 1 & 3 & 3^2 & 3^3 \\ 1 & 4 & 4^2 & 4^3 \end{vmatrix} = \prod_{1 \leqq i < j \leqq 4}(j-i)$$
$$= (4-1)(4-2)(4-3)(3-1)(3-2)(2-1)$$
$$= 12. \qquad \square$$

問題 3.12 次の行列 A の行列式を

$$A = \begin{pmatrix} x_1^3 + 3x_1 & 2x_1 + 1 & x_1^2 + 2x_1 & x_1^3 + 1 \\ x_2^3 + 3x_2 & 2x_2 + 1 & x_2^2 + 2x_2 & x_2^3 + 1 \\ x_3^3 + 3x_3 & 2x_3 + 1 & x_3^2 + 2x_3 & x_3^3 + 1 \\ x_4^3 + 3x_4 & 2x_4 + 1 & x_4^2 + 2x_4 & x_4^3 + 1 \end{pmatrix}$$

3.6　第 3 章付録

　数学ではものの変化や変化させる作用を写像という言葉で説明することが多い．S, T を 2 つの集合とする．S の要素が変化して T の要素になったと考えてみよう．

　$S = \{a_1, \cdots, a_n\}$ と $T = \{b_1, \cdots, b_m\}$ を 2 つの集合とする (無限集合のときも同じように考える)．S の各々の要素 a_i に対して，T の要素 b_j がただ 1 つ決まるとき，この関係を **写像** とよぶ．適当な記号 f を使って

$$f : S \to T$$

と表わすことが多い．a_i に対して決まる T の元 b_j を $f(a_i)$ で表わし，f による a_i の**像**とよぶ．また，a_i は b_j に移るという言い方をする．

　写像は一方向であることに注意して欲しい．次の用語をよく使う．

　写像 $f : S \to T$ が **単射** とは，S の異なる 2 つ以上の要素が T の同一の要素に移らない．すなわち，$f(a_i) = f(a_j)$ なら $a_i = a_j$ である．

　写像 $f : S \to T$ が **全射** とは，T のどの要素も移ってくる S の要素をもつ．すなわち，$b \in T$ とすると，$f(a) = b$ となる S の要素 a は少なくとも 1 つは

ある．$f : S \to T$ が全射で，かつ単射であるとき，**全単射** とよぶ．

S の部分集合 U に対して，$f(U)$ で $u \in U$ の像全体の集合 $\{f(u) \mid u \in U\}$ を表わし，U の**像**とよぶ．全射とは $f(S) = T$ のことである．

たとえば，自然数の集合 $\mathbf{N} = \{1, 2, 3, \cdots\}$ を考えてみよう．このとき，2 倍するというのは，各自然数に対して，自然数を定義するので，

$$\begin{array}{cccc} f: & \mathbf{N} & \to & \mathbf{N} \\ & \cup & & \cup \\ & m & \mapsto & 2m \end{array}$$

は自然数全体から自然数全体への写像である．これは単射であるが全射ではない．同じような写像であるが，有理数の集合 $\mathbf{Q}$ から有理数の集合 $\mathbf{Q}$ への写像

$$\begin{array}{cccc} f: & \mathbf{Q} & \to & \mathbf{Q} \\ & \cup & & \cup \\ & m & \mapsto & 2m \end{array}$$

と考えると，これは全単射である．

また，第 2 章で行った行列の積も写像として考えると扱いやすくなる．たとえば，A を 2×3 行列とすると，

$$\begin{array}{cccc} \varphi_A : & K^3 & \to & K^2 \\ & \cup & & \cup \\ & \boldsymbol{v} & \mapsto & A\boldsymbol{v} \end{array}$$

も写像である．特に，2 次正方行列 A を使って定義したものは，ベクトル $\begin{pmatrix} e \\ f \end{pmatrix}$ と $x \times y$ 平面の点 (e, f) を同一視することで線形変換と同じものになる．

このように，集合のすべての要素を (自分も含めて) 別の集合へ移す操作を写像とよんでいるだけである．

$g : R \to S$ と $f : S \to T$ を 2 つの写像とする．このとき，R から T への写像 $f \circ g : R \to T$ を $s \in R$ の移る先を $f(g(s)) \in T$ として定義できる ($s \in R$ なので $g(s) \in S$ である．ゆえに，f は $g(s)$ を T の要素に移すことができる)．この写像 $f \circ g$ を f, g の **合成写像** とよんでいる．

例題 3.12 A を $m \times n$ 行列,B を $n \times s$ 行列とし,上で定義した写像 $\varphi_B : K^s \to K^n$, $\varphi_A : K^n \to K^m$ を考える.このとき,$\varphi_A \circ \varphi_B = \varphi_{AB}$ であることを示せ.

注意 2 つの写像 $\phi_1 : K \to S$, $\phi_2 : K \to S$ が等しい ($\phi_1 = \phi_2$ で表わす) とは,K のすべての要素 v に対して,$\phi_1(v) = \phi_2(v)$ ということである.

解答 それゆえ,$\varphi_A \circ \varphi_B = \varphi_{AB}$ を示すためには,すべてのベクトル $\boldsymbol{v} \in K^s$ に対して,

$$\varphi_A \circ \varphi_B(\boldsymbol{v}) = \varphi_{AB}(\boldsymbol{v})$$

を示せば十分である.実際,

$$\varphi_A \circ \varphi_B(\boldsymbol{v}) = \varphi_A(\varphi_B(\boldsymbol{v}))$$
$$= \varphi_A(B\boldsymbol{v}) = A(B\boldsymbol{v}) = \varphi_{AB}(\boldsymbol{v})$$

となるので主張が正しい. □

行列の立場で考えると,写像の合成は行列の積に対応している.写像に慣れておくために次の問題を解いてみよう.

例題 3.13 f と g が全単射なら,$f \circ g$ も全単射であることを示せ.

注意 ここで,全射の場合を例にして,証明の書き方を説明しよう.まず証明の方針を立てる.R の要素を $f \circ g$ で移したもの全体を $f \circ g(R)$ で表わすと,$f \circ g : R \to T$ が全射とは集合として $f \circ g(R) = T$ となることであるが,今の場合,$f \circ g(R) \subset T$ は写像の定義より明らかなので,$f(R) \supset T$ を示せば十分な証明となる[14].すなわち,T の任意の元 t に対して,$f \circ g(r) = t$ となるような R の元 r があることを示せばよいわけである.これに従って,証明を組み立てる.

全射の証明 $t \in T$ とする.仮定より,f は全射なので,$f(s) = t$ となる

---

[14] $f(R) \supset T$ と書いているが $f(R)$ が T より本当に大きいとは限らない.包含記号 $\subset$ の使い方については 1.8 節を参照.

$s \in S$ がある. さらに, g も全射なので, $g(r) = s$ となる $r \in R$ がある. このとき, $f \circ g(r) = f(g(r)) = f(s) = t$ となるので $f \circ g$ は全射である.

単射の証明 $f \circ g(a) = f \circ g(b)$ と仮定する. これを f, g を使って表わすと, $f(g(a)) = f(g(b))$ である. f は単射なので, $g(a) = g(b)$ である. 同様に, g も単射なので, $a = b$ を得る. ゆえに, $f \circ g$ も単射である. □

もし, $f : S \to T$ が全単射の場合には, T の各々の要素 b に対して $f(a) = b$ となる S の要素 a が存在して一意的に決まる. このことは T の各々の要素に対して S の要素を 1 つ決めているので, T から S への写像である. この写像を一般に f^{-1} と書いて, f の **逆写像** とよんでいる.

任意の集合 S に対して, S のすべての要素 $s \in S$ をそれ自身, すなわち, $s \in S$ に移すものも写像の 1 つとなる. この写像を **恒等写像** とよぶ. この写像を $\mathbf{id}$[15]) や I で表わすことが多い.

行列の立場で考えると, φ_A の逆写像は $\varphi_{A^{-1}}$ であり, φ_{E_n} が恒等写像である.

● コーヒーブレイク ●

講義をしていると学生から「写像と関数との違いは？」とよく聞かれます. これは少し難しい問題です. というのも「写像」と違って,「関数」の定義が厳密に決まっていないのです. あえていうなら, 数 (スカラー) に値をとるものが関数であり, 集合に値をとるのが写像でしょう.

第 3 章の章末問題

問題 1 互換 (1,6) を表わすあみだくじを作れ. 最低何本の横線が必要かを示せ.

---

[15]) identity map の略.

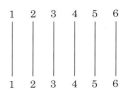

図 **3.3**

問題 2 次の置換を巡回表示で表わせ．
(1) $(1,2,3) \circ ((3,4,5) \circ (2,6))$ (2) $((1,2,3) \circ (3,4,5)) \circ (2,6)$

問題 3 $\sigma = (1,2,3,4,5), \tau = (4,1)(3,5,2)$ とする．
(1) $\tau \circ \sigma$ を求めよ．
(2) τ^{-1} を求めよ．
(3) $\sigma \circ \sigma$ と $\sigma \circ \sigma \circ \sigma$ を求め，$\sigma \circ \sigma \circ \sigma \circ \sigma \circ \sigma = (1)$ であることを示せ．

問題 4 3 個の文字 $\{1,2,3\}$ の上の置換 σ と 3 変数 x_1, x_2, x_3 の多項式
$$f(x_1, x_2, x_3) = \sum_{i,j,k} a_{i,j,k} x_1{}^i x_2{}^j x_3{}^k$$
に対して，3 変数の多項式 f^σ を
$$f^\sigma(x_1, x_2, x_3) = f(x_{\sigma(1)}, x_{\sigma(2)}, x_{\sigma(3)}),$$
と定義する．すなわち，
$$f^\sigma(x_1, x_2, x_3) = \sum_{i,j,k} a_{i,j,k} x_{\sigma(1)}{}^i x_{\sigma(2)}{}^j x_{\sigma(3)}{}^k$$
とする．
(1) $f(x_1, x_2, x_3) = x_1 x_2^2 + x_2 x_3$ と $\sigma = (1,2,3)$ に対して f^σ を求めよ．
(2) $x_1 + x_2 + x_3, x_1 x_2 + x_2 x_3 + x_3 x_1, x_1 x_2 x_3$ は $\{1,2,3\}$ のどんな置換に対しても変化しないことを示せ．
(3) $(x_2 - x_1)(x_3 - x_1)(x_3 - x_2)$ を $\sigma = (1,2)$ で移した多項式を求めよ．

問題 5 $A = \begin{pmatrix} 0 & 1 & -3 & 4 \\ 5 & -4 & 0 & -2 \\ 4 & 0 & 6 & -3 \\ 3 & -2 & 0 & 2 \end{pmatrix}$ とする．$|A_{21}|, |A_{22}|, |A_{23}|, |A_{24}|$ と $|A|$ を求めよ．

問題 6 次を示せ．

$$\begin{vmatrix} x_1 & -x_2 & -x_3 & -x_4 \\ x_2 & x_1 & -x_4 & x_3 \\ x_3 & x_4 & x_1 & -x_2 \\ x_4 & -x_3 & x_2 & x_1 \end{vmatrix} = (x_1^2 + x_2^2 + x_3^2 + x_4^2)^2$$

ヒント 解答はいろいろあるが，上の行列を A とすると，${}^t\!AA$ を計算してみよう．$|A| = |{}^t\!A|$ であることに注目すると，1つの解答が見つかる．

問題 7 次の行列式を求めよ．

$$A_1 = (2), \quad A_2 = \begin{pmatrix} 2 & -1 \\ -1 & 2 \end{pmatrix}, \quad A_3 = \begin{pmatrix} 2 & -1 & 0 \\ -1 & 2 & -1 \\ 0 & -1 & 2 \end{pmatrix},$$

$$A_4 = \begin{pmatrix} 2 & -1 & 0 & 0 \\ -1 & 2 & -1 & 0 \\ 0 & -1 & 2 & -1 \\ 0 & 0 & -1 & 2 \end{pmatrix}$$

また，上の行列を一般の n 次正方行列 A_n まで拡張し，$|A_n|$ を求めよ．

第 4 章

行列式の発展

行列式は前章の最初に述べたように線形代数や行列論においてもっとも強力な手段である．この章では，応用とそれを発展させた例を紹介しよう．

4.1 多項式

すでに多項式に出会ってきているが，ここでは，それらをさらに応用するために，少し厳密に扱っていこう．これまでは，多項式 $f(x)$ を「変数 x に実数 a を代入することで，$f(a)$ という値をとる関数」として扱ってきた．ここでは，x に何かを代入する必要がくるまで，しばらくその扱いを保留しておこう．

これまでは，x を変数と考えて，

$$3x + x^2, \quad x - 5x^4 + 12x^5$$

などを多項式とよんできたが，これからは，$a_0, \cdots, a_n \in K$ をスカラーとして，

$$f(x) = a_0 x^n + a_1 x^{n-1} + \cdots + a_{n-1} x + a_n$$

の形のものをすべて **多項式** とよぶことにする．0 も係数に含めて，$a_1 x^{n-1} + \cdots + a_n$ と $0 x^n + a_1 x^{n-1} + \cdots + a_n$ を同じものと考える[1]．もし，$a_0 \neq 0$ な

---

[1] 高校では $2x^3$ は単項式とよんだが，大学では，0 もスカラーと考えるので，$2x^3 = 0 + 0x + 0x^2 + 2x^3$ も多項式である．特に，定数であるスカラーも 0 も多項式に含めた方が扱いやすくなる．

ら，n を多項式 $f(x)$ の **次数** とよび，a_0 を **最高次係数** という．

ここにでてくる多項式の係数が実数なら，高校ででてきた多項式とまったく同じものであるが，線形代数では，実数以外のスカラー (複素数など) K も考えるので，一応次のことを確認しておこう．

和　　　$(a_0 x^n + a_1 x^{n-1} + \cdots + a_n) + (b_0 x^n + b_1 x^{n-1} + \cdots + b_n)$
$$= (a_0 + b_0)x^n + (a_1 + b_1)x^{n-1} + \cdots + (a_n + b_n)$$
差　　　$(a_0 x^n + a_1 x^{n-1} + \cdots + a_n) - (b_0 x^n + b_1 x^{n-1} + \cdots + b_n)$
$$= (a_0 - b_0)x^n + (a_1 - b_1)x^{n-1} + \cdots + (a_n - b_n)$$
積
$$(a_0 x^n + a_1 x^{n-1} + \cdots + a_n) \times (b_0 x^m + b_1 x^{m-1} + \cdots + b_m)$$
$$= (a_0 b_0)x^{n+m} + (a_0 b_1 + a_1 b_0)x^{n+m-1} + \cdots + (a_{n-1}b_m + a_n b_{m-1})x + a_n b_m$$
スカラー倍
$$r(a_0 x^n + a_1 x^{n-1} + \cdots + a_n) = (ra_0)x^n + (ra_1)x^{n-1} + \cdots + ra_n$$

● コーヒーブレイク ●

よく，方程式と多項式とを混乱してしまう学生がいます．$2x^3 + 3x + 2 = 0$ と書けば，方程式であり，この条件を満足する x を求めます．一方，$2x^3 + 3x + 2$ も 0 も多項式の 1 つであり，多項式としては，けっして $2x^3 + 3x + 2 = 0$ ではありません．多項式の世界では，$(x+1)^2 = x^2 + 2x + 1$ のように，どんな x に対しても成り立つときだけ等号で結びます．この違いに慣れておきましょう．

4.2　固有多項式

行列の演算や行列式の定義を思い出してみよう．ベクトルや行列とはスカラー(実数や複素数) が並んだものであり，行列の演算の定義には成分の和と積しか

使われていない．多項式も和と積をもっているので，

$$A(x) = \begin{pmatrix} x^2 + 2 & -1 + x \\ 3 & x + 1 \end{pmatrix}$$

のような多項式を成分とする 2×2 行列同士の間に，行列の加法や乗法，さらに多項式倍を通常の行列と同じように考えることができる．同時に行列式も定義できる．

例題 4.1 $\begin{pmatrix} x^2 + 2 & x - 1 \\ 3 & x + 1 \end{pmatrix} \begin{pmatrix} x^2 & x + 1 \\ x & 1 \end{pmatrix}$ を求めよ．また，$\begin{pmatrix} x^2 + 2 & -1 + x \\ 3 & x + 1 \end{pmatrix}$ の行列式を求めよ．

解答
$$\begin{pmatrix} x^2 + 2 & x - 1 \\ 3 & x + 1 \end{pmatrix} \begin{pmatrix} x^2 & x + 1 \\ x & 1 \end{pmatrix}$$
$$= \begin{pmatrix} (x^2 + 2)x^2 + (x - 1)x & (x^2 + 2)(x + 1) + (x - 1)1 \\ 3(x^2) + (x + 1)x & 3(x + 1) + (x + 1)1 \end{pmatrix}$$
$$= \begin{pmatrix} x^4 + 3x^2 - x & x^3 + x^2 + 3x + 1 \\ 4x^2 + x & 4x + 4 \end{pmatrix}$$

であり，

$$\begin{vmatrix} x^2 + 2 & -1 + x \\ 3 & x + 1 \end{vmatrix} = (x^2 + 2)(x + 1) - 3(x - 1) = x^3 + x^2 - x + 5$$

である (行列式も多項式である)． □

問題 4.1 $\begin{pmatrix} x^2 + \sqrt{2}x & x^2 + 3 + \sqrt{-1} \\ -\dfrac{1}{10} & x^2 + x \end{pmatrix} \begin{pmatrix} x^4 + 5 & x^2 - x + 1 \\ x^2 + 1 & 6x + 2 \end{pmatrix}$ を求めよ．また，$\begin{pmatrix} x^2 + \sqrt{2}x & x^2 + 3 + \sqrt{-1} \\ -\dfrac{1}{10} & x^2 + x \end{pmatrix}$ の行列式を求めよ．

一方，$A(x)$ は，x をスカラーと見ると，

$$x^2 \begin{pmatrix} 1 & 0 \\ 0 & 0 \end{pmatrix} + x \begin{pmatrix} 0 & 1 \\ 0 & 1 \end{pmatrix} + \begin{pmatrix} 2 & -1 \\ 3 & 1 \end{pmatrix}$$

と表わすこともできる．ここで，行列 D に対して，Dx^m で $x^m D$ を表わすことにすると，

$$A(x) = \begin{pmatrix} 1 & 0 \\ 0 & 0 \end{pmatrix} x^2 + \begin{pmatrix} 0 & 1 \\ 0 & 1 \end{pmatrix} x + \begin{pmatrix} 2 & -1 \\ 3 & 1 \end{pmatrix}$$

と表示でき，(同じサイズの) 行列を係数とする多項式と考えることも可能である．

例題 4.2 $B(x) = \begin{pmatrix} x^2 & x+1 \\ x & 1 \end{pmatrix}$ も行列を係数とする多項式で表わせ．

解答
$$B(x) = \begin{pmatrix} x^2 & 0 \\ 0 & 0 \end{pmatrix} + \begin{pmatrix} 0 & x \\ x & 0 \end{pmatrix} + \begin{pmatrix} 0 & 1 \\ 0 & 1 \end{pmatrix}$$
$$= \begin{pmatrix} 1 & 0 \\ 0 & 0 \end{pmatrix} x^2 + \begin{pmatrix} 0 & 1 \\ 1 & 0 \end{pmatrix} x + \begin{pmatrix} 0 & 1 \\ 0 & 1 \end{pmatrix} \qquad \square$$

逆に，多項式の変数に行列を代入してみよう．A を n 次正方行列とし，

$$f(x) = a_0 x^m + a_1 x^{m-1} + \cdots + a_{m-1} x + a_m$$

を多項式とする．このとき，$f(A)$ で行列

$$a_0 A^m + a_1 A^{m-1} + \cdots + a_{m-1} A + a_m E_n$$

を表わす．ここで巾 A^m を帰納的に $A^1 = A, A^2 = AA, \cdots, A^m = AA^{m-1}$ によって定義する (定数項には単位行列 E_n をつける．$A^0 = E_n$ と考えてもよい)．

例題 4.3 $f(x) = x^3 + 2x^2 + 1$, $A = \begin{pmatrix} 2 & 1 \\ 1 & 2 \end{pmatrix}$ とする. $f(A)$ を求めよ.

解答 $f(A) = A^3 + 2A^2 + E_2$

$$= \begin{pmatrix} 2 & 1 \\ 1 & 2 \end{pmatrix}\begin{pmatrix} 2 & 1 \\ 1 & 2 \end{pmatrix}\begin{pmatrix} 2 & 1 \\ 1 & 2 \end{pmatrix} + 2\begin{pmatrix} 2 & 1 \\ 1 & 2 \end{pmatrix}\begin{pmatrix} 2 & 1 \\ 1 & 2 \end{pmatrix} + \begin{pmatrix} 1 & 0 \\ 0 & 1 \end{pmatrix}$$

$$= \begin{pmatrix} 25 & 21 \\ 21 & 25 \end{pmatrix}. \qquad \square$$

事実 4.1 多項式 $f(x)$, $g(x)$, $h(x)$ が $h(x) = f(x)g(x)$ をみたすとき, 任意の正方行列 A に対して,

$$h(A) = f(A)g(A)$$

である.

問題 4.2 $f(x) = x^3 + 3x^2 + 3x + 1$, $A = \begin{pmatrix} 2 & 1 & 1 \\ -1 & 1 & 0 \\ 1 & 2 & -1 \end{pmatrix}$

とする. $f(A)$ を求めよ.

問題 4.3 $\begin{vmatrix} x-2 & -1 & x^2-1 \\ 1 & x-1 & 0 \\ -1 & -2 & x+1 \end{vmatrix}$ を求めよ.

4.2.1 ハミルトン・ケーリーの定理

余因子行列の強力な応用を紹介しよう. 問題 1.14 でみたように, 2 次の正方行列に対するハミルトン・ケーリー (Hamilton-Cayley) の定理が成り立つ. この結果が一般の正方行列に対しても成り立つ. そのことを紹介する.

$$A = \begin{pmatrix} a_{11} & a_{12} & \cdots & a_{1n} \\ a_{21} & a_{22} & \cdots & a_{2n} \\ \vdots & \vdots & & \vdots \\ a_{n1} & a_{n2} & \cdots & a_{nn} \end{pmatrix}$$

を n 次正方行列とする．この A に対して，多項式を成分とする次の行列を考える．

$$xE_n - A = \begin{pmatrix} x - a_{11} & -a_{12} & \cdots & -a_{1n} \\ -a_{21} & x - a_{22} & \cdots & -a_{2n} \\ \vdots & \vdots & & \vdots \\ -a_{n1} & -a_{n2} & \cdots & x - a_{nn} \end{pmatrix}$$

定義 4.1 $\Phi_A(x) = |xE_n - A|$ とおく．このとき，$\Phi_A(x)$ を A の **固有多項式** (または **特性多項式**) とよぶ．

例 4.1 $n = 1$ のとき，$A = (a)$ に対して，$\det(xE_1 - A) = x - a$. $n = 2$ で，$A = \begin{pmatrix} a_{11} & a_{12} \\ a_{21} & a_{22} \end{pmatrix}$ に対しては，次が成り立つ．

$$|xE_2 - A| = \begin{vmatrix} x - a_{11} & -a_{12} \\ -a_{21} & x - a_{22} \end{vmatrix}$$
$$= x^2 - (a_{11} + a_{22})x + (a_{11}a_{22} - a_{12}a_{21}).$$

例題 4.4 $A = \begin{pmatrix} 2 & -1 & -1 \\ -1 & 2 & -1 \\ -1 & -1 & 2 \end{pmatrix}$ の固有多項式を求めよ．

解答 直接の計算から，

$$|xE_3 - A| = \begin{vmatrix} x-2 & 1 & 1 \\ 1 & x-2 & 1 \\ 1 & 1 & x-2 \end{vmatrix}$$

$$= (x-2)^3 + 1 + 1 - 3(x-2)$$

$$= x^3 - 6x^2 + 12x - 8 + 2 - 3x + 6$$

$$= x^3 - 6x^2 + 9x = x(x^2 - 6x + 9) = x(x-3)^2$$

が固有多項式である. □

問題 4.4 $A = \begin{pmatrix} 2 & -1 & 0 & 0 \\ -1 & 2 & -1 & 0 \\ 0 & -1 & 2 & -1 \\ 0 & 0 & -1 & 2 \end{pmatrix}$ の固有多項式を求めよ.

問題 4.5 A, P を n 次正方行列とし,P は正則行列とする.このとき,A と $P^{-1}AP$ の固有多項式は同一であることを示せ.

固有多項式の係数のいくつかは簡単に見つかる. n 次正方行列 $A = (a_{ij})$ の対角成分の和 $a_{11} + a_{22} + \cdots + a_{nn}$ を A の**トレース**とよび,$\mathrm{Tr}\, A$ で表わす.

> **事実 4.2** $\varPhi_A(x)$ は n 次の多項式であり,x^n の係数は 1 であり,x^{n-1} の係数は $-\mathrm{Tr}\, A$ である.また,定数項は $(-1)^n |A|$ である.

証明 x は $xE_n - A$ の成分の中に n 個しかでてこないので,$\varPhi_A(x)$ の次数は高々 n である.一方,x^n は対角成分をすべてかけた項に 1 つだけでてくるので,$\varPhi_A(x)$ は n 次であり,x^n の係数は 1 である.x^{n-1} の項がでてくるためには,$n-1$ 個の成分を対角成分からとらなければならないが,行列式の定義の中の項は,異なる列と異なる行からとった n 成分の積なので,残りの 1 成分も対角成分であり,それゆえ,x^{n-1} がでてくるところは,$x^{n-1}(-a_{ii})$ の形の総和である.それゆえ,x^{n-1} の係数は $-\mathrm{Tr}\, A = (-a_{11} - a_{22} - \cdots - a_{nn})$

となる.$\Phi_A(x)$ の定数項は $\Phi_A(0)$ と一致する.それゆえ,定数項は $\Phi_A(0) = |-A| = (-1)^n|A|$ である. □

2 次の正方行列だけでなく,一般に次のハミルトン・ケーリーの定理が成り立つ.

> **定理 4.1** (ハミルトン・ケーリー) $\Phi_A(x) = |xE_n - A|$ とおく.このとき,$\Phi_A(A) = O$ である (この O は n 次正方行列のゼロ行列).

この定理を証明する前に例を紹介しよう.$A = \begin{pmatrix} 1 & -2 & 3 \\ -1 & 1 & 2 \\ 2 & 1 & -4 \end{pmatrix}$ とする.このとき,

$$|xE_3 - A| = \begin{vmatrix} x-1 & 2 & -3 \\ 1 & x-1 & -2 \\ -2 & -1 & x+4 \end{vmatrix}$$
$$= (x-1)^2(x+4) + 8 + 3 - 6(x-1) - 2(x-1) - 2(x+4)$$
$$= x^3 + 2x^2 - 17x + 15$$

である.この式に A を代入してみると

$$A^3 + 2A^2 - 17A + 15E_3$$
$$= \begin{pmatrix} -16 & -32 & 77 \\ -21 & 8 & 52 \\ 48 & 31 & -131 \end{pmatrix} + 2\begin{pmatrix} 9 & -1 & -13 \\ 2 & 5 & -9 \\ -7 & -7 & 24 \end{pmatrix}$$
$$- 17\begin{pmatrix} 1 & -2 & 3 \\ -1 & 1 & 2 \\ 2 & 1 & -4 \end{pmatrix} + 15\begin{pmatrix} 1 & 0 & 0 \\ 0 & 1 & 0 \\ 0 & 0 & 1 \end{pmatrix}$$
$$= O$$

となる.次に多項式を成分とする行列

$$xE_3 - A = \begin{pmatrix} x-1 & 2 & -3 \\ 1 & x-1 & -2 \\ -2 & -1 & x+4 \end{pmatrix}$$

に対しても余因子行列が計算できることを紹介しよう．まず，$P = xE_3 - A$ の 2×2 小行列式は

$$P_{11} = \begin{vmatrix} x-1 & -2 \\ -1 & x+1 \end{vmatrix} = (x-1)(x+4) - 2 = x^2 + 3x - 6$$

$$P_{12} = \begin{vmatrix} 1 & -2 \\ -2 & x+4 \end{vmatrix} = x + 4 - 4 = x$$

$$P_{13} = \begin{vmatrix} 1 & x-1 \\ -2 & -1 \end{vmatrix} = -1 + 2(x-1) = 2x - 3$$

$$P_{21} = \begin{vmatrix} 2 & -3 \\ -1 & x+4 \end{vmatrix} = 2(x+4) - 3 = 2x + 5$$

$$P_{22} = \begin{vmatrix} x-1 & -3 \\ -2 & x+4 \end{vmatrix} = (x-1)(x+4) - 6 = x^2 + 3x - 10$$

$$P_{23} = \begin{vmatrix} x-1 & 2 \\ -2 & -1 \end{vmatrix} = -(x-1) + 4 = -x + 5$$

$$P_{31} = \begin{vmatrix} 2 & -3 \\ x-1 & -2 \end{vmatrix} = -4 + 3(x-1) = 3x - 7$$

$$P_{32} = \begin{vmatrix} x-1 & -3 \\ 1 & -2 \end{vmatrix} = -2(x-1) + 3 = -2x + 5$$

$$P_{33} = \begin{vmatrix} x-1 & 2 \\ 1 & x-1 \end{vmatrix} = (x-1)(x-1) - 2 = x^2 - 2x - 1$$

となる．それゆえ，

$$\tilde{P} = \begin{pmatrix} x^2 + 3x - 6 & -2x - 5 & 3x - 7 \\ -x & x^2 + 3x - 10 & 2x - 5 \\ 2x - 3 & x - 5 & x^2 - 2x - 1 \end{pmatrix}$$

が P の余因子行列である.実際 $\tilde{P}P$ を計算すると

$$\tilde{P}P = \begin{pmatrix} x^3 + 2x^2 - 17x + 15 & 0 & 0 \\ 0 & x^3 + 2x^2 - 17x + 15 & 0 \\ 0 & 0 & x^3 + 2x^2 - 17x + 15 \end{pmatrix}$$
$$= |P|E_3$$

となっている.それでは定理の証明をする.

証明 多項式を成分とする行列 $xE_n - A$ の余因子行列を $B(x)$ とおく.上の例で紹介したように定理 3.20 より,

$$B(x)(xE_n - A) = |xE_n - A|E_n$$
$$= \Phi_A(x)E_n$$

である.$xE_n - A$ の $(n-1) \times (n-1)$ 小行列の行列式は $n-1$ 次以下の多項式なので,

$$B(x) = \sum_{i=0}^{n-1} B_i x^i \quad (B_i \in M_n(K))$$

と書ける.一方,$\Phi_A(x) = \sum_{i=0}^{n} a_i x^i \ (a_n = 1)$ とおく.このとき,

$$\sum_{i=0}^{n-1} B_i x^i (xE_n - A) = \sum_{i=0}^{n-1} B_i x^{i+1} - \sum_{i=0}^{n-1} B_i A x^i$$
$$= \sum_{i=0}^{n} a_i E_n x^i$$

より,

$$a_0 E_n = -B_0 A,$$
$$a_n E_n = E_n = B_{n-1},$$
$$a_i E_n = B_{i-1} - B_i A \quad (i = 1, 2, \cdots, n-1)$$

が成り立っている.それゆえ,

$$\Phi_A(A) = \sum_{i=0}^{n} a_i A^i$$
$$= B_{n-1}A^n + (B_{n-2} - B_{n-1}A)A^{n-1} + \cdots + (B_0 - B_1 A)A - B_0 A$$
$$= O$$

となる. □

問題 4.6 （1） $\begin{pmatrix} 1 & 2 \\ 3 & 1 \end{pmatrix}, \begin{pmatrix} -1 & 2 \\ 3 & -1 \end{pmatrix}$ が可換であるかどうか調べよ.

（2） A, B が両方とも C と可換なら, $A+B, AB$ も C と可換であることを示せ. ただし, A, B, C はすべて n 次正方行列とする.

ここまで実数と複素数を区別せずにスカラーとして扱ってきた. しかし, 複素数は優れた性質をもっている. 次の重要な定理を述べておこう.

定理 4.2 (**代数学の基本定理**)　$f(x) = a_0 x^n + a_1 x^{n-1} + \cdots + a_n$ を係数 a_i がすべて複素数であるような多項式とする. $a_0 \neq 0, n > 0$ のとき, 複素数の中に必ず, $f(x) = 0$ の解がある.

多項式 $f(x)$ に対し, $f(x) = 0$ の解を $f(x)$ の **根** とよぶ. 以下, 小節 4.2.1 では複素数の範囲で考える. すなわち, 固有多項式は必ず根をもつわけである (注意：実数も複素数の 1 つである).

定義 4.2　行列 A の固有多項式の根を A の **固有値** とよぶ.

定義 4.3　α を n 次正方行列 A の固有値とすると, $|A - \alpha E_n| = 0$ である. 特に, $A - \alpha E_n$ は正則行列ではないので, (転置行列を考えて) 定理 3.17 より

$$(A - \alpha E_n)\boldsymbol{v} = \boldsymbol{0}$$

となる $\boldsymbol{0}$ 以外の n 項数ベクトル $\boldsymbol{v}$ が存在する. これは,

$$Av = \alpha E_n v = \alpha v$$

を示している．このような性質をみたす $\mathbf{0}$ でないベクトル v を A の **固有ベクトル** とよぶ．(明らかに，v が固有ベクトルなら，それをスカラー倍した av (ただし，$a \neq 0$) も同じ固有値をもつ固有ベクトルである．それゆえ，固有ベクトルは一意的に決まるわけではない．

固有値と固有ベクトルの本当の意味は，後で学ぶ．

例題 4.5 $A = \begin{pmatrix} 2 & 1 \\ 2 & 1 \end{pmatrix}$ の固有値とそれぞれに対する固有ベクトルを 1 つずつ求めよ．

解答 まず固有多項式

$$|xE_2 - A| = \begin{vmatrix} x-2 & -1 \\ -2 & x-1 \end{vmatrix}$$
$$= (x-2)(x-1) - (-1)(-2) = x^2 - 3x = x(x-3)$$

なので，$|xE_2 - A| = 0$ の解である $0, 3$ が固有値である．

固有値 3 に対しては，$A - 3E_2 = \begin{pmatrix} -1 & 1 \\ 2 & -2 \end{pmatrix}$ が，$\begin{pmatrix} -1 & 1 \\ 2 & -2 \end{pmatrix} \begin{pmatrix} 1 \\ 1 \end{pmatrix} = \begin{pmatrix} 0 \\ 0 \end{pmatrix}$ をみたすので，$A \begin{pmatrix} 1 \\ 1 \end{pmatrix} = 3 \begin{pmatrix} 1 \\ 1 \end{pmatrix}$ となり，$\begin{pmatrix} 1 \\ 1 \end{pmatrix}$ が固有値 3 の固有ベクトルである．

固有値 0 に対しては，$A - 0E_2 = \begin{pmatrix} 2 & 1 \\ 2 & 1 \end{pmatrix}$ が，$\begin{pmatrix} 2 & 1 \\ 2 & 1 \end{pmatrix} \begin{pmatrix} 1 \\ -2 \end{pmatrix} = \begin{pmatrix} 0 \\ 0 \end{pmatrix}$ をみたすので，$A \begin{pmatrix} 1 \\ -2 \end{pmatrix} = 0 \begin{pmatrix} 1 \\ -2 \end{pmatrix}$ となり，$\begin{pmatrix} 1 \\ -2 \end{pmatrix}$ が固有値 0 の固有ベクトルである． □

問題 4.7 成分がすべて 1 であるような n 次正方行列を F_n で表わす．F_n の固有

多項式および固有値を求めよ．

問題 4.8 もし，$A\bm{v} = r\bm{v}$ となるゼロでないベクトル $\bm{v}$ が存在したら，r は固有多項式 $\Phi_A(x)$ の根であることを示せ．

問題 4.9 A が固有値 r をもてば，A^2 は固有値 r^2 をもつことを示せ．

4.2.2 知っておくと便利なコース

実数や有理数では四則演算ができる．とくに，0 以外の元で割ることができる．整数や多項式では加法 (減法) と乗法をもつが，0 以外でも割ることができない元がある．演算の視点では，実数や複素数を係数にもつ多項式は整数の仲間とみなせる．このように，加法 (減法) と乗法をもっており，結合法則や分配法則などの自然な性質をもつものを **環**（かん）とよぶ．この言葉を使って整数の集まりや多項式の集まりを格好よく，**整数環** とか **多項式環** とかよぶ．一方，実数や複素数のように，四則演算をもつものを **体**（たい）とよぶ．

ファンデルモンドの行列式の別証明 4.1 節で多項式を一般的に定義したが，多項式の加法 (減法) と乗法では係数のわり算を使っていない．それゆえ，係数としていろいろなものを採用できる．たとえば，2 変数 x_1, x_2 の多項式を理解するには，1 変数 x_1 の多項式全体 $K[x_1]$ を理解し，$K[x_1]$ の要素を係数にもつような変数 x_2 の多項式全体 $(K[x_1])[x_2]$ を考えることができる．すると，2 変数の多項式 $f(x_1, x_2)$ も 1 変数の多項式のように

$$f(x_1, x_2) = a_0(x_1)x_2^n + a_1(x_1)x_2^{n-1} + \cdots + a_n(x_1)$$

と表示できる．ただし，$a_0(x_1), \cdots, a_n(x_1)$ はすべて x_1 の多項式である．これを繰り返して，一般的な多変数 $x_1, \cdots, x_n$ の多項式も同様に考えることができる．これを利用してファンデルモンドの行列式の別証明を紹介しよう．証明は少し難しいが，理解すると広範に応用できる方法である．

別証明 $A(x_1, \cdots, x_n)$ で定理 3.21 の行列式を表わす．たとえば，

$$A(x_1, x_2) = x_2 - x_1,$$

$$A(x_1, x_2, x_3) = x_2 x_3^2 + x_3 x_1^2 + x_1 x_2^2 - x_2 x_1^2 - x_3 x_2^2 - x_1 x_3^2.$$

明らかに,行列式の定義から,$A(x_1, \cdots, x_n)$ は n 変数 $x_1, \cdots, x_n$ の $\dfrac{n(n-1)}{2}$ 次の斉次式である (すなわち,$\sum_{i_1, \cdots, i_n} a_{i_1 \cdots i_n} x_1^{i_1} x_2^{i_2} \cdots x_n^{i_n}$ の形の和で表わすと,係数 $a_{i_1 \cdots i_n}$ がゼロでない項の次数の総和 $i_1 + \cdots + i_n$ は $\dfrac{n(n-1)}{2}$ である).

また,$x_1, \cdots, x_n$ のある 2 つ (たとえば x_1 と x_2) が同じ値をとると,定理の中の行列は同じ 2 行をもつ行列となり,$A(x_1, x_1, x_3 \cdots, x_n) = 0$ となる.それゆえ,$A(x_1, \cdots, x_n)$ は $x_2 - x_1$ で割り切れる[2].これを繰り返すと,$A(x_1, \cdots, x_n)$ は $\prod_{i<j}(x_j - x_i)$ で割り切れる.ゆえに $A(x_1, \cdots, x_n) = f(x_1, \cdots, x_n) \prod_{i<j}(x_j - x_i)$ となる n 変数の多項式 $f(x_1, \cdots, x_n)$ がある.

一方,$\prod_{i<j}(x_j - x_i)$ も $\dfrac{n(n-1)}{2}$ 次の斉次式なので,次数の関係から $f(x_1, \cdots, x_n)$ は定数でなければならない[3].$A(x_1, \cdots, x_n)$ と $\prod_{i<j}(x_j - x_i)$ における $x_2^1 \cdots x_n^{n-1}$ の係数は両方とも 1 なので,$f(x_1, \cdots, x_n) = 1$ であり,$A(x_1, \cdots, x_n) = \prod_{i<j}(x_j - x_i)$ を得る. □

4.3 階数と小行列式

第 2 章で行列の階数を定義したが,**小行列式** (小行列の行列式) と階数との関係を紹介しよう.

例題 4.6 A が n 次の正則行列なら,$n-1$ 次の小行列で行列式がゼロでないものがあることを示せ.(ヒント 余因子展開を考える.)

---

[2] 一般に $x_1, \cdots, x_n$ を変数とする多項式 $g(x_1, \cdots, x_n)$ が $x_1 = x_2$ のときにつねにゼロとなるなら,$g(x_1, \cdots, x_n) = (x_2 - x_1)f(x_1, \cdots, x_n)$ となる多項式 $f(x_1, \cdots, g_n)$ が存在する.

[3] m 次の斉次式と n 次の斉次式をかけると $m+n$ 次の斉次式となる.

定理 4.3 (小行列式でランクが分かる) A を $m \times n$ 行列とする．A の h 次の小行列で行列式がゼロでないものが 1 つでもあることが $h \leqq \mathrm{rank} A$ であるための必要十分条件である．

証明 $h \leqq \mathrm{rank} A$ とする．定理 2.14 から A のある h 個の行ベクトルは 1 次独立になる．これらの行からなる A の $h \times n$ 小行列を A' とする．$\mathrm{rank} A' = h$ であるから，ある h 次正則行列 P を使って $PA' = D$ が簡約階段行列となるようにできる．このとき，D の列ベクトルとして基本ベクトルがすべて現れる．これらと同じ番号の列からなる A' の $h \times h$ 小行列を A'' とすると，$PA'' = E_h$ なので，$|A''| \neq 0$ である．

逆に，A のある $h \times h$ 小行列 B で $|B| \neq 0$ となるものがあれば，B は正則なので，B の h 個の行ベクトルは線形独立である．同じ番号の A の行ベクトルを $\boldsymbol{a}_{i_1}, \cdots, \boldsymbol{a}_{i_h}$ とすると，B の行ベクトルはこれの行ベクトルを B の列だけに制限したものなので，$\boldsymbol{a}_{i_1}, \cdots, \boldsymbol{a}_{i_h}$ も線形独立となる．したがって，定理 2.14 から $h \leqq \mathrm{rank} A$ である． □

例題 4.7 成分がすべて 1 である $m \times n$ 行列を $F_{m,n}$ で表わす．このとき，$F_{m,n}$ の階数を小行列式を使って求めよ．

解答 ゼロでない成分が含まれているので，階数は 1 以上である．任意の 2×2 小行列は $\begin{pmatrix} 1 & 1 \\ 1 & 1 \end{pmatrix}$ なので，その行列式は 0 であり，階数は 2 未満である．ゆえに，$F_{m,n}$ の階数は 1． □

階数 0 の行列は，$O_{m,n}$ 行列だけである．階数 1 の行列の姿を求めてみよう．

問題 4.10 A を階数 1 の $m \times n$ 行列とする．このとき，$m \times 1$ 行列 P と $1 \times n$ 行列 Q があって，$A = PQ$ と書けることを示せ．

4.4 クラメールの公式

これから説明する **クラメール (Cramér) の公式** は行列式を自動的に計算できるような場合には便利な式である．

n 変数 n 式の連立 1 次方程式

$$\begin{cases} a_{11}x_1 + a_{12}x_2 + \cdots + a_{1n}x_n = b_1 \\ a_{21}x_1 + a_{22}x_2 + \cdots + a_{2n}x_n = b_2 \\ \quad\quad\quad\quad\quad \vdots \\ a_{n1}x_1 + a_{n2}x_2 + \cdots + a_{nn}x_n = b_n \end{cases}$$

を考える．この連立方程式の係数行列を $A = (a_{ij})$ とし，A の j 番目の列ベクトルを $\boldsymbol{a}_j = \begin{pmatrix} a_{1j} \\ \vdots \\ a_{nj} \end{pmatrix}$，定数項のベクトルを $\boldsymbol{b} = \begin{pmatrix} b_1 \\ \vdots \\ b_n \end{pmatrix}$ とおく．A が正則行列，すなわち，$|A| \neq 0$ のとき，この連立方程式の解が行列式を使って次のように表示できる．

定理 4.4 (クラメールの公式) $A = (\boldsymbol{a}_1, \cdots, \boldsymbol{a}_n)$ が n 次の正則行列であるとき，連立 1 次方程式 $A\boldsymbol{x} = \boldsymbol{b}$ は，ただ 1 組の解をもち，その解は

$$x_i = \frac{|\boldsymbol{a}_1, \cdots, \boldsymbol{a}_{i-1}, \boldsymbol{b}, \boldsymbol{a}_{i+1}, \cdots, \boldsymbol{a}_n|}{|\boldsymbol{a}_1, \cdots, \boldsymbol{a}_{i-1}, \boldsymbol{a}_i, \boldsymbol{a}_{i+1}, \cdots, \boldsymbol{a}_n|}$$

で与えられる．

証明 連立 1 次方程式 $A\boldsymbol{x} = \boldsymbol{b}$ は

$$x_1\boldsymbol{a}_1 + \cdots + x_n\boldsymbol{a}_n = \boldsymbol{b}$$

と同じものであることに注意しよう．すると，行列式の線形性より

$$\det(\boldsymbol{a}_1, \cdots, \boldsymbol{a}_{i-1}, \boldsymbol{b}, \boldsymbol{a}_{i+1}, \cdots, \boldsymbol{a}_n)$$
$$= \det(\boldsymbol{a}_1, \cdots, \boldsymbol{a}_{i-1}, \sum_{j=1}^{n} x_j\boldsymbol{a}_j, \boldsymbol{a}_{i+1}, \cdots, \boldsymbol{a}_n)$$

$$= \sum_{j=1}^n x_j \det(\boldsymbol{a}_1, \cdots, \boldsymbol{a}_{i-1}, \boldsymbol{a}_j, \boldsymbol{a}_{i+1}, \cdots, \boldsymbol{a}_n)$$
$$= \sum_{j=1}^n x_j \delta_{i,j} |A| = x_i |A|$$

を得る．これより公式がでてくる． □

例題 4.8 次の方程式をクラメールの公式を使って解け．

$$\begin{cases} 2x + 3y - z = 0 \\ 3x + y + 2z = 1 \\ x - 2y - 3z = -1 \end{cases}$$

解答
$$x = \frac{\begin{vmatrix} 0 & 3 & -1 \\ 1 & 1 & 2 \\ -1 & -2 & -3 \end{vmatrix}}{\begin{vmatrix} 2 & 3 & -1 \\ 3 & 1 & 2 \\ 1 & -2 & -3 \end{vmatrix}} = \frac{2}{21}, \quad y = \frac{\begin{vmatrix} 2 & 0 & -1 \\ 3 & 1 & 2 \\ 1 & -1 & -3 \end{vmatrix}}{\begin{vmatrix} 2 & 3 & -1 \\ 3 & 1 & 2 \\ 1 & -2 & -3 \end{vmatrix}} = \frac{1}{21},$$

$$z = \frac{\begin{vmatrix} 2 & 3 & 0 \\ 3 & 1 & 1 \\ 1 & -2 & -1 \end{vmatrix}}{\begin{vmatrix} 2 & 3 & -1 \\ 3 & 1 & 2 \\ 1 & -2 & -3 \end{vmatrix}} = \frac{7}{21}$$
□

問題 4.11 整数を係数とする連立方程式

$$\begin{cases} a_{11}x_1 + \cdots + a_{1n}x_n = c_1 \\ \qquad \vdots \\ a_{n1}x_1 + \cdots + a_{nn}x_n = c_n \end{cases}$$

において，$|(a_{ij})| = 1$ なら，解 $x_1, \cdots, x_n$ は整数であることを示せ．

4.5 行列式の意味を理解するためのコース

4.5.1 多重線形性と行列式

行列式が非常に強力な方法であることをこれまで見てきた．では，素朴な質問『行列式以外にこのようなものはないのか？』を考えてみよう．この質問に対して，『他にない』というのが解答である．このことを見るために行列式のもつ性質を別の立場から眺めてみよう．

補題 4.5 行列式を n 個の n 項数ベクトル $\boldsymbol{v_i} = \begin{pmatrix} a_{1i} \\ \vdots \\ a_{ni} \end{pmatrix}$ の順序付組 $(\boldsymbol{v}_1, \cdots, \boldsymbol{v}_n)$ に対する関数 $f(\boldsymbol{v}_1, \cdots, \boldsymbol{v}_n)$ と考えると，f が行列式の場合には次の3つの性質をみたしている．

(1) **多重線形性** [4)]

(1.1) $f(\boldsymbol{v}_1, \cdots, \boldsymbol{v}_{i-1}, \boldsymbol{v}_i + \boldsymbol{u}_i, \cdots, \boldsymbol{v}_n)$
$= f(\boldsymbol{v}_1, \cdots, \boldsymbol{v}_{i-1}, \boldsymbol{v}_i, \cdots, \boldsymbol{v}_n) + f(\boldsymbol{v}_1, \cdots, \boldsymbol{v}_{i-1}, \boldsymbol{u}_i, \cdots, \boldsymbol{v}_n)$

(1.2) $f(\boldsymbol{v}_1, \cdots, \boldsymbol{v}_{i-1}, \lambda \boldsymbol{v}_i, \boldsymbol{v}_{i+1}, \cdots, \boldsymbol{v}_n)$
$= \lambda f(\boldsymbol{v}_1, \cdots, \boldsymbol{v}_i, \cdots, \boldsymbol{v}_n)$

(2) **歪対称性** (2つのベクトルの位置を交換すると -1 倍になる．)
$f(\boldsymbol{v}_1, \cdots, \boldsymbol{v}_{i-1}, \boldsymbol{v}_j, \boldsymbol{v}_{i+1}, \cdots, \boldsymbol{v}_{j-1}, \boldsymbol{v}_i, \boldsymbol{v}_{j+1}, \cdots, \boldsymbol{v}_n)$
$= -f(\boldsymbol{v}_1, \cdots, \boldsymbol{v}_n)$

(3) **単位性** [5)]

標準基底 $\boldsymbol{e}_1 = \begin{pmatrix} 1 \\ 0 \\ \vdots \\ 0 \end{pmatrix}, \cdots, \boldsymbol{e}_n = \begin{pmatrix} 0 \\ \vdots \\ 0 \\ 1 \end{pmatrix}$ に対しては

$$f(\boldsymbol{e}_1, \cdots, \boldsymbol{e}_n) = 1.$$

> **定理 4.6** (行列式の本質)　もし，関数 f が上の性質 (1) と (2) をみたしているなら，
> $$f(\bm{v}_1,\cdots,\bm{v}_n) = |A|\,f(\bm{e}_1,\cdots,\bm{e}_n)$$
> となる．ここで，$A = (\bm{v}_1,\cdots,\bm{v}_n)$ である．特に，上の単位性 (3) の条件もみたすなら，$f(\bm{v}_1,\cdots,\bm{v}_n) = |A|$ である．

証明　$A = (a_{ij}) = (\bm{v}_1,\cdots,\bm{v}_n)$ とする．
$$\bm{v}_j = \sum_{i=1}^n a_{ij}\bm{e}_i$$
であるから，多重線形性により

$$
\begin{aligned}
f(\bm{v}_1,\cdots,\bm{v}_n) &= f\left(\sum_{i_1=1}^n a_{i_1,1}\bm{e}_{i_1},\cdots,\sum_{i_n=1}^n a_{i_n,n}\bm{e}_{i_n}\right) \\
&= \sum_{i_1=1}^n \cdots \sum_{i_n=1}^n a_{i_1,1}\cdots a_{i_n,n} f(\bm{e}_{i_1},\cdots,\bm{e}_{i_n})
\end{aligned}
$$

を得る．ここで，$i_1,\cdots,i_n$ は 1 から n までの整数を自由に動くとする．しかし，$i_1,\cdots,i_n$ の中に同じ数字があれば歪対称性により $f(\bm{e}_{i_1},\cdots,\bm{e}_{i_n}) = 0$ となる．したがって，$\sigma: j \to i_j$ が置換となる部分だけの和を計算すればよい．すなわち

$$f(\bm{v}_1,\cdots,\bm{v}_n) = \sum_{\sigma \in S_n} a_{\sigma(1),1}\cdots a_{\sigma(n),n} f(\bm{e}_{\sigma(1)},\cdots,\bm{e}_{\sigma(n)})$$

である．ここで再び f の歪対称性を用いて，

$$f(\bm{e}_{\sigma(1)},\cdots,\bm{e}_{\sigma(n)}) = \varepsilon(\sigma) f(\bm{e}_1,\cdots,\bm{e}_n)$$

---

[4]　体積にたとえると，$\{\bm{v}_1,\cdots,\bm{v}_{i-1},\bm{v}_{i+1},\cdots,\bm{v}_n\}$ で決まる $n-1$ 次元の平行立体を底辺 P と考え，$\bm{v}_i$ が高さを与える n 次元平行立体と考える．このとき，底辺 P で $\bm{u}_i + \bm{v}_i$ が高さを与える n 次元の平行立体の体積は，底辺 P で $\bm{u}_i$ が高さを与える平行立体の体積と底辺 P で $\bm{v}_i$ が高さを与える平行立体の体積との和である．(1.2) のスカラー倍も同じ考えで説明できる．

[5]　n 次元の単位立体の体積は 1 と考えようということ．

を示すことができる (これを証明せよ). これから,

$$f(\boldsymbol{v}_1,\cdots,\boldsymbol{v}_n) = \left(\sum_{\sigma \in S_n} \varepsilon(\sigma) a_{\sigma(1),1} \cdots a_{\sigma(n),n}\right) f(\boldsymbol{e}_1,\cdots,\boldsymbol{e}_n)$$
$$= |A| f(\boldsymbol{e}_1,\cdots,\boldsymbol{e}_n)$$

がでてくる. □

問題 4.12 上の定理を利用して, 行列式の重要な性質である $|AB|=|A||B|$ の別証明を与えよ.

4.5.2 ベクトルの外積

高校の物理で習ったフレミングの右手の法則, 左手の法則を数学的に解説しよう. ここでは電流や力ではなく, 実ベクトルとして考える.

3項数ベクトル空間のベクトル $\overrightarrow{OP} = \begin{pmatrix} v_1 \\ v_2 \\ v_3 \end{pmatrix}$, $\overrightarrow{OQ} = \begin{pmatrix} u_1 \\ u_2 \\ u_3 \end{pmatrix}$ に対して,

$\overrightarrow{OR} = \begin{pmatrix} v_1 + u_1 \\ v_2 + u_2 \\ v_3 + u_3 \end{pmatrix}$ とおく. このとき, $\overrightarrow{OP}, \overrightarrow{OQ}$ と直交し, 平行四辺形 $OPRQ$ の面積を長さとしてもつようなベクトルを

$$\overrightarrow{OP} \times \overrightarrow{OQ} = {}^t\!\left(\begin{vmatrix} v_2 & v_3 \\ u_2 & u_3 \end{vmatrix}, \begin{vmatrix} v_3 & v_1 \\ u_3 & u_1 \end{vmatrix}, \begin{vmatrix} v_1 & v_2 \\ u_1 & u_2 \end{vmatrix} \right)$$

で与えることができる. このベクトルを $\overrightarrow{OP}$ と $\overrightarrow{OQ}$ の **外積** とよぶ.

注意 この外積は $\begin{pmatrix} * & * & * \\ v_1 & v_2 & v_3 \\ u_1 & u_2 & u_3 \end{pmatrix}$ の余因子に対応している.

次の性質をみたすことが分かる.

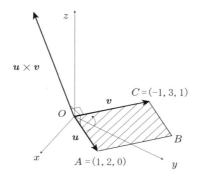

図 4.1 $u = {}^t(1,2,0)$, $v = {}^t(-1,3,1)$ の外積の図

$$u \times v = {}^t\left(\begin{vmatrix} 2 & 0 \\ 3 & 1 \end{vmatrix}, \begin{vmatrix} 0 & 1 \\ 1 & -1 \end{vmatrix}, \begin{vmatrix} 1 & 2 \\ -1 & 3 \end{vmatrix}\right) = {}^t(2, -1, 5)$$

平行四辺形 $OABC$ の面積は $\sqrt{30}$. $u \times v$ は長さが $\sqrt{30}$ で u, v 直交している. u から v に回転させて右ねじの方向に $u \times v$ が決まる.

定理 4.7 3つの3項数ベクトル v, u, w と実数 λ に対して，次の等式が成り立つ．
(1) $v \times u = -u \times v$
(2) $v \times (u + w) = v \times u + v \times w$
(3) $v \times (\lambda u) = \lambda (v \times u)$
(4) ベクトルの長さ $\|v \times u\|$ は v と u を2辺とする平行四辺形の面積に等しい．

問題 4.13 (x, y, z)-空間で $(0,0,0), (v_1, v_2, v_3), (u_1, u_2, u_3), (u_1+v_1, u_2+v_2, u_3+v_3)$ の4点を頂点とする平行四辺形の面積を求めよ．

例題 4.9 ${}^t(1,2,3)$ と ${}^t(2,1,0)$ の外積を求めよ．

解答 ${}^t(1,2,3) \times {}^t(2,1,0) = {}^t\left(\begin{vmatrix} 2 & 3 \\ 1 & 0 \end{vmatrix}, \begin{vmatrix} 3 & 1 \\ 0 & 2 \end{vmatrix}, \begin{vmatrix} 1 & 2 \\ 2 & 1 \end{vmatrix}\right) = {}^t(-3, 6, -3)$

となる． □

定義 4.4 n 項数ベクトル $\boldsymbol{u} = {}^t(u_1, \cdots, u_n)$, $\boldsymbol{v} = {}^t(v_1, \cdots, v_n)$ が直交する とは，$u_1 v_1 + \cdots + u_n v_n = 0$ のことをいう．

問題 4.14 $\begin{pmatrix} u_1 & u_2 & u_3 & u_4 \\ v_1 & v_2 & v_3 & v_4 \\ w_1 & w_2 & w_3 & w_4 \end{pmatrix}$ の階数を 3 とする．このとき，3 つの 4 項数ベクトル

$$\boldsymbol{u} = {}^t(u_1, u_2, u_3, u_4), \quad \boldsymbol{v} = {}^t(v_1, v_2, v_3, v_4), \quad \boldsymbol{w} = {}^t(w_1, w_2, w_3, w_4)$$

すべてと直交しているゼロでないベクトルを 1 つ求めよ．

ヒント　余因子展開の定理 3.19 を使う．4 項数ベクトルの場合に，p.120 注意の類似を考える．

第 4 章の章末問題

問題 1　次の行列式を求めよ．

$$\begin{vmatrix} x_1 & x_1 & x_1 & \cdots & x_1 \\ x_1 & x_2 & x_2 & \cdots & x_2 \\ x_1 & x_2 & x_3 & \cdots & x_3 \\ \vdots & \vdots & \vdots & \ddots & \vdots \\ x_1 & x_2 & x_3 & \cdots & x_n \end{vmatrix}$$

問題 2 $\begin{pmatrix} a_{1,1} & \cdots & a_{1,n} \\ \vdots & \ddots & \vdots \\ a_{n-1,1} & \cdots & a_{n-1,n} \end{pmatrix}$ の階数が $n-1$ なら，適切な $a_{n,1}, \cdots, a_{n,n}$ を見つけることで，$\begin{vmatrix} a_{1,1} & \cdots & a_{1,n} \\ \vdots & \ddots & \vdots \\ a_{n-1,1} & \cdots & a_{n-1,n} \\ a_{n,1} & \cdots & a_{n,n} \end{vmatrix} = 1$ とできることを示せ．

問題 3 次の方程式をクラメールの公式を使って解け.

$$\begin{cases} 2x + 3y - z = 1 \\ 3x + 5y + 2z = 8 \\ x - 2y - 3z = -1 \end{cases}$$

問題 4 a を複素数とし，次の方程式を考える.

$$\begin{cases} ax + y + z = 1 \\ x + ay + z = 0 \\ x + y + az = -1 \end{cases}$$

(1) 一意的な解をもつ，複数の解をもつ，解をもたない a の範囲をそれぞれ求めよ.

(2) 整数解をもつ整数 a を決定せよ.

問題 5 A を n 次正方行列とし，異なる n 個の固有値 $\alpha_1, \cdots, \alpha_n$ をもつとする．A の各固有値 α_i に対して，固有ベクトル $\boldsymbol{v}_i$ を適当に選ぶ.

(1) $\boldsymbol{v}_1, \cdots, \boldsymbol{v}_n$ は線形独立であること，すなわちそれらを列に並べた n 次正方行列 $B = (\boldsymbol{v}_1, \cdots, \boldsymbol{v}_n)$ は正則行列であることを示せ.

(2) $\alpha_1, \cdots, \alpha_n$ を順に並べた対角行列を

$$C = \begin{pmatrix} \alpha_1 & & \\ & \ddots & \\ & & \alpha_n \end{pmatrix}$$

とおくとき，$AB = BC$ すなわち $B^{-1}AB = C$ となることを示せ.

第 5 章

数ベクトル空間と線形写像

5.1 線形写像と行列

　ここでも K は実数全体 $\mathbf{R}$ または複素数全体 $\mathbf{C}$ を表わすものとする．さて，線形写像とは何であろうか？　ある特別な性質をもった写像であることは，名前から容易に想像できるであろう．一言でいうと，和やスカラー倍による重ね合わせ原理が成立していて，式で書くと同次 1 次式の形で表わされる種類の写像のことであるといえる．実際に線形写像のことを 1 次写像とよぶ流儀もある．

　たとえば，線形写像 $f : K^2 \longrightarrow K$ の $\bm{x}_1 \in K^2$ における値 $f(\bm{x}_1) = 2$ と $\bm{x}_2 \in K^2$ における値 $f(\bm{x}_2) = 5$ が与えられていれば，いちいち $\bm{x}_1 + \bm{x}_2$ における値を教えて貰わなくても，$f(\bm{x}_1)$, $f(\bm{x}_2)$ の値から $f(\bm{x}_1 + \bm{x}_2) = f(\bm{x}_1) + f(\bm{x}_2) = 2 + 5 = 7$ と計算できるのである．これが和による重ね合わせの原理である．えっ，こんなに簡単なことなのか，と読者は驚くかもしれない．

　また，$\bm{x}_3 = 3\bm{x}_1$ における値も $f(\bm{x}_1)$ の値から $f(\bm{x}_3) = 3f(\bm{x}_1) = 3 \times 2 = 6$ とただちに計算できてしまうのである．これがスカラー倍による重ね合わせの原理である．またまた，読者は驚くことであろう．

　線形代数とりわけ線形写像の理論は，微積分学とともに現代科学を支える大変重要な基礎となっている．そして，その原理は，上に述べたように，すこぶる簡単なのであり，少しも恐れる必要はない．

　今度は線形写像ではない例を見てみよう．K から K への写像 g を $g(x) = x^2$ で定義すると，これは線形写像ではない．仮に $g(1) = 1$ と $g(2) = 4$ から

$g(3) = g(1+2)$ の値を $1 + 4 = 5$ と予想したとしても，これは残念ながら間違いである．実際は，$g(3) = 3^2 = 9$ であり，ここでは重ね合わせの原理は成り立たない．すなわち，この g は線形写像ではないのである．あくまでも，線形写像の場合に限り，上のような重ね合わせの原理が適用できるのである．むしろ，和とスカラー倍の重ね合わせ原理が成り立つような写像を線形写像とよぶ，という方が正しいであろう．

さて，前置きが長くなったので，ここで線形写像の定義をする．

> **定義 5.1** 数ベクトル空間 K^n から数ベクトル空間 K^m への写像 f が **線形写像** であるとは，任意の $\boldsymbol{x}, \boldsymbol{y} \in K^n$ と任意の $\lambda \in K$ に対して，
> (LM1) $f(\boldsymbol{x} + \boldsymbol{y}) = f(\boldsymbol{x}) + f(\boldsymbol{y})$
> (LM2) $f(\lambda \boldsymbol{x}) = \lambda f(\boldsymbol{x})$
> が成立していることである．ここで，数ベクトル空間 K^n から数ベクトル空間 K^m への線形写像全体の集合を $\mathrm{Hom}(K^n, K^m)$ で表わすことにする．$m = n$ のときには，線形写像を **線形変換** とよぶこともある．また，線形変換全体の集合 $\mathrm{Hom}(K^n, K^n)$ を $\mathrm{End}(K^n)$ とも表わす．

注意 任意の線形写像 $f : K^n \longrightarrow K^m$ に対して，$f(\boldsymbol{0}) = \boldsymbol{0}$ が成り立つ．このことは，$f(\boldsymbol{0}) = f(\boldsymbol{0} + \boldsymbol{0}) = f(\boldsymbol{0}) + f(\boldsymbol{0})$ が成り立つことから導かれる．

それでは，線形写像 f が与えられたとして，これを理解し，使いこなすにはどう考えるとよいのであろうか．定義にあるように，まず任意の

$$\boldsymbol{x} = \begin{pmatrix} x_1 \\ x_2 \\ \vdots \\ x_n \end{pmatrix} \in K^n$$

をとり，これを基本ベクトル $\boldsymbol{e}_1, \cdots, \boldsymbol{e}_n$ を用いて

$$\boldsymbol{x} = x_1 \boldsymbol{e}_1 + \cdots + x_n \boldsymbol{e}_n$$

と表わす.ここで,f が線形写像であるという性質を使って

$$f(\boldsymbol{x}) = x_1 f(\boldsymbol{e}_1) + \cdots + x_n f(\boldsymbol{e}_n)$$

が得られる.すなわち,重ね合わせの原理により,$f(\boldsymbol{e}_1), \cdots, f(\boldsymbol{e}_n)$ が分かれば,$f(\boldsymbol{x})$ の値が計算できてしまうことになる.これは便利だということで,

$$f(\boldsymbol{e}_i) = \begin{pmatrix} a_{1i} \\ a_{2i} \\ \vdots \\ a_{mi} \end{pmatrix} \quad (i = 1, \cdots, n)$$

と書いておく.すると,上の式は

$$f(\boldsymbol{x}) = x_1 \begin{pmatrix} a_{11} \\ a_{21} \\ \vdots \\ a_{m1} \end{pmatrix} + \cdots + x_i \begin{pmatrix} a_{1i} \\ a_{2i} \\ \vdots \\ a_{mi} \end{pmatrix} + \cdots + x_n \begin{pmatrix} a_{1n} \\ a_{2n} \\ \vdots \\ a_{mn} \end{pmatrix}$$

と表わすことができる.ここで,この右辺をよく眺めてみると,第 2 章の連立 1 次方程式で扱ったような形をしている.これは

$$f(\boldsymbol{x}) = \begin{pmatrix} a_{11} & \cdots & a_{1i} & \cdots & a_{1n} \\ \vdots & & \vdots & & \vdots \\ \vdots & & \vdots & & \vdots \\ \vdots & & \vdots & & \vdots \\ a_{m1} & \cdots & a_{mi} & \cdots & a_{mn} \end{pmatrix} \begin{pmatrix} x_1 \\ \vdots \\ x_i \\ \vdots \\ x_n \end{pmatrix}$$

と,行列の積の形で書くことができる.

さて,ここで一般的に $m \times n$ 行列 $A = (a_{ij})$ に対して,K^n から K^m への写像 L_A を $L_A(\boldsymbol{x}) = A\boldsymbol{x}$ で定めることにする.この L_A が線形写像になることは以下のようにして確かめることができる(例題 3.12 では単に写像とみていたが,ここでは線形写像であることを強調して L_A という記号を用いる).任意

の $\boldsymbol{x}, \boldsymbol{y} \in K^n$ と $\lambda \in K$ に対して,

$$L_A(\boldsymbol{x}+\boldsymbol{y}) = A(\boldsymbol{x}+\boldsymbol{y}) = A\boldsymbol{x} + A\boldsymbol{y} = L_A(\boldsymbol{x}) + L_A(\boldsymbol{y})$$
$$L_A(\lambda\boldsymbol{x}) = A(\lambda\boldsymbol{x}) = \lambda(A\boldsymbol{x}) = \lambda L_A(\boldsymbol{x})$$

が成り立つ. すなわち $L_A \in \mathrm{Hom}(K^n, K^m)$ である.

さらに, 写像 $L : M(m, n; K) \longrightarrow \mathrm{Hom}(K^n, K^m)$ を $A \mapsto L_A$ により定める. すると, いままで考察してきたことは, この L が全射であることを意味している. つまり, 任意の $f \in \mathrm{Hom}(K^n, K^m)$ は, 適当な $A \in M(m, n; K)$ によって, $f = L_A$ と書き表わすことができる. L が全射であることがいえたので, 単射であるかどうかを調べよう.

まず, $A = (a_{ij}), B = (b_{ij}) \in M(m, n; K)$ に対して, $L_A = L_B$ と仮定する. このとき, 各基本ベクトル $\boldsymbol{e}_1, \cdots, \boldsymbol{e}_n$ における L_A と L_B の像を比べれば,

$$\begin{pmatrix} a_{11} \\ \vdots \\ a_{m1} \end{pmatrix} = \begin{pmatrix} b_{11} \\ \vdots \\ b_{m1} \end{pmatrix}, \cdots, \begin{pmatrix} a_{1n} \\ \vdots \\ a_{mn} \end{pmatrix} = \begin{pmatrix} b_{1n} \\ \vdots \\ b_{mn} \end{pmatrix}$$

を得る. これは, $A = B$ に他ならない. よって, L が単射であることが確かめられた. すなわち, 以上で L が全単射であることが示された. 結局, K^n から K^m への線形写像を考えることと, $m \times n$ 行列を考えることは同等であることが分かる. なんと, 線形写像とは行列のもう1つ別の顔のことであることが判明してしまったのである. これを次の定理としてまとめておこう.

定理 5.1 (線形写像の行列表示) K^n から K^m への線形写像 $f : K^n \longrightarrow K^m$ は適当な $m \times n$ 行列 A により $f = L_A$ と一意的に表わすことができる.

例題 5.1 写像 $f : K^2 \longrightarrow K^2$ を $f : \begin{pmatrix} x_1 \\ x_2 \end{pmatrix} \mapsto \begin{pmatrix} x_1 + x_2 \\ 2x_1 + 3x_2 \end{pmatrix}$ で定める.

(1) f は線形写像であることを示せ.
(2) f を2回合成した写像 $f^2 = f \circ f : K^2 \longrightarrow K^2$ は

$$f^2 : \begin{pmatrix} x_1 \\ x_2 \end{pmatrix} \mapsto \begin{pmatrix} 3x_1 + 4x_2 \\ 8x_1 + 11x_2 \end{pmatrix}$$

で与えられること，さらにそれが線形写像であることを示せ．

解答 はじめに，$A = \begin{pmatrix} 1 & 1 \\ 2 & 3 \end{pmatrix}$ とおく．

（1） $\boldsymbol{x} \in K^2$ に対して，$f(\boldsymbol{x}) = A\boldsymbol{x}$ なので $f = L_A$ である．特に，f は線形写像である．

（2） $\boldsymbol{x} = \begin{pmatrix} x_1 \\ x_2 \end{pmatrix} \in K^2$ に対して，

$$f^2(\boldsymbol{x}) = f(f(\boldsymbol{x})) = f(A\boldsymbol{x}) = A(A\boldsymbol{x}) = A^2\boldsymbol{x}$$

である．ここで，$A^2 = \begin{pmatrix} 3 & 4 \\ 8 & 11 \end{pmatrix}$ であるので，

$$f^2(\boldsymbol{x}) = \begin{pmatrix} 3 & 4 \\ 8 & 11 \end{pmatrix} \boldsymbol{x} = \begin{pmatrix} 3x_1 + 4x_2 \\ 8x_1 + 11x_2 \end{pmatrix}$$

と書ける．さらに $f^2 = L_{A^2}$ なので，特に f^2 は線形写像である． □

問題 5.1 次で定義される写像 $f : K^2 \longrightarrow K^2$ が線形写像であるかどうかを判定せよ．

（1） $f : \begin{pmatrix} x_1 \\ x_2 \end{pmatrix} \mapsto \begin{pmatrix} 0 \\ 0 \end{pmatrix}$ （2） $f : \begin{pmatrix} x_1 \\ x_2 \end{pmatrix} \mapsto \begin{pmatrix} 3x_1 - 4x_2 \\ -x_1 + 2x_2 \end{pmatrix}$

（3） $f : \begin{pmatrix} x_1 \\ x_2 \end{pmatrix} \mapsto \begin{pmatrix} x_1^2 + 2x_2 \\ 2x_1 - 3x_2^2 \end{pmatrix}$

問題 5.2 写像 $f : K^m \longrightarrow K^l$ と写像 $g : K^n \longrightarrow K^m$ がともに線形写像であるとき，合成写像 $f \circ g : K^n \longrightarrow K^l$ も線形写像であることを示せ．

5.2 線形写像の像と核

線形写像 $f : K^n \longrightarrow K^m$ についても，普通の写像と同様に，全射か単射かを調べることが基本的である．まず，f の **像** を

$$\mathrm{Im}\, f = \{f(\boldsymbol{x}) \mid \boldsymbol{x} \in K^n\}$$

と定める．一般には f の像が K^m に一致するとは限らないが，f が全射であるということは，$\mathrm{Im}\, f = K^m$ が成り立つことを意味している．

ここで，数ベクトル空間 K^n の部分空間という大切な概念を導入することにする．すなわち，K^n の空でない部分集合 W が次の 2 条件 (SS1), (SS2) をみたすとき **部分空間** であるという．

(SS1) 任意の $\boldsymbol{x}, \boldsymbol{y} \in W$ に対して $\boldsymbol{x} + \boldsymbol{y} \in W$ が成り立つ．
(SS2) 任意の $\lambda \in K$ と任意の $\boldsymbol{x} \in W$ に対して $\lambda \boldsymbol{x} \in W$ が成り立つ．

さて，上の線形写像 f の像 $\mathrm{Im}\, f$ は K^m の部分空間になっているかどうかを調べてみよう．$\boldsymbol{x}, \boldsymbol{y} \in \mathrm{Im}\, f$ とする．このとき，ある $\boldsymbol{x}', \boldsymbol{y}' \in K^n$ に対して $\boldsymbol{x} = f(\boldsymbol{x}'),\ \boldsymbol{y} = f(\boldsymbol{y}')$ と書けている．したがって，f が線形写像であることに注意すれば，

$$\boldsymbol{x} + \boldsymbol{y} = f(\boldsymbol{x}') + f(\boldsymbol{y}') = f(\boldsymbol{x}' + \boldsymbol{y}')$$

となり，$\boldsymbol{x} + \boldsymbol{y} \in \mathrm{Im}\, f$ が得られる．さらに，$\lambda \in K$ と $\boldsymbol{x} \in \mathrm{Im}\, f$ に対して，$f(\boldsymbol{x}') = \boldsymbol{x}$ なる $\boldsymbol{x}' \in K^n$ を選べば，やはり f が線形写像であることを用いて

$$\lambda \boldsymbol{x} = \lambda f(\boldsymbol{x}') = f(\lambda \boldsymbol{x}')$$

が示される．したがって，$\lambda \boldsymbol{x} \in \mathrm{Im}\, f$ を得る．さらに，$\boldsymbol{0} = f(\boldsymbol{0}) \in \mathrm{Im}\, f$ なので $\mathrm{Im}\, f$ は空ではないことにも注意しよう．以上により，線形写像 $f : K^n \longrightarrow K^m$ の像 $\mathrm{Im}\, f$ は K^m の部分空間であることが分かる．

次に，もう 1 つ大切な例を挙げよう．同じく線形写像 $f : K^n \longrightarrow K^m$ の **核** を

$$\mathrm{Ker}\, f = \{\boldsymbol{x} \in K^n \mid f(\boldsymbol{x}) = \boldsymbol{0}\}$$

で定める．じつはこれも部分空間になっている．実際，$\boldsymbol{x}, \boldsymbol{y} \in \mathrm{Ker}\, f$ に対して

$$f(\boldsymbol{x}+\boldsymbol{y}) = f(\boldsymbol{x}) + f(\boldsymbol{y}) = \boldsymbol{0} + \boldsymbol{0} = \boldsymbol{0}$$

より $\boldsymbol{x}+\boldsymbol{y} \in \operatorname{Ker} f$ が示される．また $\boldsymbol{x} \in \operatorname{Ker} f$ と $\lambda \in K$ に対して

$$f(\lambda \boldsymbol{x}) = \lambda f(\boldsymbol{x}) = \lambda \boldsymbol{0} = \boldsymbol{0}$$

より $\lambda \boldsymbol{x} \in \operatorname{Ker} f$ が示される．この場合も，$f(\boldsymbol{0}) = \boldsymbol{0}$ なので $\boldsymbol{0} \in \operatorname{Ker} f$ となり，$\operatorname{Ker} f$ は空ではない．したがって，$\operatorname{Ker} f$ は K^n の部分空間である．さらに，この部分空間 $\operatorname{Ker} f$ には非常に大切な性質があり，今までの内容と合わせて，次の定理にまとめておく．

定理 5.2（大切な部分空間：像と核）　線形写像 $f: K^n \longrightarrow K^m$ に対して，次が成り立つ．
 （1）　像 $\operatorname{Im} f$ は K^m の部分空間である．
 （2）　核 $\operatorname{Ker} f$ は K^n の部分空間である．
 （3）　線形写像 f が単射であるための必要十分条件は，$\operatorname{Ker} f = \{\boldsymbol{0}\}$ となることである．

証明　(1), (2) はすでに述べた通りである．(3) を示そう．

必要であることをいうために，f が単射であると仮定する．いま，$\boldsymbol{x} \in \operatorname{Ker} f$ とすると，$f(\boldsymbol{x}) = \boldsymbol{0}$ である．一方，$f(\boldsymbol{0}) = \boldsymbol{0}$ でもあるから，単射性から $\boldsymbol{x} = \boldsymbol{0}$ を得る．したがって，$\operatorname{Ker} f = \{\boldsymbol{0}\}$ である．

逆に，十分であることを示すために，$\operatorname{Ker} f = \{\boldsymbol{0}\}$ と仮定しよう．このとき，$\boldsymbol{x}, \boldsymbol{y} \in K^n$ に対して，もし $f(\boldsymbol{x}) = f(\boldsymbol{y})$ ならば $f(\boldsymbol{x}-\boldsymbol{y}) = f(\boldsymbol{x}) - f(\boldsymbol{y}) = \boldsymbol{0}$ となるので，$\boldsymbol{x}-\boldsymbol{y} \in \operatorname{Ker} f$ が成り立ち，これより $\boldsymbol{x}-\boldsymbol{y} = \boldsymbol{0}$ すなわち $\boldsymbol{x} = \boldsymbol{y}$ が得られる．これは，f が単射であることを意味している．以上より，(3) における必要十分性がいえた． □

例題 5.2　線形写像 $f: K^2 \longrightarrow K^2$ が $f: \begin{pmatrix} x_1 \\ x_2 \end{pmatrix} \mapsto \begin{pmatrix} x_1 + x_2 \\ 2x_1 + 2x_2 \end{pmatrix}$ で与えられているとき，$\operatorname{Im} f$ と $\operatorname{Ker} f$ を求めよ．

解答　定義より，

$$\operatorname{Im} f = \left\{ \begin{pmatrix} x_1 + x_2 \\ 2x_1 + 2x_2 \end{pmatrix} \,\middle|\, \begin{pmatrix} x_1 \\ x_2 \end{pmatrix} \in K^2 \right\}$$

$$= \left\{ \begin{pmatrix} x \\ 2x \end{pmatrix} \,\middle|\, x \in K \right\}$$

$$\operatorname{Ker} f = \left\{ \begin{pmatrix} x_1 \\ x_2 \end{pmatrix} \in K^2 \,\middle|\, \begin{pmatrix} x_1 + x_2 \\ 2x_1 + 2x_2 \end{pmatrix} = \begin{pmatrix} 0 \\ 0 \end{pmatrix} \right\}$$

$$= \left\{ \begin{pmatrix} x \\ -x \end{pmatrix} \,\middle|\, x \in K \right\}$$

となる. □

問題 5.3 線形写像 $f: K^2 \longrightarrow K^2$ が次で与えられているとき, $\operatorname{Im} f$ と $\operatorname{Ker} f$ をそれぞれ求めよ.

(1) $f: \begin{pmatrix} x_1 \\ x_2 \end{pmatrix} \mapsto \begin{pmatrix} x_1 \\ x_1 \end{pmatrix}$ (2) $f: \begin{pmatrix} x_1 \\ x_2 \end{pmatrix} \mapsto \begin{pmatrix} x_1 + x_2 \\ 0 \end{pmatrix}$

(3) $f: \begin{pmatrix} x_1 \\ x_2 \end{pmatrix} \mapsto \begin{pmatrix} x_1 + x_2 \\ x_1 - x_2 \end{pmatrix}$

5.3 線形結合と部分空間

数ベクトル空間 K^n の元 $\boldsymbol{x}_1, \cdots, \boldsymbol{x}_r$ と K の元 $c_1, \cdots, c_r$ が与えられているとき,

$$c_1 \boldsymbol{x}_1 + \cdots + c_r \boldsymbol{x}_r$$

の形をした K^n の元を ($c_1, \cdots, c_r$ を係数にもつ) $\boldsymbol{x}_1, \cdots, \boldsymbol{x}_r$ の線形結合または 1 次結合とよんだ (1.4 節参照). $\boldsymbol{x}_1, \cdots, \boldsymbol{x}_r$ の線形結合で表わされる K^n の元をすべて考えて,

$$W = \{c_1 \boldsymbol{x}_1 + \cdots + c_r \boldsymbol{x}_r \mid c_1, \cdots, c_r \in K\}$$

とおく. さて, この部分集合はどういう性質をもつであろうか. まず, 係数を一斉に 0 にした場合は $0\boldsymbol{x}_1 + \cdots + 0\boldsymbol{x}_r = \boldsymbol{0}$ となるので $\boldsymbol{0} \in W$ であり, とく

に W は空ではないことが分かる.次に,W から 2 つの元 $\bm{x}, \bm{y}$ をとってきて,それぞれ $\bm{x} = c_1\bm{x}_1 + \cdots + c_r\bm{x}_r, \bm{y} = c'_1\bm{x}_1 + \cdots + c'_r\bm{x}_r$ とするとき,

$$\bm{x} + \bm{y} = (c_1\bm{x}_1 + \cdots + c_r\bm{x}_r) + (c'_1\bm{x}_1 + \cdots + c'_r\bm{x}_r)$$
$$= (c_1 + c'_1)\bm{x}_1 + \cdots + (c_r + c'_r)\bm{x}_r$$

となり,これより $\bm{x} + \bm{y} \in W$ がいえる.また,$\bm{x} \in W$ と $\lambda \in K$ に対して,

$$\lambda\bm{x} = \lambda(c_1\bm{x}_1 + \cdots + c_r\bm{x}_r)$$
$$= (\lambda c_1)\bm{x}_1 + \cdots + (\lambda c_r)\bm{x}_r$$

が成り立つので,$\lambda\bm{x} \in W$ が成り立つ.よって,前節での定義から,この W は K^n の部分空間になることが分かる.この部分空間 W のことを,$\bm{x}_1, \cdots, \bm{x}_r$ で張られる (あるいは生成される) K^n の部分空間とよび,$\langle \bm{x}_1, \cdots, \bm{x}_r \rangle$ という記号で表わすことにする.とくに,K を強調したい場合には,$\langle \bm{x}_1, \cdots, \bm{x}_r \rangle_K$ とも表わす.以上をまとめておこう.

> **定理 5.3** (張られる部分空間) $\bm{x}_1, \cdots, \bm{x}_r \in K^n$ とする.このとき,$\bm{x}_1, \cdots, \bm{x}_r \in K^n$ の線形結合全体 $\langle \bm{x}_1, \cdots, \bm{x}_r \rangle$ は K^n の部分空間をなす.

ここで,定義から明らかな注意を 1 つ確認しておこう.

注意 K^n の部分空間 W と,数ベクトル $\bm{x}_1, \cdots, \bm{x}_m \in W$ に対して,$\langle \bm{x}_1, \cdots, \bm{x}_m \rangle \subset W$ である.

さらに,線形写像の像については,次が成り立つ.

> **定理 5.4** (基本ベクトルの像に注目) 線形写像の像は基本ベクトルの像で張られる.すなわち,線形写像 $f : K^n \longrightarrow K^m$ に対して,
>
> $$\operatorname{Im} f = \langle f(\bm{e}_1), \cdots, f(\bm{e}_n) \rangle$$
>
> が成立する.ただし,$\bm{e}_1, \cdots, \bm{e}_n$ は K^n の基本ベクトルとする.

証明 まず，$\boldsymbol{x} \in K^n$ とする．基本ベクトルの線形結合として，$\boldsymbol{x} = a_1 \boldsymbol{e}_1 + \cdots + a_n \boldsymbol{e}_n$ と表わす．このとき，$f(\boldsymbol{x}) = f(a_1 \boldsymbol{e}_1 + \cdots + a_n \boldsymbol{e}_n) = a_1 f(\boldsymbol{e}_1) + \cdots + a_n f(\boldsymbol{e}_n)$ であるから，$f(\boldsymbol{x}) \in \langle f(\boldsymbol{e}_1), \cdots, f(\boldsymbol{e}_n) \rangle$ が成立する．したがって，$\mathrm{Im}\, f \subset \langle f(\boldsymbol{e}_1), \cdots, f(\boldsymbol{e}_n) \rangle$ である．

一方，上の注意より，$\mathrm{Im}\, f \supset \langle f(\boldsymbol{e}_1), \cdots, f(\boldsymbol{e}_n) \rangle$ であり，前半と合わせて，$\mathrm{Im}\, f = \langle f(\boldsymbol{e}_1), \cdots, f(\boldsymbol{e}_n) \rangle$ が示せた． □

例題 5.3 2つの数ベクトル $\boldsymbol{x}_1 = \begin{pmatrix} 1 \\ 2 \\ 3 \end{pmatrix}$, $\boldsymbol{x}_2 = \begin{pmatrix} 3 \\ 4 \\ 5 \end{pmatrix}$ で張られる K^3 の部分空間を求めよ．

解答 求める部分空間は，

$$\langle \boldsymbol{x}_1, \boldsymbol{x}_2 \rangle = \left\{ a \begin{pmatrix} 1 \\ 2 \\ 3 \end{pmatrix} + b \begin{pmatrix} 3 \\ 4 \\ 5 \end{pmatrix} \,\middle|\, a, b \in K \right\}$$

$$= \left\{ \begin{pmatrix} a + 3b \\ 2a + 4b \\ 3a + 5b \end{pmatrix} \,\middle|\, a, b \in K \right\}$$

である．あるいは，さらに

$$\langle \boldsymbol{x}_1, \boldsymbol{x}_2 \rangle = \left\{ \begin{pmatrix} x \\ y \\ z \end{pmatrix} \,\middle|\, x, y, z \in K,\ x - 2y + z = 0 \right\}$$

と書き表わしてもよい． □

問題 5.4 次の数ベクトルで張られる K^3 の部分空間を求めよ．

(1) $\boldsymbol{x}_1 = \begin{pmatrix} 1 \\ 1 \\ 0 \end{pmatrix}$, $\boldsymbol{x}_2 = \begin{pmatrix} 1 \\ 2 \\ 0 \end{pmatrix}$

(2) $\boldsymbol{x}_1 = \begin{pmatrix} 1 \\ 1 \\ 0 \end{pmatrix}, \quad \boldsymbol{x}_2 = \begin{pmatrix} 1 \\ 2 \\ 1 \end{pmatrix}$

(3) $\boldsymbol{x}_1 = \begin{pmatrix} 1 \\ 1 \\ 0 \end{pmatrix}, \quad \boldsymbol{x}_2 = \begin{pmatrix} 1 \\ 2 \\ 0 \end{pmatrix}, \quad \boldsymbol{x}_3 = \begin{pmatrix} 2 \\ 1 \\ 0 \end{pmatrix}$

第 5 章の章末問題

問題 1 行列 $A \in M(l, m; K)$, $B \in M(m, n; K)$, $C \in M(l, n; K)$ に対して, $L_A \circ L_B = L_C \Leftrightarrow AB = C$ を示せ.

問題 2 写像 $f : K^n \longrightarrow K^m$ が, すべての $\boldsymbol{x} \in K^n$ に対して $f(\boldsymbol{x}) = \boldsymbol{0}$ をみたすとき, f は線形写像であることを示せ. この線形写像のことを **ゼロ写像** とよび, 混乱が生じない限りゼロ写像を 0 で表わす.

問題 3 線形写像 $f \in \mathrm{Hom}(K^m, K^l)$, $g \in \mathrm{Hom}(K^n, K^m)$ に対して, $f \circ g = 0$ となるための必要十分条件は, $\mathrm{Ker}\, f \supset \mathrm{Im}\, g$ であることを示せ.

問題 4 連立 1 次方程式

$$\begin{cases} a_{11}x_1 + \cdots + a_{1n}x_n = b_1 \\ \vdots \quad \vdots \quad \ddots \quad \vdots \quad \vdots \quad \vdots \\ a_{m1}x_1 + \cdots + a_{mn}x_n = b_m \end{cases} \quad (*)$$

の解が存在する必要十分条件は, 係数行列 $A = (a_{ij})$ と数ベクトル

$$\boldsymbol{b} = \begin{pmatrix} b_1 \\ \vdots \\ b_m \end{pmatrix}$$

に対して, $\boldsymbol{b} \in \mathrm{Im}\, L_A$ となることであることを示せ.

問題 5 斉次の連立 1 次方程式

$$\begin{cases} a_{11}x_1 + \cdots + a_{1n}x_n = 0 \\ \vdots \quad \vdots \quad \ddots \quad \vdots \quad \vdots \\ a_{m1}x_1 + \cdots + a_{mn}x_n = 0 \end{cases} \quad (**)$$

の解は，$\mathrm{Ker}\, L_A$ で与えられることを示せ．さらに前問にある $(*)$ の解 $\boldsymbol{x}_0$ を 1 つ選んで固定したとき，$(*)$ のすべての解は

$$\boldsymbol{x}_0 + \mathrm{Ker}\, L_A = \{\boldsymbol{x}_0 + \boldsymbol{w} \mid \boldsymbol{w} \in \mathrm{Ker}\, L_A\}$$

と表わされることを示せ．

問題 6 線形写像 $f \in \mathrm{Hom}(K^m, K^l)$ と $g \in \mathrm{Hom}(K^n, K^m)$ に対して，次に答えよ．
 (1) $f \circ g$ が全射ならば，f は全射であることを示せ．
 (2) $f \circ g$ が全射でも，g が全射とはならない例を挙げよ．
 (3) $f \circ g$ が単射ならば，g は単射であることを示せ．
 (4) $f \circ g$ が単射でも，f が単射とはならない例を挙げよ．

問題 7 線形写像 $f \in \mathrm{Hom}(K^m, K^l)$, $g \in \mathrm{Hom}(K^n, K^m)$ に対して，次に答えよ．
 (1) $\mathrm{Ker}\, g \subset \mathrm{Ker}\, f \circ g$ を示せ．
 (2) $\mathrm{Ker}\, g \neq \mathrm{Ker}\, f \circ g$ となる例を挙げよ．
 (3) $\mathrm{Im}\, f \supset \mathrm{Im}\, f \circ g$ を示せ．
 (4) $\mathrm{Im}\, f \neq \mathrm{Im}\, f \circ g$ となる例を挙げよ．

問題 8 今までと同じ記号の下で，$f = L_A \in \mathrm{End}(K^n)$, $A \in M(n, K)$ とするとき，次の 4 条件はすべて同値であることを示せ．
 (1) f は単射である．
 (2) f は全射である．
 (3) f は全単射である．
 (4) A は正則行列である．

第6章

ベクトル空間と線形写像

6.1 ベクトル空間と部分空間

引き続き，K は $\mathbf{R}$ (実数全体) または $\mathbf{C}$ (複素数全体) を表わすものと仮定する．ここでは，和とスカラー倍という2つの演算をもつ集合として，ベクトル空間を導入し，さらに線形写像という概念も系統立てて議論する．一見，抽象的で難しそうに感じるかもしれないが，けっしてそうではない．数ベクトルや行列について前章までに論じてきた内容から基本的な性質を取り出して得られるごく自然な対象であり，線形代数を応用する際に必然的に現れる理論体系である．まずは数ベクトル空間 K^n におけるベクトルの和やスカラー倍の性質を思い出しながら読み進めていただきたい．

それではまずベクトル空間の定義を与えよう．

> **定義 6.1** 集合 V の2元 $\boldsymbol{x}, \boldsymbol{y} \in V$ に対して「和」とよばれる元 $\boldsymbol{x}+\boldsymbol{y} \in V$ が定義され，また K の元と V の元 $\lambda \in K, \boldsymbol{x} \in V$ に対して「スカラー倍」とよばれる元 $\lambda \boldsymbol{x} \in V$ が定義されている．さらに V に「ゼロベクトル」または「ゼロ元」とよばれる特別な元 $\boldsymbol{0} = \boldsymbol{0}_V \in V$ が指定されているとする．そして，以下の8つの条件がみたされているものと仮定する．
>
> (VS1) $(\boldsymbol{x}+\boldsymbol{y})+\boldsymbol{z} = \boldsymbol{x}+(\boldsymbol{y}+\boldsymbol{z})$ がすべての $\boldsymbol{x}, \boldsymbol{y}, \boldsymbol{z} \in V$ に対し

て成立する.

(VS2) $x+y=y+x$ がすべての $x,y \in V$ に対して成立する.

(VS3) $x+0=x$ がすべての $x \in V$ に対して成立する.

(VS4) 各元 $x \in V$ に応じて, $x+x'=0$ をみたす V の元 x' が必ず存在する.

(VS5) $\lambda(x+y) = \lambda x + \lambda y$ がすべての $\lambda \in K$ とすべての $x,y \in V$ に対して成立する.

(VS6) $(\lambda+\mu)x = \lambda x + \mu x$ がすべての $\lambda, \mu \in K$ とすべての $x \in V$ に対して成立する.

(VS7) $\lambda(\mu x) = (\lambda\mu)x$ がすべての $\lambda, \mu \in K$ とすべての $x \in V$ に対して成立する.

(VS8) $1x = x$ がすべての $x \in V$ に対して成立する.

このとき, V は K 上の**ベクトル空間**であるという.

条件 (VS2) があるので, 条件 (VS3) と (VS4) を次の条件 (VS3)′ と (VS4)′ にそれぞれ置き換えても結果的には同じであることに注意しておこう.

(VS3)′ $x+0 = 0+x = x$ がすべての $x \in V$ に対して成立する.

(VS4)′ 各元 $x \in V$ に応じて, $x+x' = x'+x = 0$ をみたす V の元 x' が必ず存在する.

ベクトル空間の元のことを単にベクトルとよぶ. ここで数ベクトル空間 K^n をもう一度振り返ってみよう. まず,「和」は通常の数ベクトルの和,「スカラー倍」は数ベクトルの通常のスカラー倍, そして「ゼロベクトル」は成分がすべて 0 である数ベクトルとすれば, 上記 8 つの関係式はすべて K^n に対して成り立っていることが分かる.

すなわち, 上記 (VS1) 〜 (VS8) は数ベクトル空間のもっている性質を取り出し, それを自然な形で一般的に定式化したものである. したがって数ベクトル空間 K^n はベクトル空間であり, K^n の元である数ベクトルはベクトル空間 K^n のベクトルということになる.

注意 (1) ベクトル空間 V の元で, ゼロベクトルの性質 (VS3) をもつものは, 定

められた $\bm{0}$ 以外にはない．実際，$\bm{0}'$ がゼロベクトルの性質 (VS3) をもつとすると，$\bm{0} = \bm{0} + \bm{0}' = \bm{0}'$ となるからである．

（2） 各ベクトル $\bm{x}$ に対して，(VS4) をみたすベクトル $\bm{x}'$ は一意的に定まる．実際，もう1つ同じ条件をみたすベクトル $\bm{x}''$ があるとすると，$\bm{x}' = \bm{x}' + \bm{0} = \bm{x}' + (\bm{x} + \bm{x}'') = (\bm{x}' + \bm{x}) + \bm{x}'' = \bm{0} + \bm{x}'' = \bm{x}''$ となるからである．$\bm{x} \in V$ に対して，条件 (VS4) をみたす $\bm{x}'$ を $\bm{x}$ の **逆ベクトル**，または **逆元** といい，$-\bm{x}$ で表わす．

（3） すべての $\bm{x} \in V$ に対して $0\bm{x} = \bm{0}$ である．なぜなら
$$\bm{0} = 0\bm{x} + (-0\bm{x}) = (0+0)\bm{x} + (-0\bm{x}) = (0\bm{x} + 0\bm{x}) + (-0\bm{x})$$
$$= 0\bm{x} + (0\bm{x} + (-0\bm{x})) = 0\bm{x} + \bm{0} = 0\bm{x}$$
となるからである．

（4） $\lambda \bm{0} = \lambda(0\bm{x}) = (\lambda 0)\bm{x} = 0\bm{x} = \bm{0}$ より $\lambda \bm{0} = \bm{0}$ が成り立つ．

（5） $\bm{x}$ の逆ベクトル $-\bm{x}$ は具体的には $(-1)\bm{x}$ に等しい．実際，
$$\bm{x} + (-1)\bm{x} = 1\bm{x} + (-1)\bm{x} = (1 + (-1))\bm{x} = 0\bm{x} = \bm{0}$$
が成り立つから，$(-1)\bm{x}$ は $\bm{x}$ の逆ベクトルである．さらに $\bm{x} + (-\bm{y})$ のことを単に $\bm{x} - \bm{y}$ と書き表わすこともある．

（6） r 個のベクトル $\bm{x}_1, \cdots, \bm{x}_r$ の和を求めるとき，条件 (VS1) と条件 (VS2) はこれらのベクトルをどのような順番で足しても結果は同じであることを保障している．この和を $\bm{x}_1 + \bm{x}_2 + \cdots + \bm{x}_r$ と表わす．

（7） 等式変形に関しても，
$$\bm{x} \pm \bm{y} = \bm{z} \iff \bm{x} = \bm{z} \mp \bm{y}$$
というふうに，通常のように右辺と左辺の間で移項して差し支えない．

引き続き部分空間の定義を述べよう．

定義 6.2 ベクトル空間 V の空でない部分集合 W が **部分空間** であるとは，次の2つの条件がみたされているときにいう．

（SS1） すべての $\bm{x}, \bm{y} \in W$ に対して，$\bm{x} + \bm{y} \in W$ が成立する．

（SS2） すべての $\lambda \in K$ とすべての $\bm{x} \in W$ に対して，$\lambda \bm{x} \in W$ が成立する．

注意 V の和とスカラー倍を部分空間 W に制限して用いることにより，W 自身もベクトル空間となる (問題 6.1).

ベクトル空間 V の元 $\boldsymbol{x}_1, \cdots, \boldsymbol{x}_r$ と K の元 $c_1, \cdots, c_r$ が与えられているとき，数ベクトルの場合と同様に，

$$c_1 \boldsymbol{x}_1 + \cdots + c_r \boldsymbol{x}_r$$

の形のベクトルを $\boldsymbol{x}_1, \cdots, \boldsymbol{x}_r$ の **線形結合**(または **1 次結合**) とよぶ．また，$\boldsymbol{x}_1, \cdots, \boldsymbol{x}_r$ の線形結合全体のなす V の部分集合

$$\langle \boldsymbol{x}_1, \cdots, \boldsymbol{x}_r \rangle = \{ c_1 \boldsymbol{x}_1 + \cdots + c_r \boldsymbol{x}_r \mid c_1, \cdots, c_r \in K \}$$

は，数ベクトル空間の場合と同様に，部分空間の例となる．これを $\boldsymbol{x}_1, \cdots, \boldsymbol{x}_r$ で張られる (または生成される) 部分空間という．

ベクトル空間 V が有限生成であるとは，有限個のベクトル $\boldsymbol{x}_1, \cdots, \boldsymbol{x}_r$ が存在して $V = \langle \boldsymbol{x}_1, \cdots, \boldsymbol{x}_r \rangle$ と書ける場合にいう．数ベクトル空間 K^n は $K^n = \langle \boldsymbol{e}_1, \cdots, \boldsymbol{e}_n \rangle$ であるので有限生成なベクトル空間である．以下の議論の多くはベクトル空間が有限生成であることを仮定しなくても通用するが，必要に応じてツォルンの補題[1]など用いなければならない．ここではこういった煩雑さを避けるため，主に有限生成なベクトル空間を考察する．

例 6.1 すでに説明したように，今までの数ベクトル空間 $V = K^n$ は，ベクトルの和とベクトルのスカラー倍によって，K 上のベクトル空間になっている．このとき，ゼロベクトルは，各成分が 0 からなる数ベクトルである．特に，$n = 1$ とした K 自身も，加法を和，乗法をスカラー倍，$0 \in K$ をゼロベクトルとして，ベクトル空間の構造をもつ．

例 6.2 正の実数全体 $V = \mathbf{R}_{>0}$ は，通常の演算では，$K = \mathbf{R}$ 上のベクトル空間にはならない．なぜならば，V は加法に関しては閉じているが，通常の -1 倍は定義されていないからである．

---

[1] ツォルンの補題：帰納的な順序集合は極大元をもつ．

例 6.3 K-係数の 1 変数多項式全体のなす集合 $K[X]$ は，通常の多項式の和とスカラー倍に関して，ベクトル空間になる．ゼロベクトルは $0 \in K[X]$ である．多項式の変数は大文字 X を用いる場合もあり，また小文字 x を用いることもある．これは前後関係によって紛らわしくない文字を使うという意味で，どちらか一方に限定しないで臨機応変に使う方が賢明である．

例 6.4 K-係数の 1 変数多項式で，次数が n 次以下のもの全体のなす集合 $K[X]_n$ は $K[X]$ の部分空間である．

例 6.5 $V = \{\mathbf{0}\}$ も立派なベクトル空間である．このときの和は $\mathbf{0} + \mathbf{0} = \mathbf{0}$，スカラー倍は $\lambda \mathbf{0} = \mathbf{0}$ という自明なものだけになる．

例 6.6 区間 $[a,b]$ で定義された実数値連続関数全体を $V = C([a,b], \mathbf{R})$ とおき，$f, g \in V$ の和 $f + g$ と $f \in V$ の $\lambda \in \mathbf{R}$ によるスカラー倍 λf を $x \in [a,b]$ に対して

$$(f+g)(x) = f(x) + g(x), \qquad (\lambda f)(x) = \lambda f(x)$$

と定める．このとき V は $K = \mathbf{R}$ 上のベクトル空間となる．

例題 6.1 正の実数全体を $V = \mathbf{R}_{>0}$ とおく．$K = \mathbf{R}$ を実数全体とする．このとき，通常とは異なる演算 † と ⋆ を，次で定める．$x, y \in V$ と $a \in K$ に対して，$x \dagger y = xy$ ならびに $a \star x = x^a$ とおく．このとき，† を和，⋆ をスカラー倍，ゼロベクトルを 1 として，V は K 上のベクトル空間の構造をもつことを示せ．

解答 条件 (VS1) から (VS8) を確かめればよい．$x, y, z \in V$ と $a, b \in K$ に対して，

$(x \dagger y) \dagger z = (xy) \dagger z = (xy)z = x(yz) = x \dagger (yz) = x \dagger (y \dagger z)$

$x \dagger y = xy = yx = y \dagger x$

$x \dagger 1 = x \cdot 1 = x$

$x \dagger x^{-1} = x x^{-1} = 1$

$$a \star (x \dagger y) = a \star (xy) = (xy)^a = x^a y^a = x^a \dagger y^a = (a \star x) \dagger (a \star y)$$

$$(a+b) \star x = x^{a+b} = x^a x^b = x^a \dagger x^b = (a \star x) \dagger (b \star x)$$

$$a \star (b \star x) = a \star (x^b) = (x^b)^a = x^{ab} = (ab) \star x$$

$$1 \star x = x^1 = x$$

が成立するので，これで題意は示された． □

問題 6.1 ベクトル空間 V の部分空間 W は，和やスカラー倍を W に制限することにより，自然にベクトル空間となることを示せ．

問題 6.2 各 $n \geqq 0$ に対し $K[X]_n$ は有限生成であることを示せ．また，$K[X]$ は有限生成ではないことを示せ．

問題 6.3 $m \times n$ 行列全体のなす集合 $M(m,n;K)$ は，行列の和とスカラー倍に関してベクトル空間になることを示せ．

問題 6.4 ベクトル空間 V の部分空間 $W_1, \cdots, W_r$ の共通部分 $W_1 \cap \cdots \cap W_r$ もまた部分空間になることを示せ．

6.2 線形独立性と基底

ここではベクトル空間における線形独立性の定義を学ぶ．まず，ベクトル空間 V の元 $\boldsymbol{x}_1, \cdots, \boldsymbol{x}_r$ に対して，$\boldsymbol{0} = 0\boldsymbol{x}_1 + \cdots + 0\boldsymbol{x}_r$ であることに注意しよう．$\boldsymbol{x}_1, \cdots, \boldsymbol{x}_r$ が **線形独立** (または **1 次独立**) であるとは，$\boldsymbol{x}_1, \cdots, \boldsymbol{x}_r$ の線形結合でゼロベクトル $\boldsymbol{0}$ を書き表わす表わし方が，係数をすべてゼロにするという上記の方法に限るときにいう．言い換えると，

$$\boldsymbol{0} = c_1 \boldsymbol{x}_1 + \cdots + c_r \boldsymbol{x}_r$$

ならば必ず $c_1 = \cdots = c_r = 0$ が成り立つときに，それらのベクトル $\boldsymbol{x}_1, \cdots, \boldsymbol{x}_r$ は線形独立であるという．線形独立でないとき，それらを **線形従属** (または **1 次従属**) であるという．もし，線形従属である場合には，

$$\boldsymbol{0} = c_1 \boldsymbol{x}_1 + \cdots + c_r \boldsymbol{x}_r$$

という書き表わし方が，係数が一斉にゼロになる $c_1 = \cdots = c_r = 0$ という場合以外にも必ず存在することになる．

定理 6.1 (線形独立の拡大条件)　ベクトル $\boldsymbol{x}_1, \cdots, \boldsymbol{x}_r \in V$ が線形独立であるとする．もし，$\boldsymbol{x} \in V$ が $\boldsymbol{x} \notin \langle \boldsymbol{x}_1, \cdots, \boldsymbol{x}_r \rangle$ をみたせば，$\boldsymbol{x}_1, \cdots, \boldsymbol{x}_r, \boldsymbol{x}$ も線形独立である．

証明　線形独立である条件を確かめるために，$c_1 \boldsymbol{x}_1 + \cdots + c_r \boldsymbol{x}_r + c\boldsymbol{x} = \boldsymbol{0}$ と仮定する $(c_1, \cdots, c_r, c \in K)$．もし，$c \neq 0$ ならば，

$$\boldsymbol{x} = -\frac{c_1}{c}\boldsymbol{x}_1 - \cdots - \frac{c_r}{c}\boldsymbol{x}_r$$

となり，これは $\boldsymbol{x} \in \langle \boldsymbol{x}_1, \cdots, \boldsymbol{x}_r \rangle$ を意味するので，仮定に矛盾する．したがって，$c = 0$ でなければならない．このとき，$c_1 \boldsymbol{x}_1 + \cdots + c_r \boldsymbol{x}_r = \boldsymbol{0}$ となるが，$\boldsymbol{x}_1, \cdots, \boldsymbol{x}_r$ が線形独立という仮定より，$c_1 = \cdots = c_r = 0$ を得る．以上より，$\boldsymbol{x}_1, \cdots, \boldsymbol{x}_r, \boldsymbol{x}$ が線形独立であることが示せた．　□

定義 6.3　ベクトル空間 V の (順序づけられた) ベクトル (の組) $\boldsymbol{x}_1, \cdots, \boldsymbol{x}_r$ が V の **基底** であるとは，次の 2 条件がみたされているときにいう．
(BS1)　$V = \langle \boldsymbol{x}_1, \cdots, \boldsymbol{x}_r \rangle$ である．
(BS2)　$\boldsymbol{x}_1, \cdots, \boldsymbol{x}_r$ は線形独立である．

V の任意のベクトル $\boldsymbol{x}$ は基底 $\boldsymbol{x}_1, \cdots, \boldsymbol{x}_r$ の線形結合として一意的に表わされる．実際，

$$\boldsymbol{x} = c_1 \boldsymbol{x}_1 + \cdots + c_r \boldsymbol{x}_r = c_1' \boldsymbol{x}_1 + \cdots + c_r' \boldsymbol{x}_r$$

とすれば，

$$(c_1 - c_1')\boldsymbol{x}_1 + \cdots + (c_r - c_r')\boldsymbol{x}_r = \boldsymbol{0}$$

となり，$\boldsymbol{x}_1, \cdots, \boldsymbol{x}_r$ の線形独立性から，$c_1 - c_1' = 0, \cdots, c_r - c_r' = 0$ が成り

立つ．

> **定理 6.2** (基底はつねに存在)　$\{\mathbf{0}\}$ ではない有限生成なベクトル空間にはつねに基底が存在する．

証明　V を $\{\mathbf{0}\}$ ではない有限生成なベクトル空間で，$V = \langle \mathbf{x}_1, \cdots, \mathbf{x}_r \rangle$ とする．この $\mathbf{x}_1, \cdots, \mathbf{x}_r$ のなかからできるだけ多くのベクトルを，それらが線形独立になるように選ぶ．そして線形独立になりうる最大の個数を s とし，$\mathbf{x}_{i_1}, \cdots, \mathbf{x}_{i_s}$ が線形独立であるものとする．もし $s = r$ ならば，$\mathbf{x}_1, \cdots, \mathbf{x}_r$ 自身が基底ということになる．

次に，$s < r$ とする．最大性に注意すれば，$i_1, \cdots, i_s$ と異なる番号 j に関しては，$\mathbf{x}_{i_1}, \cdots, \mathbf{x}_{i_s}, \mathbf{x}_j$ は線形従属となる．このとき，定理 6.1 より $\mathbf{x}_j \in \langle \mathbf{x}_{i_1}, \cdots, \mathbf{x}_{i_s} \rangle$ が成立する．したがって，$V = \langle \mathbf{x}_{i_1}, \cdots, \mathbf{x}_{i_s} \rangle$ が導かれ，よって，$\mathbf{x}_{i_1}, \cdots, \mathbf{x}_{i_s}$ は V の基底となる．　□

上の証明を振り返ることで，次の系が容易に得られる．

> **系 6.3**　$V = \langle \mathbf{x}_1, \cdots, \mathbf{x}_r \rangle \neq \{\mathbf{0}\}$ とする．このとき $\mathbf{x}_1, \cdots, \mathbf{x}_r$ のなかで，線形独立になる最大の個数を s とし，$\mathbf{x}_{i_1}, \cdots, \mathbf{x}_{i_s}$ が線形独立であるものとすれば，$\mathbf{x}_{i_1}, \cdots, \mathbf{x}_{i_s}$ は V の基底である．とくに $\mathbf{x}_1, \cdots, \mathbf{x}_r$ のなかから適当なベクトルを選ぶことにより V の基底が得られる．

注意　有限生成ベクトル空間 $V \neq \{\mathbf{0}\}$ には，有限個のベクトルからなる基底が存在する．

例題 6.2　3 次以下の 1 変数多項式全体のなすベクトル空間 $V = K[X]_3$ において，
$$1, 1+X, 1+X+X^2, 1+X+X^2+X^3$$
は V の基底であることを示せ．

解答 任意の $K[X]_3$ の元 $\boldsymbol{x} = a + bX + cX^2 + dX^3$ に対して,

$$\boldsymbol{x} = (a-b)1 + (b-c)(1+X) + (c-d)(1+X+X^2)$$
$$+ d(1+X+X^2+X^3)$$

と書けるので,

$$K[X]_3 = \langle 1, 1+X, 1+X+X^2, 1+X+X^2+X^3 \rangle$$

である.また,

$$c_0 1 + c_1(1+X) + c_2(1+X+X^2) + c_3(1+X+X^2+X^3) = 0$$

とすれば,

$$(c_0+c_1+c_2+c_3)1 + (c_1+c_2+c_3)X + (c_2+c_3)X^2 + c_3 X^3 = 0$$

となり,これより $c_0+c_1+c_2+c_3 = c_1+c_2+c_3 = c_2+c_3 = c_3 = 0$ さらに $c_0 = c_1 = c_2 = c_3 = 0$ となることが容易に確かめられるので線形独立性もいえる.したがって,題意は示された. □

この例題から類推できるように,ベクトル空間には何通りもの,実際には無数の,基底の選び方が存在する (たとえば,上の多項式の係数を少し変えてみよ).

問題 6.5 K^n における基本ベクトル $\boldsymbol{e}_1, \cdots, \boldsymbol{e}_n$ が K^n の基底であることを,(BS1) と (BS2) を直接確かめることによって示せ.これを K^n の **標準基底** とよぶ.

問題 6.6 K^3 において,次のベクトルの組が基底であるかどうかを判定せよ.

(1) $\begin{pmatrix} 1 \\ 2 \\ 0 \end{pmatrix}, \begin{pmatrix} 1 \\ 0 \\ 1 \end{pmatrix}, \begin{pmatrix} 1 \\ 2 \\ -1 \end{pmatrix}$ (2) $\begin{pmatrix} 1 \\ 2 \\ 0 \end{pmatrix}, \begin{pmatrix} 1 \\ 0 \\ 1 \end{pmatrix}, \begin{pmatrix} 0 \\ 2 \\ -1 \end{pmatrix}$

(3) $\begin{pmatrix} 1 \\ 2 \\ 3 \end{pmatrix}, \begin{pmatrix} 1 \\ 0 \\ 1 \end{pmatrix}, \begin{pmatrix} 0 \\ 2 \\ -1 \end{pmatrix}$

注意 すでに学んだように,n 次正方行列 $A = (a_{ij}) = (\boldsymbol{a}_1, \cdots, \boldsymbol{a}_n)$ の列ベクトル $\boldsymbol{a}_1, \cdots, \boldsymbol{a}_n$ が線形独立であるためには,A が正則行列であることが必要かつ十分である (系 2.12, 定理 2.14 を参照).

6.3 ベクトル空間の次元

前節では，有限生成ベクトル空間には有限個のベクトルからなる基底が存在すること，また基底の取り方はいくつもありうることを学んだ．ここでは，さらに複数の基底の間にどういう関係があるかを調べよう．まず，次の定理から，はじめる．

定理 6.4 ベクトル空間 V の基底 $\boldsymbol{v}_1, \cdots, \boldsymbol{v}_n$ と V のベクトル $\boldsymbol{w}_1, \cdots, \boldsymbol{w}_n$ が与えられているとする．ここで

$$\begin{cases} \boldsymbol{w}_1 = a_{11}\boldsymbol{v}_1 + a_{21}\boldsymbol{v}_2 + \cdots + a_{n1}\boldsymbol{v}_n \\ \boldsymbol{w}_2 = a_{12}\boldsymbol{v}_1 + a_{22}\boldsymbol{v}_2 + \cdots + a_{n2}\boldsymbol{v}_n \\ \quad \vdots \qquad \vdots \qquad \vdots \qquad \vdots \qquad \vdots \\ \boldsymbol{w}_n = a_{1n}\boldsymbol{v}_1 + a_{2n}\boldsymbol{v}_2 + \cdots + a_{nn}\boldsymbol{v}_n \end{cases}$$

と書き表わし，$A = (a_{ij}) \in M(n, K)$ とおく．このとき，次の3条件は同値である．

（1） $\boldsymbol{w}_1, \cdots, \boldsymbol{w}_n$ は V の基底である．
（2） $\boldsymbol{w}_1, \cdots, \boldsymbol{w}_n$ は線形独立である．
（3） A は正則である．

証明 まず，(1) $\Rightarrow$ (2) は定義の条件 (BS2) より明らかである．また，$c_1, \cdots, c_n \in K$ に対して，

$$c_1 \boldsymbol{w}_1 + \cdots + c_n \boldsymbol{w}_n = \left(\sum_{i=1}^n a_{1i} c_i\right) \boldsymbol{v}_1 + \cdots + \left(\sum_{i=1}^n a_{ni} c_i\right) \boldsymbol{v}_n$$

なので，

$$c_1 \boldsymbol{w}_1 + \cdots + c_n \boldsymbol{w}_n = \boldsymbol{0} \iff A \begin{pmatrix} c_1 \\ \vdots \\ c_n \end{pmatrix} = \begin{pmatrix} 0 \\ \vdots \\ 0 \end{pmatrix}$$

が成り立つことに注意しておく．次に，(2) $\Rightarrow$ (3) を示す．そのために，

$$A\begin{pmatrix} c_1 \\ \vdots \\ c_n \end{pmatrix} = \begin{pmatrix} 0 \\ \vdots \\ 0 \end{pmatrix}$$

と仮定する．このとき，上の注意より

$$c_1 \boldsymbol{w}_1 + \cdots + c_n \boldsymbol{w}_n = \boldsymbol{0}$$

であるが，$\boldsymbol{w}_1, \cdots, \boldsymbol{w}_n$ の線形独立性より，$c_1 = \cdots = c_n = 0$ を得る．したがって，定理 2.17 より $\operatorname{rank} A = n$ であり，これは系 2.12 から A が正則であることを意味している．

最後に，(3) $\Rightarrow$ (1) を示そう．A の逆行列を $A^{-1} = (b_{ij})$ で表わしておく．このとき，各 $1 \leqq i \leqq n$ に対して，

$$\begin{aligned} b_{1i}\boldsymbol{w}_1 + \cdots + b_{ni}\boldsymbol{w}_n &= b_{1i}\left(\sum_{k=1}^{n} a_{k1}\boldsymbol{v}_k\right) + \cdots + b_{ni}\left(\sum_{k=1}^{n} a_{kn}\boldsymbol{v}_k\right) \\ &= \left(\sum_{l=1}^{n} a_{1l}b_{li}\right)\boldsymbol{v}_1 + \cdots + \left(\sum_{l=1}^{n} a_{nl}b_{li}\right)\boldsymbol{v}_n \\ &= \boldsymbol{v}_i \end{aligned}$$

となる．ただし，$\sum_{l=1}^{n} a_{il}b_{lj} = \delta_{ij}$ を用いた（この δ_{ij} は 1.5 節にあるクロネッカーのデルタ記号である）．これより，$\langle \boldsymbol{w}_1, \cdots, \boldsymbol{w}_n \rangle \supset \langle \boldsymbol{v}_1, \cdots, \boldsymbol{v}_n \rangle = V$ が得られるので，特に $\langle \boldsymbol{w}_1, \cdots, \boldsymbol{w}_n \rangle = V$ が成立する．次に $c_1, \cdots, c_n \in K$ が $c_1 \boldsymbol{w}_1 + \cdots + c_n \boldsymbol{w}_n = \boldsymbol{0}$ をみたすと仮定する．このとき，再び上での注意より

$$A\begin{pmatrix} c_1 \\ \vdots \\ c_n \end{pmatrix} = \begin{pmatrix} 0 \\ \vdots \\ 0 \end{pmatrix}$$

を得る．ここで A が正則であることを用いて左から A^{-1} をかけると $c_1 = \cdots = c_n = 0$ が得られる．したがって，$\boldsymbol{w}_1, \cdots, \boldsymbol{w}_n$ は線形独立である．以上より $\boldsymbol{w}_1, \cdots, \boldsymbol{w}_n$ は V の基底となる． □

さて，有限生成なベクトル空間 V の 2 つの基底 $\boldsymbol{x}_1, \cdots, \boldsymbol{x}_n$ と $\boldsymbol{y}_1, \cdots, \boldsymbol{y}_m$

をとる．いま $n < m$ と仮定すると，$\boldsymbol{y}_1, \cdots, \boldsymbol{y}_n$ は線形独立であり，前定理により $\boldsymbol{y}_1, \cdots, \boldsymbol{y}_n$ は基底であり，特に $\boldsymbol{y}_{n+1} \in \langle \boldsymbol{y}_1, \cdots, \boldsymbol{y}_n \rangle$ が成り立つ．しかし，これでは $\boldsymbol{y}_1, \cdots, \boldsymbol{y}_n, \boldsymbol{y}_{n+1}$ が線形従属となってしまうので矛盾が生じてしまう．また $m < n$ の場合も同じく矛盾が生ずるので，$n = m$ を得る．したがって，次が成立する．

> **定理 6.5**（次元の一意性）　有限生成なベクトル空間の基底をなすベクトルの個数は，基底の取り方によらずに一定である．

上の議論は，ベクトル空間 V が，n 個のベクトルからなる基底を 1 つもてば，他のどのような V の基底も n 個のベクトルからなっていることを示している．ベクトル空間 V が n 個のベクトルからなる基底をもつとき，V の **次元** は n であるといい，記号で $\dim V = n$ と表わす．次元が n であるベクトル空間を n 次元ベクトル空間という．このように有限な次元をもつベクトル空間を **有限次元ベクトル空間** とよぶ．

以上より，ベクトル空間が有限生成であるということと，有限次元であるということとは，同等の概念になる．実際，有限次元ベクトル空間は有限個のベクトルで生成されているので有限生成であるし，また有限生成なベクトル空間は有限個のベクトルからなる基底をもつことは上で確かめたばかりなので有限次元である．$V = \{\boldsymbol{0}\}$ に対しては $\dim V = 0$ と定めることにする．ここで，行列 $A = (\boldsymbol{a}_1, \cdots, \boldsymbol{a}_n)$ の階数について次元と関連づけると，系 6.3 と定理 2.14 により $\operatorname{rank} A = \dim \langle \boldsymbol{a}_1, \cdots, \boldsymbol{a}_n \rangle$ が成り立つことがわかる（定理 6.14 も参照）．

以下，有限次元ベクトル空間を主に扱う．V の 2 つの基底 $\boldsymbol{x}_1, \cdots, \boldsymbol{x}_n$ と $\boldsymbol{y}_1, \cdots, \boldsymbol{y}_n$ の間に，

$$\begin{cases} \boldsymbol{y}_1 = a_{11}\boldsymbol{x}_1 + a_{21}\boldsymbol{x}_2 + \cdots + a_{n1}\boldsymbol{x}_n \\ \boldsymbol{y}_2 = a_{12}\boldsymbol{x}_1 + a_{22}\boldsymbol{x}_2 + \cdots + a_{n2}\boldsymbol{x}_n \\ \vdots \qquad \vdots \qquad \vdots \qquad \vdots \qquad \vdots \\ \boldsymbol{y}_n = a_{1n}\boldsymbol{x}_1 + a_{2n}\boldsymbol{x}_2 + \cdots + a_{nn}\boldsymbol{x}_n \end{cases} \quad (a_{ij} \in K)$$

という関係があるとき,行列 $A = (a_{ij})$ を基底 $\bm{x}_1, \cdots, \bm{x}_n$ から基底 $\bm{y}_1, \cdots, \bm{y}_n$ への **基底の変換行列** という.(この言葉遣いが頭の中で混乱しがちなので注意しよう.)　模式的には

$$(\bm{y}_1, \cdots, \bm{y}_n) = (\bm{x}_1, \cdots, \bm{x}_n) A$$

と記憶しておくとよい.ゆくゆくこの記号の便利な点が明らかになるが,ここでは深入りはしないでおく (p.161 の注意を参照).さて,定理 6.4 よりただちに次の結果が従う.

> **定理 6.6**　次元が n のベクトル空間における基底の変換行列は n 次正則行列である.

さらに基底に関して議論を続けよう.

> **定理 6.7** (最大線形独立と次元)　有限次元ベクトル空間 V の次元は,V における線形独立なベクトルの最大個数に等しい.

証明　$\dim V = n$ とおき,V の基底を 1 つ選び $\bm{v}_1, \cdots, \bm{v}_n$ とする.そこで $n+1$ 個の線形独立なベクトル $\bm{u}_1, \cdots, \bm{u}_{n+1}$ が存在すると仮定すると,特にその一部である $\bm{u}_1, \cdots, \bm{u}_n$ も線形独立であるから,定理 6.4 により $\bm{u}_1, \cdots, \bm{u}_n$ は基底となる.すなわち $\bm{u}_{n+1} \in \langle \bm{u}_1, \cdots, \bm{u}_n \rangle$ であり,$\bm{u}_1, \cdots, \bm{u}_n, \bm{u}_{n+1}$ は線形従属となり仮定に反し矛盾である.したがって,線形独立なベクトルの個数は n を超えることはできず,よって題意は証明された.　□

ベクトル空間の部分空間もベクトル空間であるから次元の議論ができるので,もとのベクトル空間の次元と部分空間の次元の関係を次に述べる.これは定理 6.7 から導かれる.

> **系 6.8**　有限次元ベクトル空間 V の部分空間 W に対して,
> $$\dim W \leqq \dim V$$
> である.

次に，部分空間の基底を拡張してベクトル空間全体の基底が得られることを示そう．これは基底の拡張定理ともよばれる．

定理 6.9 (基底の拡張) n 次元ベクトル空間 V の r 次元部分空間 W の基底を

$$\boldsymbol{w}_1, \cdots, \boldsymbol{w}_r$$

とするとき，これに適当な $n-r$ 個の V のベクトルを付け加えて V の基底を得ることができる．

証明 $V = \langle \boldsymbol{w}_1, \cdots, \boldsymbol{w}_r \rangle$ であれば何も証明することはないから，$V \neq \langle \boldsymbol{w}_1, \cdots, \boldsymbol{w}_r \rangle$ と仮定する．このとき $\boldsymbol{x}_1 \in V \setminus \langle \boldsymbol{w}_1, \cdots, \boldsymbol{w}_r \rangle$[2] なるベクトル $\boldsymbol{x}_1$ を選ぶ．

次に，もし $V \neq \langle \boldsymbol{w}_1, \cdots, \boldsymbol{w}_r, \boldsymbol{x}_1 \rangle$ であれば，$\boldsymbol{x}_2 \in V \setminus \langle \boldsymbol{w}_1, \cdots, \boldsymbol{w}_r, \boldsymbol{x}_1 \rangle$ なるベクトル $\boldsymbol{x}_2$ を選ぶ．さらに，もし $V \neq \langle \boldsymbol{w}_1, \cdots, \boldsymbol{w}_r, \boldsymbol{x}_1, \boldsymbol{x}_2 \rangle$ であれば，$\boldsymbol{x}_3 \in V \setminus \langle \boldsymbol{w}_1, \cdots, \boldsymbol{w}_r, \boldsymbol{x}_1, \boldsymbol{x}_2 \rangle$ なるベクトル $\boldsymbol{x}_3$ を選ぶ．これを続ける．しかし，得られるベクトル

$$\boldsymbol{w}_1, \cdots, \boldsymbol{w}_r, \boldsymbol{x}_1, \boldsymbol{x}_2, \cdots$$

は定理 6.1 よりつねに線形独立であり，定理 6.7 より，このベクトルの個数は n を超えることができないので必ず有限回で止まる．しかし，このときこれらのベクトルは V を生成しており，また線形独立でもあるから，もし全部で n 個未満であるとすると n 個未満のベクトルからなる V の基底が存在してしまうことになり，定理 6.5 に反する．したがって，ちょうど $\boldsymbol{w}_1, \cdots, \boldsymbol{w}_r, \boldsymbol{x}_1, \boldsymbol{x}_2, \cdots, \boldsymbol{x}_{n-r}$ という形で，求める V の基底が得られる． □

問題 6.7 次のベクトル空間 V の次元を求めよ．
 （1） $V = K^n$ 　　（2） $V = K[X]_n$

---

[2] 集合 A に属し，集合 B に属さない元の集まりを $A \setminus B = \{a \,|\, a \in A, a \notin B\}$ という記号で表わす．

問題 6.8 以下で与えられる K^3 の部分空間 W の次元を求めよ.

(1) $W = \left\langle \begin{pmatrix} 1 \\ 2 \\ 0 \end{pmatrix}, \begin{pmatrix} 1 \\ 0 \\ 1 \end{pmatrix}, \begin{pmatrix} 1 \\ 2 \\ -1 \end{pmatrix} \right\rangle$

(2) $W = \left\langle \begin{pmatrix} 1 \\ 2 \\ 0 \end{pmatrix}, \begin{pmatrix} 1 \\ 0 \\ 1 \end{pmatrix}, \begin{pmatrix} 0 \\ 2 \\ -1 \end{pmatrix} \right\rangle$

(3) $W = \left\langle \begin{pmatrix} 1 \\ 2 \\ 3 \end{pmatrix}, \begin{pmatrix} 1 \\ 0 \\ 1 \end{pmatrix}, \begin{pmatrix} 0 \\ 2 \\ -1 \end{pmatrix} \right\rangle$

問題 6.9 ベクトル空間 $K[X]_3$ の部分空間 W の次元を求めよ.
(1) $W = \langle 1+X, X+X^3, 1+X^3 \rangle$
(2) $W = \langle 1+X^2, X+X^3, 1+X+X^2+X^3 \rangle$
(3) $W = \langle 1+X, X+X^2, X^2+X^3, 1+X^3 \rangle$

6.4 部分空間の和と直和

すでに和という数学用語はお馴染みであろうが,単なる数字の足し算という以外にも,現代数学ではさまざまな場面でそれぞれの意味で用いられている.基本的には 2 つのものを合わせて新しいものができるということでは同じであるが,細かな点では「何についての和」であるのかが明確にされて初めてその意味がはっきりすることになる.では早速,「部分空間の和」の定義から学んでいこう.ベクトル空間 V の部分空間 $W_1, W_2, \cdots, W_r$ に対し,これらの **和** を

$$W_1 + W_2 + \cdots + W_r = \{ \boldsymbol{w}_1 + \boldsymbol{w}_2 + \cdots + \boldsymbol{w}_r \mid \boldsymbol{w}_i \in W_i \ (1 \leqq i \leqq r) \}$$

と定める.これが部分空間になることを示そう. $\boldsymbol{w} = \boldsymbol{w}_1 + \boldsymbol{w}_2 + \cdots + \boldsymbol{w}_r, \boldsymbol{w}' = \boldsymbol{w}'_1 + \boldsymbol{w}'_2 + \cdots + \boldsymbol{w}'_r \in W_1 + W_2 + \cdots + W_r$ と $\lambda \in K$ に対して,

$\boldsymbol{w} + \boldsymbol{w}'$

$= (\boldsymbol{w}_1 + \boldsymbol{w}_2 + \cdots + \boldsymbol{w}_r) + (\boldsymbol{w}'_1 + \boldsymbol{w}'_2 + \cdots + \boldsymbol{w}'_r)$

$$= (\boldsymbol{w}_1 + \boldsymbol{w}'_1) + (\boldsymbol{w}_2 + \boldsymbol{w}'_2) + \cdots + (\boldsymbol{w}_r + \boldsymbol{w}'_r) \in W_1 + W_2 + \cdots + W_r$$

と

$$\lambda \boldsymbol{w} = \lambda(\boldsymbol{w}_1 + \boldsymbol{w}_2 + \cdots + \boldsymbol{w}_r)$$
$$= \lambda \boldsymbol{w}_1 + \lambda \boldsymbol{w}_2 + \cdots + \lambda \boldsymbol{w}_r \in W_1 + W_2 + \cdots + W_r$$

が成り立ち,さらに $\boldsymbol{0} \in W_1 + W_2 + \cdots + W_r$ より $W_1 + W_2 + \cdots + W_r \neq \varnothing$ なので $W_1 + W_2 + \cdots + W_r$ は部分空間となる.

部分空間 $W_1, W_2, \cdots, W_r$ の和を $W = W_1 + W_2 + \cdots + W_r$ とおく.もし,W の任意のベクトル $\boldsymbol{w}$ に対し $\boldsymbol{w}_i \in W_i \ (1 \leqq i \leqq r)$ を選んで,$\boldsymbol{w} = \boldsymbol{w}_1 + \boldsymbol{w}_2 + \cdots + \boldsymbol{w}_r$ の形に書き表わす方法が一意的であるとき,W は $W_1, W_2, \cdots, W_r$ の **直和** であるといわれ,

$$W_1 \oplus W_2 \oplus \cdots \oplus W_r$$

という記号で表わす.(直和という用語も現代数学ではいろいろな場面で用いられていて,非常に奥深いレベルでは概念としては同一のものなのであるが,見かけ上ずいぶんと異なって見えたりすることもある.ここでは,部分空間の和が直和とよばれる場合を扱っていることに注意して先に進もう.)

定理 6.10 (部分空間の直和条件) ベクトル空間 V の部分空間 W_1, W_2 の和を $W = W_1 + W_2$ とする.このとき,次は同値である.
(1) この和は直和 $W = W_1 \oplus W_2$ になる.
(2) $W_1 \cap W_2 = \{\boldsymbol{0}\}$ である.

証明 $(1) \Rightarrow (2)$ $\boldsymbol{w} \in W_1 \cap W_2$ とする.このとき,

$$\boldsymbol{w} = \boldsymbol{w} + \boldsymbol{0} = \boldsymbol{0} + \boldsymbol{w} \in W_1 + W_2$$

という 2 通りの表示が可能である.仮定より,両者は一致せねばならず,$\boldsymbol{w} = \boldsymbol{0}$ を得る.よって,$W_1 \cap W_2 = \{\boldsymbol{0}\}$ である.

$(2) \Rightarrow (1)$ $\boldsymbol{w} \in W$ に対し,

$$\bm{w} = \bm{w}_1 + \bm{w}_2 = \bm{w}_1' + \bm{w}_2' \ (\bm{w}_i, \bm{w}_i' \in W_i,\ i=1,2)$$

という表示があるとする．このとき，$\bm{w}_1 - \bm{w}_1' = \bm{w}_2' - \bm{w}_2 \in W_1 \cap W_2$ なので，仮定より $\bm{w}_1 - \bm{w}_1' = \bm{w}_2' - \bm{w}_2 = \bm{0}$ が，したがって $\bm{w}_1 = \bm{w}_1'$ かつ $\bm{w}_2 = \bm{w}_2'$ が成り立つ．これは $\bm{w} \in W$ を W_1 と W_2 のベクトルの和として書き表わす際に，表示の一意性が成り立つことを意味しており，直和の定義より $W = W_1 \oplus W_2$ となる． □

> **系 6.11** ベクトル空間 V の有限次元部分空間 W_1, W_2 の和 W が直和 $W = W_1 \oplus W_2$ とする．このとき，$\dim W = \dim W_1 + \dim W_2$ である．

証明 $r = \dim W_1$, $s = \dim W_2$ とおき，W_1 の基底 $\bm{u}_1, \cdots, \bm{u}_r$ と W_2 の基底 $\bm{v}_1, \cdots, \bm{v}_s$ を選ぶ．このとき，2 つの基底を合わせた $\bm{u}_1, \cdots, \bm{u}_r, \bm{v}_1, \cdots, \bm{v}_s$ が W の基底をなすことがわかる．実際，$a_1 \bm{u}_1 + \cdots + a_r \bm{u}_r + b_1 \bm{v}_1 + \cdots + b_s \bm{v}_s = \bm{0}$ とすれば．

$$a_1 \bm{u}_1 + \cdots + a_r \bm{u}_r = -(b_1 \bm{v}_1 + \cdots + b_s \bm{v}_s) \in W_1 \cap W_2$$

より $a_1 \bm{u}_1 + \cdots + a_r \bm{u}_r = b_1 \bm{v}_1 + \cdots + b_s \bm{v}_s = \bm{0}$ が成り立つ．ここで $\bm{u}_1, \cdots, \bm{u}_r$ と $\bm{v}_1, \cdots, \bm{v}_s$ はそれぞれ W_1 と W_2 の基底であったから線形独立であり，$a_1 = \cdots = a_r = 0$ および $b_1 = \cdots = b_s = 0$ を得る．よって，$\bm{u}_1, \cdots, \bm{u}_r, \bm{v}_1, \cdots, \bm{v}_s$ の線形独立性はいえた．

また $W = W_1 + W_2$ なので $\bm{u}_1, \cdots, \bm{u}_r, \bm{v}_1, \cdots, \bm{v}_s$ が W を生成することも明らかである．したがって，$\bm{u}_1, \cdots, \bm{u}_r, \bm{v}_1, \cdots, \bm{v}_s$ は W の基底となり，$\dim W = r + s$ を得る． □

ベクトル空間 V の部分空間 W_1, W_2 に対し，W_1 と W_2 の共通部分 $W_1 \cap W_2$ が部分空間となることに注意しよう (問題 6.4 参照)．また，上に述べたように，$W_1 \cap W_2 \neq \{\bm{0}\}$ ならば，和 $W_1 + W_2$ は直和ではない．その場合，$\dim(W_1 + W_2)$ に関しては次の公式が成り立つ．

> **定理 6.12** (重要な空間の和の次元公式)　ベクトル空間 V の部分空間 W_1, W_2 に対して，
>
> $$\dim(W_1 + W_2) = \dim W_1 + \dim W_2 - \dim(W_1 \cap W_2)$$
>
> が成立する．

証明　$r = \dim(W_1 \cap W_2), r + s = \dim W_1, r + t = \dim W_2$ とおく．$W_1 \cap W_2$ の基底を $\boldsymbol{u}_1, \cdots, \boldsymbol{u}_r$ とし，それを拡張して W_1 および W_2 の基底をそれぞれ

$$\boldsymbol{u}_1, \cdots, \boldsymbol{u}_r, \boldsymbol{v}_1, \cdots, \boldsymbol{v}_s$$

および

$$\boldsymbol{u}_1, \cdots, \boldsymbol{u}_r, \boldsymbol{w}_1, \cdots, \boldsymbol{w}_t$$

とする．ここで，$a_1, \cdots, a_r, b_1, \cdots, b_s, c_1, \cdots, c_t \in K$ に対し，

$$a_1 \boldsymbol{u}_1 + \cdots + a_r \boldsymbol{u}_r + b_1 \boldsymbol{v}_1 + \cdots + b_s \boldsymbol{v}_s + c_1 \boldsymbol{w}_1 + \cdots + c_t \boldsymbol{w}_t = \boldsymbol{0}$$

であると仮定する．このとき，

$$a_1 \boldsymbol{u}_1 + \cdots + a_r \boldsymbol{u}_r + b_1 \boldsymbol{v}_1 + \cdots + b_s \boldsymbol{v}_s$$
$$= -c_1 \boldsymbol{w}_1 - \cdots - c_t \boldsymbol{w}_t \in W_1 \cap W_2$$

である．さて $a_1 \boldsymbol{u}_1 + \cdots + a_r \boldsymbol{u}_r + b_1 \boldsymbol{v}_1 + \cdots + b_s \boldsymbol{v}_s \in W_1 \cap W_2$ であり，また $W_1 \cap W_2$ に属するベクトルは $\boldsymbol{u}_1, \cdots, \boldsymbol{u}_r$ の線形結合で書けていることに注意すれば，基底による表示の一意性より $b_1 = \cdots = b_s = 0$ でなければならない．さらに $c_1 \boldsymbol{w}_1 + \cdots + c_t \boldsymbol{w}_t \in W_1 \cap W_2$ であるからまったく同じ理由により $c_1 = \cdots = c_t = 0$ が得られる．

これより，特に $a_1 \boldsymbol{u}_1 + \cdots + a_r \boldsymbol{u}_r = \boldsymbol{0}$ も成立している．したがって，$\boldsymbol{u}_1, \cdots, \boldsymbol{u}_r$ が線形独立であることより $a_1 = \cdots = a_r = 0$ もいえる．よって，$\boldsymbol{u}_1, \cdots, \boldsymbol{u}_r, \boldsymbol{v}_1, \cdots, \boldsymbol{v}_s, \boldsymbol{w}_1, \cdots, \boldsymbol{w}_t$ は線形独立である．これらが，$W_1 + W_2$ を生成することは明らかであるから，以上より

$$\boldsymbol{u}_1, \cdots, \boldsymbol{u}_r, \boldsymbol{v}_1, \cdots, \boldsymbol{v}_s, \boldsymbol{w}_1, \cdots, \boldsymbol{w}_t$$

が $W_1 + W_2$ の基底となることが示された.すなわち,

$$\dim(W_1 + W_2) = r + s + t$$
$$= (r+s) + (r+t) - r$$
$$= \dim W_1 + \dim W_2 - \dim(W_1 \cap W_2)$$

となる. □

例題 6.3 ベクトル空間 $V = K[X]_3$ の 2 つの部分空間

$$W_1 = \langle 1+X, 1+X+X^2+X^3 \rangle, \qquad W_2 = \langle 1, 1+X+X^3 \rangle$$

に対して $V = W_1 \oplus W_2$ となることを確かめよ.

解答 V に属する任意のベクトル $\boldsymbol{v} = a_0 1 + a_1 X + a_2 X^2 + a_3 X^3$ に対して,

$$\boldsymbol{v} = (a_1 - a_3)(1+X) + a_2(1+X+X^2+X^3)$$
$$+ (a_0 - a_1)1 + (a_3 - a_2)(1+X+X^3)$$

であるから,$V = W_1 + W_2$ である.ここで,$\dim W_1 = \dim W_2 = 2$ であり,さらに定理 6.12 から

$$\dim V = \dim W_1 + \dim W_2 - \dim(W_1 \cap W_2)$$

が成り立つので,$\dim(W_1 \cap W_2) = 4 - 2 - 2 = 0$ となる.これは $W_1 \cap W_2 = \{\boldsymbol{0}\}$ を意味しており,したがって定理 6.10 より,$V = W_1 \oplus W_2$ となる. □

ベクトル空間 V とその部分空間 W に対し,W の基底 $\boldsymbol{w}_1, \cdots, \boldsymbol{w}_r$ を拡張して V の基底 $\boldsymbol{w}_1, \cdots, \boldsymbol{w}_r, \boldsymbol{w}_{r+1}, \cdots, \boldsymbol{w}_n$ が得られているとき,$U = \langle \boldsymbol{w}_{r+1}, \cdots, \boldsymbol{w}_n \rangle$ とおけば,$V = W \oplus U$ であることが直和の定義より分かる.一般に $V = W \oplus W'$ のようにベクトル空間が 2 つの部分空間の直和になっているとき,W' を W の (あるいは W を W' の) V における **補空間** という.また,ベクトル空間 V の基底 $\boldsymbol{v}_1, \cdots, \boldsymbol{v}_n$ に対し,1 次元部分空間 V_i を $V_i = \langle \boldsymbol{v}_i \rangle = K\boldsymbol{v}_i$ で定めれば,$V = V_1 \oplus \cdots \oplus V_n$ となることも直和の定義より分かる.

6.5 線形写像

2つのベクトル空間 U, V の間の関係を調べるためには，ベクトル空間の構造を保つ写像が有効である．

> **定義 6.4** 写像 $f : U \longrightarrow V$ が **線形写像** であるとは，
> (LM1)　$f(\boldsymbol{x} + \boldsymbol{y}) = f(\boldsymbol{x}) + f(\boldsymbol{y})$
> (LM2)　$f(\lambda \boldsymbol{x}) = \lambda f(\boldsymbol{x})$
> がすべての $\boldsymbol{x}, \boldsymbol{y} \in U$ と $\lambda \in K$ に対して成り立つことである．

U から V への線形写像全体を $\mathrm{Hom}(U, V)$ で表わす．すべての U のベクトルに V の $\boldsymbol{0}$ を対応させるゼロ写像 0 は線形写像である．したがって，$0 \in \mathrm{Hom}(U, V)$ である．とくに，$U = V$ の場合に，線形写像のことを **線形変換** あるいは **1次変換** ともよび，線形変換全体を $\mathrm{End}(V)$ で表わす．このとき，V の恒等写像 $I = I_V$ は線形変換，すなわち $I_V \in \mathrm{End}(V)$ である．2つの線形写像 $f : V \longrightarrow W$ と $g : U \longrightarrow V$ の合成写像 $f \circ g : U \longrightarrow W$ はまた線形写像である．実際，$\boldsymbol{x}, \boldsymbol{y} \in U$ と $\lambda \in K$ に対して，

$$f \circ g(\boldsymbol{x} + \boldsymbol{y}) = f(g(\boldsymbol{x} + \boldsymbol{y})) = f(g(\boldsymbol{x}) + g(\boldsymbol{y}))$$
$$= f(g(\boldsymbol{x})) + f(g(\boldsymbol{y}))$$
$$= f \circ g(\boldsymbol{x}) + f \circ g(\boldsymbol{y})$$

かつ

$$f \circ g(\lambda \boldsymbol{x}) = f(g(\lambda \boldsymbol{x})) = f(\lambda g(\boldsymbol{x}))$$
$$= \lambda \ f(g(\boldsymbol{x}))$$
$$= \lambda \ (f \circ g)(\boldsymbol{x})$$

が成り立つ．

線形写像 $f : U \longrightarrow V$ の **核** $\mathrm{Ker}\, f$ と **像** $\mathrm{Im}\, f$ をそれぞれ

$$\mathrm{Ker}\, f = \{\boldsymbol{x} \in U \mid f(\boldsymbol{x}) = \boldsymbol{0}\}$$

$$\mathrm{Im}\, f = \{f(\boldsymbol{x}) \mid \boldsymbol{x} \in U\}$$

で定める．

問題 6.10 線形写像 $f : U \longrightarrow V$ に対して次を示せ．ただし，$\boldsymbol{0}_U$, $\boldsymbol{0}_V$ はそれぞれ U, V のゼロベクトルとする．

(1) $f(\boldsymbol{0}_U) = \boldsymbol{0}_V$ である．
(2) $\mathrm{Ker}\, f$ は U の部分空間である．
(3) $\mathrm{Im}\, f$ は V の部分空間である．
(4) f が単射であることと $\mathrm{Ker}\, f = \{\boldsymbol{0}_U\}$ であることは同値である．

例題 6.4 写像 $f : K[X]_3 \longrightarrow K[X]_2$ が

$$f(a + bX + cX^2 + dX^3) = (a+b) + (b+c)X + (c+d)X^2$$

で定義されているとき，f は線形写像であることを示せ．

解答 $\boldsymbol{x} = a + bX + cX^2 + dX^3$, $\boldsymbol{y} = a' + b'X + c'X^2 + d'X^3 \in K[X]_3$ と $\lambda \in K$ に対して，

$$\begin{aligned}
f(\boldsymbol{x} + \boldsymbol{y}) &= f((a+a') + (b+b')X + (c+c')X^2 + (d+d')X^3) \\
&= (a+a'+b+b') + (b+b'+c+c')X \\
&\quad + (c+c'+d+d')X^2 \\
&= \{(a+b) + (b+c)X + (c+d)X^2\} \\
&\quad + \{(a'+b') + (b'+c')X + (c'+d')X^2\} \\
&= f(\boldsymbol{x}) + f(\boldsymbol{y}) \\
f(\lambda \boldsymbol{x}) &= f(\lambda a + \lambda b X + \lambda c X^2 + \lambda d X^3) \\
&= (\lambda a + \lambda b) + (\lambda b + \lambda c)X + (\lambda c + \lambda d)X^2 \\
&= \lambda\{(a+b) + (b+c)X + (c+d)X^2\} \\
&= \lambda f(\boldsymbol{x})
\end{aligned}$$

が成り立つので，f は線形写像である． □

問題 6.11 次で与えられる写像 $f : K[X]_3 \longrightarrow K[X]_3$ が線形写像であることを確かめよ.

(1)　$f(a + bX + cX^2 + dX^3) = c + aX^2$
(2)　$f(a + bX + cX^2 + dX^3) = (a-b)X + (a-c)X^2 + (a-d)X^3$
(3)　$f(a + bX + cX^2 + dX^3) = (a+b+c) + (a-b-2c)X + (a-2b+3c)X^2$

線形写像 $f : U \longrightarrow V$ が全単射であるとき，f は **同型写像** とよばれる．同型写像があるということは，2つのベクトル空間の各々のベクトルが過不足なく1対1に対応していて，この対応で両ベクトル空間の和の構造とスカラー倍の構造が完全に一致していることを意味している．したがって，同型写像が与えられれば，2つのベクトル空間の構造は完全に同じであるとみなせる．このとき，ベクトル空間 U と V は **同型** であるといい，記号で $U \simeq V$ と表わす．

例題 6.5 同型写像 $f : U \longrightarrow V$ の逆写像 $f^{-1} : V \longrightarrow U$ は再び同型写像になることを示せ．

解答　同型写像 f は全単射なので，f の逆写像を $g = f^{-1} : V \longrightarrow U$ とすれば g も全単射である．ベクトル $\boldsymbol{x}, \boldsymbol{y} \in V$ に対し，$\boldsymbol{x}' = g(\boldsymbol{x}), \boldsymbol{y}' = g(\boldsymbol{y}) \in U$ とおく．このとき，$f(\boldsymbol{x}' + \boldsymbol{y}') = f(\boldsymbol{x}') + f(\boldsymbol{y}') = \boldsymbol{x} + \boldsymbol{y}$ なので，$g(\boldsymbol{x} + \boldsymbol{y}) = \boldsymbol{x}' + \boldsymbol{y}' = g(\boldsymbol{x}) + g(\boldsymbol{y})$ が成り立つ．

さらに，$\lambda \in K$ に対し，$f(\lambda \boldsymbol{x}') = \lambda f(\boldsymbol{x}') = \lambda \boldsymbol{x}$ なので，$g(\lambda \boldsymbol{x}) = \lambda \boldsymbol{x}' = \lambda g(\boldsymbol{x})$ が成り立つ．したがって，g は全単射な線形写像となり，すなわち $g = f^{-1}$ は同型写像となる．　□

問題 6.12　$f : U \longrightarrow V$ をベクトル空間の同型写像とし，$\boldsymbol{x}_1, \cdots, \boldsymbol{x}_n$ を U の基底とするとき，$f(\boldsymbol{x}_1), \cdots, f(\boldsymbol{x}_n)$ は V の基底であることを示せ．

この問題にあるように，同型写像によって基底は基底に写されるので，同型な2つのベクトル空間の次元は等しい．また，この逆も成り立つことが，次で示される．

定理 6.13 (次元が空間を決める)　n 次元ベクトル空間 V は K^n と同型である．とくに，すべての n 次元ベクトル空間は同型である．

証明 V の基底 $\boldsymbol{x}_1, \cdots, \boldsymbol{x}_n$ を 1 つ選ぶ. ここで, 写像 $f : K^n \longrightarrow V$ を

$$f : \begin{pmatrix} a_1 \\ a_2 \\ \vdots \\ a_n \end{pmatrix} \mapsto a_1 \boldsymbol{x}_1 + a_2 \boldsymbol{x}_2 + \cdots + a_n \boldsymbol{x}_n$$

で与える. このとき,

$$f(\begin{pmatrix} a_1 \\ a_2 \\ \vdots \\ a_n \end{pmatrix} + \begin{pmatrix} b_1 \\ b_2 \\ \vdots \\ b_n \end{pmatrix}) = f(\begin{pmatrix} a_1 + b_1 \\ a_2 + b_2 \\ \vdots \\ a_n + b_n \end{pmatrix})$$

$$= (a_1 + b_1)\boldsymbol{x}_1 + (a_2 + b_2)\boldsymbol{x}_2 + \cdots + (a_n + b_n)\boldsymbol{x}_n$$

$$= (a_1 \boldsymbol{x}_1 + a_2 \boldsymbol{x}_2 + \cdots + a_n \boldsymbol{x}_n) + (b_1 \boldsymbol{x}_1 + b_2 \boldsymbol{x}_2 + \cdots + b_n \boldsymbol{x}_n)$$

$$= f(\begin{pmatrix} a_1 \\ a_2 \\ \vdots \\ a_n \end{pmatrix}) + f(\begin{pmatrix} b_1 \\ b_2 \\ \vdots \\ b_n \end{pmatrix})$$

かつ

$$f(\lambda \begin{pmatrix} a_1 \\ a_2 \\ \vdots \\ a_n \end{pmatrix}) = f(\begin{pmatrix} \lambda a_1 \\ \lambda a_2 \\ \vdots \\ \lambda a_n \end{pmatrix})$$

$$= (\lambda a_1)\boldsymbol{x}_1 + (\lambda a_2)\boldsymbol{x}_2 + \cdots + (\lambda a_n)\boldsymbol{x}_n$$

$$= \lambda(a_1 \boldsymbol{x}_1 + a_2 \boldsymbol{x}_2 + \cdots + a_n \boldsymbol{x}_n)$$

$$= \lambda f(\begin{pmatrix} a_1 \\ a_2 \\ \vdots \\ a_n \end{pmatrix})$$

より f は線形写像である．一方，

$$V = \langle \boldsymbol{x}_1, \cdots, \boldsymbol{x}_n \rangle = \langle f(\boldsymbol{e}_1), \cdots, f(\boldsymbol{e}_n) \rangle = \mathrm{Im}\, f$$

なので，f は全射である．また，$f(\begin{pmatrix} a_1 \\ a_2 \\ \vdots \\ a_n \end{pmatrix}) = \boldsymbol{0}$ と仮定すると，$a_1\boldsymbol{x}_1 + a_2\boldsymbol{x}_2 + \cdots + a_n\boldsymbol{x}_n = \boldsymbol{0}$ であるが，$\boldsymbol{x}_1, \cdots, \boldsymbol{x}_n$ が線形独立なので，$a_1 = a_2 = \cdots = a_n = 0$ を得る．これより $\mathrm{Ker}\, f = \{\boldsymbol{0}\}$ であり，したがって f は単射である（問題 6.10 (4) を参照）．以上より，f は同型写像であり，したがって，K^n と V は同型となる． □

これにより，n 次元ベクトル空間はすべて同型であることが示された．とくに，n 次元ベクトル空間 V の基底を 1 つ選ぶことにより，V は K^n と同型写像を介して同一視することができる．さらに，この事実を用いて，線形写像を行列で表わすことを考えよう．これができれば，第 1 章から第 5 章までの結果がそのまま使えて，大変に便利である．すなわち，n 次元ベクトル空間 U から m 次元ベクトル空間 V への線形写像 f が与えられたとき，同型 $U \simeq K^n$ と $V \simeq K^m$ により，f は K^n から K^m への線形写像を誘導する．そして，これは第 5 章の結果から行列で書き表わすことができるのである．以下，このことを具体的に記述する．

線形写像 $f : U \longrightarrow V$ に対し，U の基底 $\boldsymbol{u}_1, \cdots, \boldsymbol{u}_n$ と V の基底 $\boldsymbol{v}_1, \cdots, \boldsymbol{v}_m$ をそれぞれ選び固定する．さらに $a_{ij} \in K$ を

$$f(\boldsymbol{u}_1) = a_{11}\boldsymbol{v}_1 + a_{21}\boldsymbol{v}_2 + \cdots + a_{m1}\boldsymbol{v}_m$$
$$f(\boldsymbol{u}_2) = a_{12}\boldsymbol{v}_1 + a_{22}\boldsymbol{v}_2 + \cdots + a_{m2}\boldsymbol{v}_m$$
$$\vdots = \quad \vdots \qquad \vdots \qquad \vdots$$
$$f(\boldsymbol{u}_n) = a_{1n}\boldsymbol{v}_1 + a_{2n}\boldsymbol{v}_2 + \cdots + a_{mn}\boldsymbol{v}_m$$

により定める．これにより，行列 $A = (a_{ij})$ が得られる．我々は基底による同一視として，

$$U \ni b_1\boldsymbol{u}_1 + \cdots + b_n\boldsymbol{u}_n \longleftrightarrow \begin{pmatrix} b_1 \\ b_2 \\ \vdots \\ b_n \end{pmatrix} \in K^n$$

$$V \ni c_1\boldsymbol{v}_1 + \cdots + c_m\boldsymbol{v}_m \longleftrightarrow \begin{pmatrix} c_1 \\ c_2 \\ \vdots \\ c_m \end{pmatrix} \in K^m$$

を得ていたが，これを用いれば，線形写像 $f : U \longrightarrow V$ は線形写像 $L_A : K^n \longrightarrow K^m$ と同一視できる．すなわち，

$$f(b_1\boldsymbol{u}_1 + \cdots + b_n\boldsymbol{u}_n) = c_1\boldsymbol{v}_1 + \cdots + c_m\boldsymbol{v}_m$$

であることと，

$$\begin{pmatrix} c_1 \\ \vdots \\ c_m \end{pmatrix} = \begin{pmatrix} a_{11} & \cdots & a_{1n} \\ \vdots & \ddots & \vdots \\ a_{m1} & \cdots & a_{mn} \end{pmatrix} \begin{pmatrix} b_1 \\ \vdots \\ b_n \end{pmatrix}$$

であることが同値になるので，f の代わりに分かりやすい L_A を調べればよいことになる．実際，具体的に計算をしてみると，

$$f(b_1\boldsymbol{u}_1 + \cdots + b_n\boldsymbol{u}_n) = c_1\boldsymbol{v}_1 + \cdots + c_m\boldsymbol{v}_m$$
$$\Longleftrightarrow b_1 f(\boldsymbol{u}_1) + \cdots + b_n f(\boldsymbol{u}_n) = c_1\boldsymbol{v}_1 + \cdots + c_m\boldsymbol{v}_m$$

$$\iff \sum_{j=1}^{n} b_j(a_{1j}\boldsymbol{v}_1 + \cdots + a_{mj}\boldsymbol{v}_m) = c_1\boldsymbol{v}_1 + \cdots + c_m\boldsymbol{v}_m$$

$$\iff c_i = a_{i1}b_1 + \cdots + a_{in}b_n \quad (i=1,2,\cdots,m)$$

となっていることがわかる．この行列 A のことを線形写像 $f : U \longrightarrow V$ の (U の基底 $\boldsymbol{u}_1, \cdots, \boldsymbol{u}_n$ と V の基底 $\boldsymbol{v}_1, \cdots, \boldsymbol{v}_m$ に関する) **表現行列** とよぶ．

注意 ベクトルの計算が込み入ってくると見かけが複雑になり煩わしい場合がある．その際に以下の表記方法を用いると煩雑さを回避できることが少なくない．すなわち，

$$\begin{aligned}
\boldsymbol{w}_1 &= a_{11}\boldsymbol{v}_1 + a_{21}\boldsymbol{v}_2 + \cdots + a_{m1}\boldsymbol{v}_m \\
\boldsymbol{w}_2 &= a_{12}\boldsymbol{v}_1 + a_{22}\boldsymbol{v}_2 + \cdots + a_{m2}\boldsymbol{v}_m \\
&\vdots \\
\boldsymbol{w}_n &= a_{1n}\boldsymbol{v}_1 + a_{2n}\boldsymbol{v}_2 + \cdots + a_{mn}\boldsymbol{v}_m
\end{aligned}$$

という式を用いる代わりに，行列計算の類似として

$$(\boldsymbol{w}_1, \cdots, \boldsymbol{w}_n) = (\boldsymbol{v}_1, \cdots, \boldsymbol{v}_m) \begin{pmatrix} a_{11} & \cdots & a_{1n} \\ \vdots & \ddots & \vdots \\ a_{m1} & \cdots & a_{mn} \end{pmatrix}$$

と書き表わす方法である．あくまでも 1 つの記法であるが，非常に便利なのでしばしば用いられる．これを用いると表現行列 A は

$$(f(\boldsymbol{u}_1), \cdots, f(\boldsymbol{u}_n)) = (\boldsymbol{v}_1, \cdots, \boldsymbol{v}_m)A$$

という形で書き表わすこともできる．6.3 節で学んだベクトル空間 V の 2 つの基底の間の基底の変換行列は，これらの基底に関する恒等写像 I_V の表現行列という意味も合わせもっているということを理解して頂けるであろうか．

例題 6.6 微分により引き起こされる線形写像 $f : K[X]_3 \longrightarrow K[X]_2$ は

$$f : a + bX + cX^2 + dX^3 \mapsto b + 2cX + 3dX^2$$

で与えられる．$K[X]_3$ の基底として $1, 1+X, 1+X^2, 1+X^3$ を選び，$K[X]_2$ の基底として $1+X, X, X+X^2$ を選んだ場合に，これらの基底に関する f の

表現行列を求めよ.

解答 $u_1 = 1$, $u_2 = 1+X$, $u_3 = 1+X^2$, $u_4 = 1+X^3$, $v_1 = 1+X$, $v_2 = X$, $v_3 = X+X^2$ とおくとき,

$$\begin{aligned} f(u_1) &= 0 & &= 0 \\ f(u_2) &= 1 & &= v_1 - v_2 \\ f(u_3) &= 2X & &= 2v_2 \\ f(u_4) &= 3X^2 & &= -3v_2 + 3v_3 \end{aligned}$$

と計算されるので,求める表現行列は

$$\begin{pmatrix} 0 & 1 & 0 & 0 \\ 0 & -1 & 2 & -3 \\ 0 & 0 & 0 & 3 \end{pmatrix}$$

である. □

問題 6.13 次のように線形写像 $f : U \longrightarrow V$ および U の基底と V の基底がそれぞれ与えられているとき, f の表現行列を求めよ.

(1) $U = K[X]_3$, $V = K[X]_2$

$$f : a + bX + cX^2 + dX^3 \mapsto b + 2cX + 3dX^2$$

U の基底 $1, X, X^2, X^3$, V の基底 $1+X, X, X+X^2$

(2) $U = K[X]_3$, $V = K[X]_2$

$$f : a + bX + cX^2 + dX^3 \mapsto 2c + 6dX$$

U の基底 $1+X, X+X^2, X^2+X^3, X^3$, V の基底 $1, X, X^2$

(3) $U = K[X]_3$, $V = K[X]_3$

$$f : a + bX + cX^2 + dX^3 \mapsto bX + 2cX^2 + 3dX^3$$

U の基底 $1, 1+X, 1+X^2, 1+X^3$, V の基底 $1, X, X^2, X^3$

次に考えるべきことは,ベクトル空間の基底の選び方には幾通りもあり得るということである.基底が変わると表現行列も変わってしまうので,それらの間

の関係を解明することが大切となる．いままでと同様に，線形写像 $f: U \longrightarrow V$ の，U の基底 $\boldsymbol{u}_1, \cdots, \boldsymbol{u}_n$ と V の基底 $\boldsymbol{v}_1, \cdots, \boldsymbol{v}_m$ に関する表現行列を A とし，また別の U の基底 $\boldsymbol{u}'_1, \cdots, \boldsymbol{u}'_n$ と V の基底 $\boldsymbol{v}'_1, \cdots, \boldsymbol{v}'_m$ に関する表現行列を B とする．さらに，$\boldsymbol{u}_1, \cdots, \boldsymbol{u}_n$ から $\boldsymbol{u}'_1, \cdots, \boldsymbol{u}'_n$ への基底の変換行列を $P = (p_{ij})$，また $\boldsymbol{v}_1, \cdots, \boldsymbol{v}_m$ から $\boldsymbol{v}'_1, \cdots, \boldsymbol{v}'_m$ への基底の変換行列を $Q = (q_{ij})$ で表わしておく．このとき，

$$\begin{aligned}(\boldsymbol{v}_1, \cdots, \boldsymbol{v}_m)QB &= (\boldsymbol{v}'_1, \cdots, \boldsymbol{v}'_m)B = (f(\boldsymbol{u}'_1), \cdots, f(\boldsymbol{u}'_n)) \\ &= \left(f\left(\sum_{i=1}^n p_{i1}\boldsymbol{u}_i\right), \cdots, f\left(\sum_{i=1}^n p_{in}\boldsymbol{u}_i\right)\right) \\ &= \left(\sum_{i=1}^n p_{i1}f(\boldsymbol{u}_i), \cdots, \sum_{i=1}^n p_{in}f(\boldsymbol{u}_i)\right) \\ &= (f(\boldsymbol{u}_1), \cdots, f(\boldsymbol{u}_n))P \\ &= (\boldsymbol{v}_1, \cdots, \boldsymbol{v}_m)AP \end{aligned}$$

が成り立ち，$\boldsymbol{v}_1, \cdots, \boldsymbol{v}_m$ が基底なので，$QB = AP$ すなわち $B = Q^{-1}AP$ がいえる．

問題 6.14 上の記号に従い，$U = K[X]_3$, $V = K[X]_2$ とし，線形写像 $f: U \longrightarrow V$ を微分から誘導される写像 $f(a+bX+cX^2+dX^3) = b+2cX+3dX^2$ ($a, b, c, d \in K$) で定義し，さらに U と V の基底をそれぞれ 2 つずつ次のように選ぶ．

U の基底： $1, X, X^2, X^3$ 　　　 $1, 1+X, 1+X^2, 1+X^3$
V の基底： $1, X, X^2$ 　　　 $1+X, X, X+X^2$

このとき，上記 4 つの行列 A, B, P, Q を求め，$QB = AP$ を確かめよ．

有限次元ベクトル空間 U から V への線形写像 $f: U \longrightarrow V$ に対し，f の**階数** $\operatorname{rank} f$ を $\operatorname{rank} f = \dim \operatorname{Im} f$ により定義する．

定理 6.14 (行列の階数と写像の像の階数の一致)　$m \times n$ 行列 $A = (a_{ij}) = (\boldsymbol{a}_1, \cdots, \boldsymbol{a}_n)$ により誘導される線形写像 $L_A : K^n \longrightarrow K^m$ に対して，$\operatorname{rank} L_A = \operatorname{rank} A$ が成り立つ．

証明 はじめに

$$\operatorname{Im} L_A = \left\{ A \begin{pmatrix} c_1 \\ \vdots \\ c_n \end{pmatrix} \middle| c_1, \cdots, c_n \in K \right\}$$

$$= \{ c_1 \boldsymbol{a}_1 + \cdots + c_n \boldsymbol{a}_n \mid c_1, \cdots, c_n \in K \}$$

$$= \langle \boldsymbol{a}_1, \cdots, \boldsymbol{a}_n \rangle \subset K^n$$

に注意しておけば，線形写像の階数の定義と，系 6.3 および定理 2.14 により，

$$\operatorname{rank} L_A = \dim \operatorname{Im} L_A$$

$$= \dim \langle \boldsymbol{a}_1, \cdots, \boldsymbol{a}_n \rangle$$

$$= \operatorname{rank} A$$

を得る． □

最後に，線形写像に関する重要な次元定理を紹介しよう．その前に，有限次元ベクトル空間 U から V への線形写像 $f : U \longrightarrow V$ に対して，**退化次数** $\operatorname{null} f$ を $\operatorname{null} f = \dim (\operatorname{Ker} f)$ で定義する．

定理 6.15 (重要な次元定理) 有限次元ベクトル空間 U から V への線形写像 $f : U \longrightarrow V$ に対して，

$$\operatorname{rank} f + \operatorname{null} f = \dim U$$

が成り立つ．

証明 $n = \dim U$, $k = \operatorname{null} f = \dim (\operatorname{Ker} f)$ とし，$\boldsymbol{x}_1, \cdots, \boldsymbol{x}_k$ を $\operatorname{Ker} f$ の基底とする．これを拡張して，U の基底 $\boldsymbol{x}_1, \cdots, \boldsymbol{x}_k, \boldsymbol{y}_1, \cdots, \boldsymbol{y}_{n-k}$ を得ることができる (定理 6.9)．ここで，各 $1 \leqq i \leqq n-k$ に対し $\boldsymbol{z}_i = f(\boldsymbol{y}_i)$ とおく．このとき，$\boldsymbol{z}_1, \cdots, \boldsymbol{z}_{n-k}$ が線形独立であることを示そう．そこで，$c_1, \cdots, c_{n-k} \in K$ に対して，$c_1 \boldsymbol{z}_1 + \cdots + c_{n-k} \boldsymbol{z}_{n-k} = \boldsymbol{0}$ と仮定する．$\boldsymbol{z}_i = f(\boldsymbol{y}_i)$ であるから，これは $f(c_1 \boldsymbol{y}_1 + \cdots + c_{n-k} \boldsymbol{y}_{n-k}) = \boldsymbol{0}$ を意味しており，$c_1 \boldsymbol{y}_1 + \cdots +$

$c_{n-k}\boldsymbol{y}_{n-k} \in \operatorname{Ker} f$ が成立する．したがって，適当な係数 $a_1, \cdots, a_k \in K$ をとれば，$c_1\boldsymbol{y}_1 + \cdots + c_{n-k}\boldsymbol{y}_{n-k} = a_1\boldsymbol{x}_1 + \cdots + a_k\boldsymbol{x}_k$ と書けているはずであるが，$\boldsymbol{x}_1, \cdots, \boldsymbol{x}_k, \boldsymbol{y}_1, \cdots, \boldsymbol{y}_{n-k}$ が線形独立なので，特に $c_1 = \cdots = c_{n-k} = 0$ を得る．以上より，$\boldsymbol{z}_1, \cdots, \boldsymbol{z}_{n-k}$ は線形独立であることが示された．

また，$\operatorname{Im} f = f(U) = \langle \boldsymbol{z}_1, \cdots, \boldsymbol{z}_{n-k} \rangle$ であるから，$\boldsymbol{z}_1, \cdots, \boldsymbol{z}_{n-k}$ は $\operatorname{Im} f$ の基底となる．したがって，$\operatorname{rank} f = n - k$ となり，$\operatorname{rank} f + \operatorname{null} f = n$ を導くことができた． □

問題 6.15 線形写像 $f : U \longrightarrow V$ が次で与えられているとき，$\operatorname{rank} f$ と $\operatorname{null} f$ をそれぞれ求めよ．

(1) $U = K[X]_3,\ V = K[X]_2,\ f : a + bX + cX^2 + dX^3 \mapsto b + 2cX + 3dX^2$

(2) $U = K[X]_3,\ V = K[X]_2,\ f : a + bX + cX^2 + dX^3 \mapsto 2c + 6dX$

(3) $U = K[X]_3,\ V = K[X]_3,\ f : a + bX + cX^2 + dX^3 \mapsto bX + 2cX^2 + 3dX^3$

問題 6.16 次元の等しいベクトル空間 U と V の間の線形写像 $f : U \longrightarrow V$ に関して次の 3 条件が同値であることを示せ．

(1) f は単射である．

(2) f は全射である．

(3) f は全単射，特に同型写像である．

6.6 商空間と同型定理

ベクトル空間 V と部分空間 W が与えられているとする．次の 3 つの条件をみたす V の部分集合 X をすべて考え，その全体のなす集合を V/W とおく．

(RC1) $X \neq \varnothing$

(RC2) $\boldsymbol{x}, \boldsymbol{y} \in X \implies \boldsymbol{x} - \boldsymbol{y} \in W$

(RC3) $\boldsymbol{x} \in X,\ \boldsymbol{w} \in W \implies \boldsymbol{x} + \boldsymbol{w} \in X$

この X が具体的にどのようなものかを調べる．(RC1) より，1 つの元 $\boldsymbol{x} \in X$ が選べる．また (RC3) より，

$$\boldsymbol{x} + W = \{\boldsymbol{x} + \boldsymbol{w} \mid \boldsymbol{w} \in W\} \subset X$$

● コーヒーブレイク ●

n 次元ベクトル空間 V の線形変換 $f \in \mathrm{End}(V)$ に対して, $f(\boldsymbol{v}_i) = \alpha_i \boldsymbol{v}_i$ $(\alpha_i \in K)$ をみたす V の基底 $\boldsymbol{v}_1, \cdots, \boldsymbol{v}_n$ が存在すれば,

$$(f(\boldsymbol{v}_1), \cdots, f(\boldsymbol{v}_n)) = (\boldsymbol{v}_1, \cdots, \boldsymbol{v}_n) \begin{pmatrix} \alpha_1 & 0 & \cdots & 0 \\ 0 & \alpha_2 & \ddots & \vdots \\ \vdots & \ddots & \ddots & 0 \\ 0 & \cdots & 0 & \alpha_n \end{pmatrix}$$

となるので, この基底に関する f の表現行列は対角行列である. また $V = \mathbf{C}^n$ の場合, 正方行列 $A \in M(n, \mathbf{C})$ の固有多項式が $\Phi_A(x) = (x - \alpha_1) \cdots (x - \alpha_n)$ で与えられているとき, $\det(\alpha_i E - A) = 0$ なので, 各 α_i に対し連立 1 次方程式 $(\alpha_i E - A)\boldsymbol{x} = \boldsymbol{0}$ をみたす自明でない解 $\boldsymbol{x}_i \in \mathbf{C}^n$ が存在する. すなわち, $A\boldsymbol{x}_i = \alpha_i \boldsymbol{x}_i$ である. したがって,

$$A(\boldsymbol{x}_1, \cdots, \boldsymbol{x}_n) = (\boldsymbol{x}_1, \cdots, \boldsymbol{x}_n) \begin{pmatrix} \alpha_1 & 0 & \cdots & 0 \\ 0 & \alpha_2 & \ddots & \vdots \\ \vdots & \ddots & \ddots & 0 \\ 0 & \cdots & 0 & \alpha_n \end{pmatrix}$$

が成り立つ. もし, $\boldsymbol{x}_1, \cdots, \boldsymbol{x}_n$ が線形独立, すなわち $\mathbf{C}^n$ の基底であるときには, $P = (\boldsymbol{x}_1, \cdots, \boldsymbol{x}_n)$ は正則行列となり (定理 6.4 を参照), したがって $P^{-1}AP$ は対角行列となる. より詳しくは第 7 章で学ぶ.

である. さらに (RC2) より, 任意の $\boldsymbol{x}' \in X$ に対して $\boldsymbol{x}' - \boldsymbol{x} \in W$ が成り立つので $X \subset \boldsymbol{x} + W$ が成り立つ. 以上より $X = \boldsymbol{x} + W$ と表わすことができる. 別の元 $\boldsymbol{x}' \in X$ を選んでもよく, 同じく $\boldsymbol{x}' + W = X = \boldsymbol{x} + W$ である. 適当に 1 つ定めた $\boldsymbol{x} \in X$ を X の代表元とよぶ. 代表元を選んだ方が議論しやすい場合もしばしば起こり, $\boldsymbol{x}$ が属する部分集合 X という意味で

$$[\boldsymbol{x}] = [\boldsymbol{x}]_W = \boldsymbol{x} + W \ (= X)$$

という記号も導入しておく．このとき，$[\boldsymbol{x}] \cap [\boldsymbol{y}] \neq \emptyset$ ならば $[\boldsymbol{x}] = [\boldsymbol{y}]$ であることに注意しよう．実際，$\boldsymbol{z} \in [\boldsymbol{x}] \cap [\boldsymbol{y}]$ とすれば $\boldsymbol{z} = \boldsymbol{x} + \boldsymbol{w}' = \boldsymbol{y} + \boldsymbol{w}''$ をみたす $\boldsymbol{w}', \boldsymbol{w}'' \in W$ が存在するが，このとき

$$\begin{aligned}[\boldsymbol{x}] &= \{\boldsymbol{x} + \boldsymbol{w} \mid \boldsymbol{w} \in W\} \\ &= \{\boldsymbol{y} + \boldsymbol{w}'' - \boldsymbol{w}' + \boldsymbol{w} \mid \boldsymbol{w} \in W\} \\ &= \{\boldsymbol{y} + \boldsymbol{w} \mid \boldsymbol{w} \in W\} \\ &= [\boldsymbol{y}]\end{aligned}$$

である．上で定めた集合 V/W は $V/W = \{\, [\boldsymbol{x}] \mid \boldsymbol{x} \in V \,\}$ とも書ける．ただし，$\boldsymbol{x} \in V$ というふうに $\boldsymbol{x}$ の動く範囲が V 全体となっているが，異なる $\boldsymbol{x}, \boldsymbol{x}'$ であっても $X = [\boldsymbol{x}] = [\boldsymbol{x}']$ のように同じものを与えることがあるので注意が必要である．また新しい記号 V/W に違和感を覚えるかも知れないが，これ 1 つでまとまった記号だと思うことにする．$\boldsymbol{x} \in [\boldsymbol{x}]$ であること，また $[\boldsymbol{x}]$ と $[\boldsymbol{y}]$ は完全に一致するか，あるいは共通部分をもたないかのどちらかであることから，

$$V = \bigcup_{X \in V/W} X = \bigcup_{[\boldsymbol{x}] \in V/W} [\boldsymbol{x}]$$

というふうに，V は共通部分をもたない部分集合の集合和として分割されていることが見てとれる (付録にあるように，同値関係を学んでから同値類という概念で定義していく方法もある)．通常は V/W の元を $\bar{\boldsymbol{x}}$ なる記号で表わすことも多いが，この本では $^-$ を複素共役の記号として用いることとし，混乱を避けるために $[\boldsymbol{x}]$ という記号を採用している．

ここで集合 V/W に和とスカラー倍を定めよう．この議論では X よりも $[\boldsymbol{x}]$ という記号を用いる方が説明する上で都合がよい．$[\boldsymbol{x}]$ に属するベクトル $\boldsymbol{x} + \boldsymbol{w}$ ($\boldsymbol{w} \in W$) と $[\boldsymbol{y}]$ に属するベクトル $\boldsymbol{y} + \boldsymbol{w}'$ ($\boldsymbol{w}' \in W$) の和はつねに $\boldsymbol{x} + \boldsymbol{y} + \boldsymbol{w}''$ ($\boldsymbol{w}'' \in W$) の形であるので，$[\boldsymbol{x}] + [\boldsymbol{y}] = [\boldsymbol{x} + \boldsymbol{y}]$ と定めるのが自然である．また，$[\boldsymbol{x}]$ に属するベクトル $\boldsymbol{x} + \boldsymbol{w}$ ($\boldsymbol{w} \in W$) の $\lambda \in K$ によるスカラー倍はつねに $\lambda \boldsymbol{x} + \boldsymbol{w}'$ ($\boldsymbol{w}' \in W$) の形であるので，$\lambda [\boldsymbol{x}] = [\lambda \boldsymbol{x}]$ と定めるのが自然である．また，$\boldsymbol{0}_{V/W} = [\boldsymbol{0}]$ とする．このとき，V/W はベクトル空間の構造をも

つことを示そう．定義より，(VS1)〜(VS8) に相当する以下の式が，すべての $[\boldsymbol{x}], [\boldsymbol{y}], [\boldsymbol{z}] \in V/W$ と $\lambda, \mu \in K$ に対して成立する．

- $([\boldsymbol{x}] + [\boldsymbol{y}]) + [\boldsymbol{z}] = [\boldsymbol{x} + \boldsymbol{y}] + [\boldsymbol{z}] = [(\boldsymbol{x} + \boldsymbol{y}) + \boldsymbol{z}]$
  $= [\boldsymbol{x} + (\boldsymbol{y} + \boldsymbol{z})] = [\boldsymbol{x}] + [\boldsymbol{y} + \boldsymbol{z}] = [\boldsymbol{x}] + ([\boldsymbol{y}] + [\boldsymbol{z}])$
- $[\boldsymbol{x}] + [\boldsymbol{y}] = [\boldsymbol{x} + \boldsymbol{y}] = [\boldsymbol{y} + \boldsymbol{x}] = [\boldsymbol{y}] + [\boldsymbol{x}]$
- $[\boldsymbol{x}] + [\boldsymbol{0}] = [\boldsymbol{x} + \boldsymbol{0}] = [\boldsymbol{x}]$
- $[\boldsymbol{x}] + [-\boldsymbol{x}] = [\boldsymbol{x} - \boldsymbol{x}] = [\boldsymbol{0}]$
- $\lambda([\boldsymbol{x}] + [\boldsymbol{y}]) = \lambda[\boldsymbol{x} + \boldsymbol{y}] = [\lambda(\boldsymbol{x} + \boldsymbol{y})] = [\lambda\boldsymbol{x} + \lambda\boldsymbol{y}]$
  $= [\lambda\boldsymbol{x}] + [\lambda\boldsymbol{y}] = \lambda[\boldsymbol{x}] + \lambda[\boldsymbol{y}]$
- $(\lambda + \mu)[\boldsymbol{x}] = [(\lambda + \mu)\boldsymbol{x}] = [\lambda\boldsymbol{x} + \mu\boldsymbol{x}] = [\lambda\boldsymbol{x}] + [\mu\boldsymbol{x}] = \lambda[\boldsymbol{x}] + \mu[\boldsymbol{x}]$
- $\lambda(\mu[\boldsymbol{x}]) = \lambda[\mu\boldsymbol{x}] = [\lambda(\mu\boldsymbol{x})] = [(\lambda\mu)\boldsymbol{x}] = (\lambda\mu)[\boldsymbol{x}]$
- $1[\boldsymbol{x}] = [1\boldsymbol{x}] = [\boldsymbol{x}]$

したがって，V/W はベクトル空間となる．これをベクトル空間 V の部分空間 W による **商空間** とよぶ．(商空間は現代数学には不可欠の概念である．慣れるのには少し時間が必要かも知れないので，気を引き締めて頑張っていこう．) とはいえ何もイメージが湧かないと困るので例を述べておく．

(その 1) $W = V$ の場合：このとき，$V/V = \{V\} = \{[\boldsymbol{0}]_V\}$ となり $\dim V/V = 0$ である．

(その 2) $W = \{\boldsymbol{0}\}$ の場合：このとき X は一点集合であり，同型

$$V \simeq V/\{\boldsymbol{0}\}$$
$$\boldsymbol{x} \mapsto \{\boldsymbol{x}\}$$

を得る．よって，$\dim V = \dim(V/\{\boldsymbol{0}\})$ である．

(その 3) $K = \mathbf{R}, V = \mathbf{R}^n, W = \langle \boldsymbol{a} \rangle = 1$ 次元 の場合：このとき，V/W は下の図にあるように方向ベクトルが $\boldsymbol{a}$ となる (直感的にいうと $\boldsymbol{a}$ と平行な) すべての直線全体の集合である．

このとき V/W における和とスカラー倍を視覚的に見ると次の図で表わすことができる．

さて話を一般論に戻すと，$\boldsymbol{x} \in V$ に $[\boldsymbol{x}] \in V/W$ を対応させることにより，

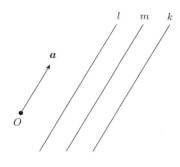

図 **6.1**

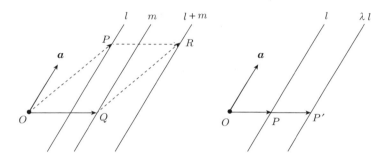

図 **6.2**

写像 $\varphi : V \longrightarrow V/W$ が得られる．$\bm{x}, \bm{y} \in V$ と $\lambda \in K$ に対して $\varphi(\bm{x}+\bm{y}) = [\bm{x}+\bm{y}] = [\bm{x}] + [\bm{y}] = \varphi(\bm{x}) + \varphi(\bm{y})$ かつ $\varphi(\lambda \bm{x}) = [\lambda \bm{x}] = \lambda[\bm{x}] = \lambda \varphi(\bm{x})$ が成り立つので，この φ は線形写像であり，しかも定義より全射になる．これを V から V/W への **自然な線形写像** とよぶ．また φ の核 $\mathrm{Ker}\,\varphi$ は W に一致する．なぜなら $\bm{x} \in V$ に対して

$$[\bm{x}] = [\bm{0}] \iff \bm{x} \in W$$

が成立するからである．この節の残りでは，基本的な結果をいくつか述べる．一般には準同型定理や同型定理とよばれているものであるが，ここでは定理の名前にはこだわらないことにする．

> **定理 6.16** (準同型定理)　$f : U \longrightarrow V$ をベクトル空間の線形写像とする．このとき，
> $$U/\operatorname{Ker} f \simeq \operatorname{Im} f \quad (\text{ベクトル空間の同型})$$
> が成り立つ．とくに，f が全射ならば，
> $$U/\operatorname{Ker} f \simeq V$$
> である．

証明　$W = \operatorname{Ker} f$ とおく．f により，$X = [\boldsymbol{x}] \in U/W$ に属するベクトル $\boldsymbol{x} + \boldsymbol{w}$ ($\boldsymbol{w} \in W$) はすべて同じ元 $f(\boldsymbol{x})$ に写されるので，$f(X)$ は 1 点集合である．よって，U/W から V への写像

$$\tilde{f} : U/W \longrightarrow V, \quad X = [\boldsymbol{x}] \mapsto f(\boldsymbol{x})$$

が誘導される．すなわち，$\tilde{f}$ は $\tilde{f}([\boldsymbol{x}]) = f(\boldsymbol{x})$ によって与えられるものとする．言い換えると V の元 $\tilde{f}(X)$ が $f(X) = \{\tilde{f}(X)\}$ により定まる．このとき，$X = [\boldsymbol{x}], Y = [\boldsymbol{y}] \in U/W$ と $\lambda \in K$ に対して，

$$\begin{aligned}
\tilde{f}(X + Y) &= \tilde{f}([\boldsymbol{x}] + [\boldsymbol{y}]) = \tilde{f}([\boldsymbol{x} + \boldsymbol{y}]) \\
&= f(\boldsymbol{x} + \boldsymbol{y}) = f(\boldsymbol{x}) + f(\boldsymbol{y}) \\
&= \tilde{f}([\boldsymbol{x}]) + \tilde{f}([\boldsymbol{y}]) \\
&= \tilde{f}(X) + \tilde{f}(Y)
\end{aligned}$$

かつ

$$\begin{aligned}
\tilde{f}(\lambda X) &= \tilde{f}(\lambda [\boldsymbol{x}]) = \tilde{f}([\lambda \boldsymbol{x}]) = f(\lambda \boldsymbol{x}) \\
&= \lambda f(\boldsymbol{x}) = \lambda \tilde{f}([\boldsymbol{x}]) \\
&= \lambda \tilde{f}(X)
\end{aligned}$$

が成立しているので，$\tilde{f}$ は線形写像である．さらに

$$\operatorname{Ker} \tilde{f} = \{X \in U/W \mid \tilde{f}(X) = \boldsymbol{0}_V\}$$

$$= \{X \in U/W \mid X = [\boldsymbol{x}],\ f(\boldsymbol{x}) = \boldsymbol{0}_V\}$$
$$= \{X \in U/W \mid X = [\boldsymbol{x}],\ \boldsymbol{x} \in \mathrm{Ker}\, f = W\}$$
$$= \{[\boldsymbol{0}]\}$$

なので $\tilde{f}$ は単射である (問題 6.10 を参照). また，下図の通り

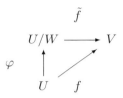

$f = \tilde{f}\, \varphi$ であり，φ が全射なので,
$$\mathrm{Im}\, \tilde{f} = \mathrm{Im}\, f$$

となる．以上より，写像 $\tilde{f}$ は U/W から $\mathrm{Im}\, f$ への全単射線形写像，すなわち同型写像になる． □

ここで典型的な例を設定してみよう．ベクトル空間 U が 2 つの部分空間 V と W の直和 $U = V \oplus W$ であり，U から V への線形写像 $f: U \longrightarrow V$ が，任意の $\boldsymbol{v} \in V$ と任意の $\boldsymbol{w} \in W$ に対して $f(\boldsymbol{v} + \boldsymbol{w}) = \boldsymbol{v}$ であるように定められているものとする．このとき，$\mathrm{Ker}\, f = W$ かつ $\mathrm{Im}\, f = V$ であり，したがって定理 6.16 より $U/W \simeq V$ を得る．

ここで扱った線形写像 f は U から V への直和 $U = V \oplus W$ に沿った**射影**ともよばれる．さらに，f を $\mathrm{End}(U)$ の元，すなわち U の線形変換とみなしたとき，$f^2 = f$ であるので f を **射影作用素** と格調高くよんだりもする (章末問題 3 を参照).

ここで今までのことを例を用いて少し振り返って見直してみよう．

(その 4)　$U = V \oplus W$ をベクトル空間の直和とする．$X \in U/W$ ならば，X は V の元をただ 1 つ含む．言い換えれば $X \cap V$ は 1 点集合である．実際，$\boldsymbol{x} \in X$ のとき，$\boldsymbol{x} = \boldsymbol{v} + \boldsymbol{w}$ $(\boldsymbol{v} \in V, \boldsymbol{w} \in W)$ と表わすと，$\boldsymbol{v} = \boldsymbol{x} - \boldsymbol{w} \in X \cap V$ となり，$X \cap V \neq \emptyset$ である．また，$\boldsymbol{v}_1, \boldsymbol{v}_2 \in X \cap V$ ならば $\boldsymbol{v}_1 - \boldsymbol{v}_2 \in V \cap W =$

$\{\mathbf{0}\}$ ゆえ，$\mathbf{v}_1 = \mathbf{v}_2$ である．このことから $\varphi : U \longrightarrow U/W$ の V への制限

$$\varphi' = \varphi|_V \,:\, V \longrightarrow U/W$$

はベクトル空間の同型写像であることが従う．たとえば，先の (その 3) の状況で $n = 3$ としてみよう．2 次元部分空間 $H \subset V$ で $\mathbf{a} \notin H$ なるものをとる．H は原点 O を通る平面とみなせる．

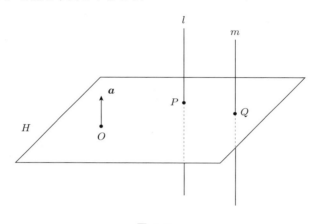

図 6.3

仮定から H と $\mathbf{a}$ が空間 $\mathbf{R}^3$ を張っている: $\mathbf{R}^3 = H \oplus \langle \mathbf{a} \rangle$．明らかに，方向ベクトルが $\mathbf{a}$ である直線 l は H と 1 点 P で交わる．こうして，$l \longleftrightarrow P$ により，$\mathbf{R}^3/\langle \mathbf{a} \rangle$ の元と H の元は 1 対 1 に対応する．この対応で 2 つのベクトル空間 $\mathbf{R}^3/\langle \mathbf{a} \rangle$ と H は同型になる．

引き続き一般論に戻り，同型定理とよばれている 2 種類の定理を示そう．

定理 6.17 (発展：第一同型定理)　$f : U \longrightarrow V$ をベクトル空間の間の全射線形写像とする．V' を V の部分空間とし，$U' = \{\mathbf{u} \in U \mid f(\mathbf{u}) \in V'\}$ とおく．

(1)　U' は U の部分空間である．

(2)　$U/U' \simeq V/V'$ である．

証明 （1） まず，$f(\mathbf{0}_U) = \mathbf{0}_V \in V'$ より $\mathbf{0}_U \in U'$ なので，特に $U' \neq \emptyset$ である．$\mathbf{u}, \mathbf{u}' \in U'$ と $\lambda \in K$ に対して，$f(\mathbf{u} + \mathbf{u}') = f(\mathbf{u}) + f(\mathbf{u}') \in V'$ かつ $f(\lambda \mathbf{u}) = \lambda f(\mathbf{u}) \in V'$ が成り立つので，$\mathbf{u} + \mathbf{u}', \lambda \mathbf{u} \in U'$ がいえる．したがって U' は U の部分空間である．

（2） $\mathbf{x} \in V$ に対して，$[\mathbf{x}] = \{\mathbf{x} + \mathbf{y} \mid \mathbf{y} \in V'\} \in V/V'$ とおく．ここで，合成写像 $U \xrightarrow{f} V \xrightarrow{\varphi} V/V'$ を $g = \varphi \circ f$ とする．ただし，φ は V から V/V' への自然な線形写像とする．すなわち，$\mathbf{u} \in U$ に $[f(\mathbf{u})] \in V/V'$ を対応させる写像が $g : U \longrightarrow V/V'$ のことである．このとき定義より g は全射であり，さらに

$$\operatorname{Ker} g = \{\mathbf{u} \in U \mid [f(\mathbf{u})] = [\mathbf{0}]\} = \{\mathbf{u} \in U \mid f(\mathbf{u}) \in V'\} = U'$$

が成り立つ．したがって，定理 6.16 より，$U/U' \simeq V/V'$ となる． □

定理 6.18 (発展：第二同型定理)　V をベクトル空間とし，U, W をその部分空間とする．このとき，

$$(U + W)/W \simeq U/(U \cap W)$$

が成り立つ．

証明　$T = U + W$ とおき，$\mathbf{x} \in T$ に対して，$[\mathbf{x}] = \{\mathbf{x} + \mathbf{w} \mid \mathbf{w} \in W\}$ と定める．ここで合成写像 $f : U \longrightarrow T \longrightarrow T/W$ を考える．この f は $\mathbf{u} \in U$ に対して $\mathbf{u} \mapsto [\mathbf{u}]$ なる対応で定義される．また，定義より $T/W = \{[\mathbf{u}] \mid \mathbf{u} \in U\}$ であり，したがって写像 $f : U \longrightarrow T/W$ は全射である．さらに，

$$\operatorname{Ker} f = \{\mathbf{u} \in U \mid f(\mathbf{u}) = [\mathbf{0}]\}$$
$$= \{\mathbf{u} \in U \mid \mathbf{u} \in W\}$$
$$= U \cap W$$

に注意すれば，定理 6.16 により，$U/(U \cap W) \simeq (U + W)/W$ が成り立つ． □

じつは同型定理にはもう 1 つあるが，これは発展問題として読者の課題に残

しておこう.

問題 6.17 (発展：第三同型定理) ベクトル空間 V に対し，その部分空間 U, W が $U \subset W$ をみたしているとき,

$$(V/U)/(W/U) \simeq V/W$$

が成り立つことを示せ.

さて，ここで商空間の次元について注意しておこう．ベクトル空間 V の次元が n で，その r 次元部分空間 W があるとき，商空間 V/W の次元はいくつになるであろうか．まず自然な線形写像 $\varphi: V \longrightarrow V/W$ に対して線形写像の次元定理を適用すると，定理 6.15 より $\dim V/W + r = n$ を得る．まとめておくと：

定理 6.19 (次元定理の商空間版)　有限次元ベクトル空間 V とその部分空間 W に対して

$$\dim V/W = \dim V - \dim W$$

が成り立つ.

注意　定理 6.19 に注意しながら，次元の等しいベクトル空間は同型である (定理 6.13) という視点で振り返ると，第二同型定理 (定理 6.18) は次元公式 (定理 6.12) を変形したもの

$$\dim(U+W) - \dim W = \dim U - \dim(U \cap W)$$

に対応していて，また第三同型定理 (問題 6.17) は次の自明な式

$$(\dim V - \dim U) - (\dim W - \dim U) = \dim V - \dim W$$

に相当していることが分かる．単にベクトル空間としての同型を確認するだけならば次元の計算だけでも十分であるが，同型写像を具体的に把握しておくことも理論上きわめて重要である．

6.7 発展：双対空間と双対定理

次に，ベクトル空間 U からベクトル空間 V への線形写像全体 $H = \mathrm{Hom}(U, V)$ がベクトル空間の構造をもつことを示そう．$f, g \in H$ の和 $f + g \in H$ を $f + g : \boldsymbol{u} \mapsto f(\boldsymbol{u}) + g(\boldsymbol{u})$ で定める．また，$f \in H$ の $\lambda \in K$ によるスカラー倍 $\lambda f \in H$ を $\lambda f : \boldsymbol{u} \mapsto \lambda f(\boldsymbol{u})$ で定める．さらに，$0_H \in H$ を $0_H : \boldsymbol{u} \mapsto \boldsymbol{0}_V$ で定める．このとき，

- $\{(f + g) + h\}(\boldsymbol{u}) = (f + g)(\boldsymbol{u}) + h(\boldsymbol{u}) = \{f(\boldsymbol{u}) + g(\boldsymbol{u})\} + h(\boldsymbol{u})$
  $= f(\boldsymbol{u}) + \{g(\boldsymbol{u}) + h(\boldsymbol{u})\} = f(\boldsymbol{u}) + (g + h)(\boldsymbol{u}) = \{f + (g + h)\}(\boldsymbol{u})$
- $(f + g)(\boldsymbol{u}) = f(\boldsymbol{u}) + g(\boldsymbol{u}) = g(\boldsymbol{u}) + f(\boldsymbol{u}) = (g + f)(\boldsymbol{u})$
- $(f + 0_H)(\boldsymbol{u}) = f(\boldsymbol{u}) + 0_H(\boldsymbol{u}) = f(\boldsymbol{u}) + \boldsymbol{0}_V = f(\boldsymbol{u})$
- $\{f + (-1)f\}(\boldsymbol{u}) = f(\boldsymbol{u}) + (-1)f(\boldsymbol{u}) = f(\boldsymbol{u}) - f(\boldsymbol{u}) = \boldsymbol{0}_V = 0_H(\boldsymbol{u})$
- $\{\lambda(f + g)\}(\boldsymbol{u}) = \lambda(f + g)(\boldsymbol{u}) = \lambda\{f(\boldsymbol{u}) + g(\boldsymbol{u})\}$
  $= \lambda f(\boldsymbol{u}) + \lambda g(\boldsymbol{u}) = \{(\lambda f) + (\lambda g)\}(\boldsymbol{u})$
- $\{(\lambda + \mu)f\}(\boldsymbol{u}) = (\lambda + \mu)f(\boldsymbol{u}) = \lambda f(\boldsymbol{u}) + \mu f(\boldsymbol{u})$
  $= (\lambda f)(\boldsymbol{u}) + (\mu f)(\boldsymbol{u}) = \{(\lambda f) + (\mu f)\}(\boldsymbol{u})$
- $\{\lambda(\mu f)\}(\boldsymbol{u}) = \lambda(\mu f)(\boldsymbol{u}) = \lambda\{\mu f(\boldsymbol{u})\} = (\lambda\mu)f(\boldsymbol{u}) = \{(\lambda\mu)f\}(\boldsymbol{u})$
- $(1f)(\boldsymbol{u}) = 1\{f(\boldsymbol{u})\} = f(\boldsymbol{u})$

がすべての $f, g, h \in H$ とすべての $\lambda, \mu \in K$ とすべての $\boldsymbol{u} \in U$ に対して成り立つ．これらの式がちょうど (VS1) ～ (VS8) に対応していることに気づかれるであろうか．したがって，$H = \mathrm{Hom}(U, V)$ はベクトル空間となる．

とくに，n 次元ベクトル空間 V から 1 次元ベクトル空間 K への線形写像全体のなす集合 $\mathrm{Hom}(V, K)$ を V^* で表わすとき，V^* はベクトル空間である．ここで，$\boldsymbol{x}_1, \cdots, \boldsymbol{x}_n$ を V の基底とする．さらに，各 $1 \leqq i \leqq n$ に対して，$f_i \in V^*$ を $f_i : a_1\boldsymbol{x}_1 + \cdots + a_n\boldsymbol{x}_n \mapsto a_i$ で定める．このとき，$f \in V^*$ に対して，

$$f(a_1\boldsymbol{x}_1 + \cdots + a_n\boldsymbol{x}_n) = a_1 f(\boldsymbol{x}_1) + \cdots a_n f(\boldsymbol{x}_n)$$
$$= \{f(\boldsymbol{x}_1)f_1 + \cdots + f(\boldsymbol{x}_n)f_n\}(a_1\boldsymbol{x}_1 + \cdots + a_n\boldsymbol{x}_n)$$

なので，$f = f(\boldsymbol{x}_1)f_1 + \cdots + f(\boldsymbol{x}_n)f_n$ である．すなわち，$V^* = \langle f_1, \cdots, f_n \rangle$ が成り立つ．

また，$b_1 f_1 + \cdots + b_n f_n = 0_{V^*}$ と仮定すれば，
$$b_i = (b_1 f_1 + \cdots + b_n f_n)(\boldsymbol{x}_i) = 0_{V^*}(\boldsymbol{x}_i) = 0$$
となり，これより $b_1 = \cdots = b_n = 0$ を得る．したがって，$f_1, \cdots, f_n$ は線形独立であることが分かる．

以上より，$f_1, \cdots, f_n$ は V^* の基底となる．よって，$\dim V^* = n$ となる．V^* を V の **双対空間**，$f_1, \cdots, f_n$ を $\boldsymbol{x}_1, \cdots, \boldsymbol{x}_n$ の **双対基底** という．次元が等しいので V と V^* はベクトル空間として同型ではあるが，両者の間に同型写像を具体的に作ろうとすると，同型写像 $\varphi : V \longrightarrow V^*$ として $\varphi(\boldsymbol{x}_i) = f_i$ ($1 \leqq i \leqq n$) とするくらいである．しかし，これは基底の選び方によってしまっていて，(うるさくいえば) その意味で自然とはいいがたい同型なのである．

それに反して，もう一度双対空間をとった $V^{**} = (V^*)^*$ を考えてみると，(もちろんこれも次元が等しいことから，V と V^* と V^{**} とはすべてベクトル空間としては同型なのであるが) V と V^{**} との間には基底の選び方にはよらない大変に自然な同型写像が存在する．

これを確かめてみよう．各 $\boldsymbol{x} \in V$ に対して，写像 $\delta_{\boldsymbol{x}} : V^* \longrightarrow K$ を $\delta_{\boldsymbol{x}}(f) = f(\boldsymbol{x})$ で定める．このとき，$f, g \in V^*$ と $\lambda \in K$ に対して，
$$\delta_{\boldsymbol{x}}(f + g) = (f + g)(\boldsymbol{x}) = f(\boldsymbol{x}) + g(\boldsymbol{x}) = \delta_{\boldsymbol{x}}(f) + \delta_{\boldsymbol{x}}(g)$$
かつ
$$\delta_{\boldsymbol{x}}(\lambda f) = (\lambda f)(\boldsymbol{x}) = \lambda f(\boldsymbol{x}) = \lambda \delta_{\boldsymbol{x}}(f)$$
が成り立つので，$\delta_{\boldsymbol{x}}$ は線形写像である．すなわち，$\delta_{\boldsymbol{x}} \in V^{**}$ である．したがって，ここに新たな写像 $\delta : V \longrightarrow V^{**}$ が $\delta(\boldsymbol{x}) = \delta_{\boldsymbol{x}}$ によって定義されたことになる．

この写像 δ が線形写像であることを示そう．各 $\boldsymbol{x}, \boldsymbol{y} \in V$ と $\lambda \in K$ に対して，$f \in V^*$ での値を比べてみると，
$$(\delta(\boldsymbol{x} + \boldsymbol{y}))(f) = \delta_{\boldsymbol{x}+\boldsymbol{y}}(f) = f(\boldsymbol{x} + \boldsymbol{y}) = f(\boldsymbol{x}) + f(\boldsymbol{y}) = \delta_{\boldsymbol{x}}(f) + \delta_{\boldsymbol{y}}(f)$$

$$= (\delta_{\boldsymbol{x}} + \delta_{\boldsymbol{y}})(f) = (\delta(\boldsymbol{x}) + \delta(\boldsymbol{y}))(f)$$

かつ

$$\delta(\lambda \boldsymbol{x})(f) = \delta_{\lambda \boldsymbol{x}}(f) = f(\lambda \boldsymbol{x})$$
$$= \lambda f(\boldsymbol{x}) = \lambda \delta_{\boldsymbol{x}}(f) = (\lambda \delta_{\boldsymbol{x}})(f) = (\lambda \delta(\boldsymbol{x}))(f)$$

が成り立つので,

$$\delta(\boldsymbol{x} + \boldsymbol{y}) = \delta(\boldsymbol{x}) + \delta(\boldsymbol{y})$$
$$\delta(\lambda \boldsymbol{x}) = \lambda \delta(\boldsymbol{x})$$

となり,この δ は線形写像であることが証明された.さらに,$\delta(\boldsymbol{x}) = \delta_{\boldsymbol{x}} = 0$ ならば,V の基底 $\boldsymbol{x}_1, \cdots, \boldsymbol{x}_n$ とその双対基底 $f_1, \cdots, f_n$ に関して $\boldsymbol{x} = c_1 \boldsymbol{x}_1 + \cdots + c_n \boldsymbol{x}_n$ ($c_i \in K$) と表わすと,$0 = \delta_{\boldsymbol{x}}(f_i) = f_i(\boldsymbol{x}) = c_i$ となるので $\boldsymbol{x} = \boldsymbol{0}$ がいえる.これは δ が単射を意味しており,$\operatorname{rank}\delta + \operatorname{null}\delta = \dim V$ より $\operatorname{rank}\delta = n$ となるので,δ が全射であることも分かる (問題 6.16 を参照).すなわち,δ は同型写像であり,その定義は基底の選び方にはよらない自然なものである.

この自然な同型の存在は **双対定理** とよばれている.これは V が有限次元の場合の話である.V が無限次元の場合には様子が少し異なるので注意しよう.V が無限次元の場合には $V \not\cong V^*$ (非同型) であり,また V から V^{**} への自然な写像は確かに同じように存在するが,それは単射線形写像ではあっても全射にはならないのである.ここでは無限次元の場合については深入りはしない.

6.8 計量ベクトル空間

ここでも,$K = \mathbf{R}$ (実数体),$\mathbf{C}$(複素数体) のいずれかの場合とする.複素数 $z = x + y\sqrt{-1} \in \mathbf{C}$ ($x, y \in \mathbf{R}$) に対して,その共役複素数 $\bar{z}$ は $\bar{z} = x - y\sqrt{-1}$ であった.さらに,複素数 $z = x + y\sqrt{-1}$ の実部 x を $\operatorname{Re} z$ で,またその虚部 y を $\operatorname{Im} z$ で表わす約束であった.実数 $x \in \mathbf{R}$ に対しては,その共役複素数は $\bar{x} = x$ と自分自身に等しく,なにも起こらないことにも注意しよう.

定義 6.5 V を有限次元ベクトル空間とし，V の 2 元 $\bm{x}, \bm{y}$ に対して，**内積** とよばれる K の元 $(\bm{x}, \bm{y})$ が定まり，次の条件をみたしているとする．ただし，$\bm{x}_1, \bm{x}_2 \in V, \lambda \in K$ とする．

（IP1） $(\bm{x}_1 + \bm{x}_2, \bm{y}) = (\bm{x}_1, \bm{y}) + (\bm{x}_2, \bm{y})$

（IP2） $(\lambda \bm{x}, \bm{y}) = \lambda (\bm{x}, \bm{y})$

（IP3） $(\bm{x}, \bm{y}) = \overline{(\bm{y}, \bm{x})}$

（IP4） $(\bm{x}, \bm{x}) \geqq 0$

（IP5） $(\bm{x}, \bm{x}) = 0 \Longleftrightarrow \bm{x} = \bm{0}$

このとき V を K 上の **計量ベクトル空間** という．

ここでも耳慣れない計量という言葉が出てきたが，以下の話でもわかるようにベクトルの長さなどが計測できるベクトル空間という意味である (ベクトル空間の条件 (VS1)〜(VS8) だけでは，個々のベクトルの長さが測れない)．これらの条件から次の 2 つの性質を導くことができる．

（IP1）$'$ $(\bm{x}, \bm{y}_1 + \bm{y}_2) = (\bm{x}, \bm{y}_1) + (\bm{x}, \bm{y}_2)$

（IP2）$'$ $(\bm{x}, \lambda \bm{y}) = \bar{\lambda}(\bm{x}, \bm{y})$

例 6.7 $V = K^n$ とし，$\bm{x} = \begin{pmatrix} x_1 \\ x_2 \\ \vdots \\ x_n \end{pmatrix}, \bm{y} = \begin{pmatrix} y_1 \\ y_2 \\ \vdots \\ y_n \end{pmatrix} \in V$ に対し，内積を

$$(\bm{x}, \bm{y}) = x_1 \bar{y}_1 + \cdots + x_n \bar{y}_n = {}^t\bm{x}\,\bar{\bm{y}}$$

と定める．このとき，V は K 上の計量ベクトル空間になる．この内積を K^n の標準内積とよぶ．

計量ベクトル空間 V の元 $\bm{x}$ の **ノルム** を $\|\bm{x}\| = \sqrt{(\bm{x}, \bm{x})}$ で定める．たとえば，K^2 の標準内積に関して，$\begin{pmatrix} 1 \\ 2 \end{pmatrix}$ のノルムは $\sqrt{5}$ になる．

では次にコーシー・シュワルツ (Cauchy-Schwarz) の**不等式**とよばれる式を証明する.

定理 6.20 計量ベクトル空間 V の 2 元 $\boldsymbol{x}, \boldsymbol{y}$ に対し,
$$|(\boldsymbol{x}, \boldsymbol{y})| \leqq \|\boldsymbol{x}\| \|\boldsymbol{y}\|$$
が成立する. ただし, 等号が成立する場合は, $\boldsymbol{x}$ と $\boldsymbol{y}$ が線形従属になるときに限る.

証明 $\boldsymbol{y} = \boldsymbol{0}$ のときは成立する. $\boldsymbol{y} \neq \boldsymbol{0}$ と仮定する. ここで,
$$\boldsymbol{z} = \boldsymbol{x} - \frac{(\boldsymbol{x}, \boldsymbol{y})}{\|\boldsymbol{y}\|^2} \boldsymbol{y}$$
とおく. このとき,
$$\begin{aligned}
\|\boldsymbol{z}\|^2 = (\boldsymbol{z}, \boldsymbol{z}) &= \left(\boldsymbol{x} - \frac{(\boldsymbol{x}, \boldsymbol{y})}{\|\boldsymbol{y}\|^2} \boldsymbol{y}, \boldsymbol{x} - \frac{(\boldsymbol{x}, \boldsymbol{y})}{\|\boldsymbol{y}\|^2} \boldsymbol{y} \right) \\
&= \|\boldsymbol{x}\|^2 - \frac{|(\boldsymbol{x}, \boldsymbol{y})|^2}{\|\boldsymbol{y}\|^2} - \frac{|(\boldsymbol{x}, \boldsymbol{y})|^2}{\|\boldsymbol{y}\|^2} + \frac{|(\boldsymbol{x}, \boldsymbol{y})|^2}{\|\boldsymbol{y}\|^2} \\
&= \frac{\|\boldsymbol{x}\|^2 \|\boldsymbol{y}\|^2 - |(\boldsymbol{x}, \boldsymbol{y})|^2}{\|\boldsymbol{y}\|^2}
\end{aligned}$$
が成り立ち, $\|\boldsymbol{z}\|^2 \geqq 0$ より $|(\boldsymbol{x}, \boldsymbol{y})|^2 \leqq \|\boldsymbol{x}\|^2 \|\boldsymbol{y}\|^2$ を得る. これから, $|(\boldsymbol{x}, \boldsymbol{y})| \leqq \|\boldsymbol{x}\| \|\boldsymbol{y}\|$ となり, 題意が示せた. 等号が成立する場合は, $\boldsymbol{z} = \boldsymbol{0}$ のときであるので, これも明らかであろう. □

さらに, これを用いて **三角不等式** とよばれる基本的な式が以下により示される.
$$\begin{aligned}
\|\boldsymbol{x} + \boldsymbol{y}\|^2 &= (\boldsymbol{x} + \boldsymbol{y}, \boldsymbol{x} + \boldsymbol{y}) \\
&= \|\boldsymbol{x}\|^2 + (\boldsymbol{x}, \boldsymbol{y}) + (\boldsymbol{y}, \boldsymbol{x}) + \|\boldsymbol{y}\|^2 \\
&= \|\boldsymbol{x}\|^2 + 2 \operatorname{Re}(\boldsymbol{x}, \boldsymbol{y}) + \|\boldsymbol{y}\|^2 \\
&\leqq \|\boldsymbol{x}\|^2 + 2|(\boldsymbol{x}, \boldsymbol{y})| + \|\boldsymbol{y}\|^2
\end{aligned}$$

$$\leq \|\boldsymbol{x}\|^2 + 2\|\boldsymbol{x}\|\,\|\boldsymbol{y}\| + \|\boldsymbol{y}\|^2$$
$$= (\|\boldsymbol{x}\| + \|\boldsymbol{y}\|)^2$$

大切なので定理の形にまとめておこう (例題 1.2 を参照).

定理 6.21 (三角不等式) 計量ベクトル空間 V の 2 元 $\boldsymbol{x}, \boldsymbol{y}$ に対して,
$$\bigl|\|\boldsymbol{x}\| - \|\boldsymbol{y}\|\bigr| \leq \|\boldsymbol{x} + \boldsymbol{y}\| \leq \|\boldsymbol{x}\| + \|\boldsymbol{y}\|$$
が成立する.

最後に, 計量ベクトル空間 V の正規直交基底に関して, グラム・シュミット (Gram-Schmidt) の直交化法について述べる. そのために, 直交の定義を与えよう.

V の元 $\boldsymbol{x}, \boldsymbol{y}$ が **直交する** とは, $(\boldsymbol{x}, \boldsymbol{y}) = 0$ となることである. このとき, $\boldsymbol{x} \perp \boldsymbol{y}$ と書く. ここで, V の基底 $\boldsymbol{x}_1, \cdots, \boldsymbol{x}_n$ が, $1 \leq i, j \leq n$ に対し $(\boldsymbol{x}_i, \boldsymbol{x}_j) = \delta_{ij}$ をみたすとき, この基底は **正規直交基底** とよばれる. V の任意の基底から, 次のようにして V の正規直交基底を作ることができる. この方法を **グラム・シュミットの直交化法** という.

定理 6.22 V を n 次元計量ベクトル空間とし, $\boldsymbol{v}_1, \cdots, \boldsymbol{v}_n$ をその基底とする. ここで V のベクトル $\boldsymbol{e}_1, \cdots, \boldsymbol{e}_n$ を次のように $\boldsymbol{e}_1$ から順に決めていく.

$$\begin{cases} \boldsymbol{e}_1 = \boldsymbol{v}_1 \\ \boldsymbol{e}_2 = \boldsymbol{v}_2 - \dfrac{(\boldsymbol{v}_2, \boldsymbol{e}_1)}{(\boldsymbol{e}_1, \boldsymbol{e}_1)} \boldsymbol{e}_1 \\ \quad \cdots\cdots \\ \boldsymbol{e}_j = \boldsymbol{v}_j - \displaystyle\sum_{i=1}^{j-1} \dfrac{(\boldsymbol{v}_j, \boldsymbol{e}_i)}{(\boldsymbol{e}_i, \boldsymbol{e}_i)} \boldsymbol{e}_i \\ \quad \cdots\cdots \\ \boldsymbol{e}_n = \boldsymbol{v}_n - \displaystyle\sum_{i=1}^{n-1} \dfrac{(\boldsymbol{v}_n, \boldsymbol{e}_i)}{(\boldsymbol{e}_i, \boldsymbol{e}_i)} \boldsymbol{e}_i \end{cases}$$

このとき,
　(1) $e_1, \cdots, e_n$ は V の基底であり，互いに直交する．すなわち，$i \neq j$ のとき $(e_i, e_j) = 0$ である．
　(2) $\dfrac{1}{||e_1||}e_1, \cdots, \dfrac{1}{||e_n||}e_n$ は V の正規直交基底をなす．

証明 (2) は (1) から明らかであるので，(1) のみを示す．ここで $V_j = \langle v_1, \cdots, v_j \rangle$ とおく．このとき，次の事実を j に関する数学的帰納法で証明しよう．

$$e_1, \cdots, e_j \text{ は } V_j \text{ の基底であり，互いに直交する．}$$

$j = 1$ のときは明らかに正しい．$j = k$ でこの事実が成り立っていると仮定する．ここで,

$$e_{k+1} = v_{k+1} - \sum_{i=1}^{k} \frac{(v_{k+1}, e_i)}{(e_i, e_i)} e_i$$

であるから，e_{k+1} は $e_1, \cdots, e_k, v_{k+1}$ の線形結合で表わされ，また v_{k+1} は $e_1, \cdots, e_k, e_{k+1}$ の線形結合で表わされる．とくに，$V_{k+1} = \langle e_1, \cdots, e_{k+1} \rangle$ である．さらに $v_{k+1} \notin V_k$ であるから $e_{k+1} \notin V_k = \langle e_1, \cdots, e_k \rangle$ であり，したがって $e_1, \cdots, e_k, e_{k+1}$ は定理 6.1 より線形独立となる．ゆえに，$e_1, \cdots, e_{k+1}$ は V_{k+1} の基底をなすことがわかる．とくに，$e_{k+1} \neq \mathbf{0}$ である．さらに，$j = 1, \cdots, k$ に対して，

$$\begin{aligned}(e_{k+1}, e_j) &= (v_{k+1}, e_j) - \sum_{i=1}^{k} \frac{(v_{k+1}, e_i)}{(e_i, e_i)}(e_i, e_j) \\ &= (v_{k+1}, e_j) - \frac{(v_{k+1}, e_j)}{(e_j, e_j)}(e_j, e_j) \\ &= 0\end{aligned}$$

が成り立つので，$e_1, \cdots, e_k, e_{k+1}$ は互いに直交する．こうして帰納法が完成し，定理の証明が終わる． □

問題 6.18 計量ベクトル空間 $\mathbf{R}^3$ の基底が次で与えられているとき，グラム・シュミットの方法により正規直交基底を作れ．

(1) $\begin{pmatrix} 1 \\ 1 \\ 1 \end{pmatrix}, \begin{pmatrix} 1 \\ 2 \\ 1 \end{pmatrix}, \begin{pmatrix} 0 \\ 1 \\ 1 \end{pmatrix}$ (2) $\begin{pmatrix} 2 \\ 0 \\ 1 \end{pmatrix}, \begin{pmatrix} 1 \\ 2 \\ 0 \end{pmatrix}, \begin{pmatrix} 1 \\ 0 \\ 0 \end{pmatrix}$

(3) $\begin{pmatrix} 0 \\ 1 \\ 1 \end{pmatrix}, \begin{pmatrix} 2 \\ 1 \\ 2 \end{pmatrix}, \begin{pmatrix} 1 \\ 3 \\ 1 \end{pmatrix}$

問題 6.19 定理 6.22 において，基底 $\boldsymbol{v}_1, \cdots, \boldsymbol{v}_n$ から基底 $\boldsymbol{e}_1, \cdots, \boldsymbol{e}_n$ への基底の変換行列は，対角成分がすべて 1 の上三角行列になることを示せ．

6.9　第 6 章付録

ここでは最初に集合における同値関係と同値類について述べる．空でない集合 S に対し，任意の 2 元 x と y の間に，いま着目しようとしている関係 $\sim$ が存在するか存在しないかが必ずはっきりと定められているものとする．関係が存在する場合には $x \sim y$ で表わし，関係が存在しない場合には $x \not\sim y$ で表わすことにする．2 つの元の間の関係であるので，しばしば S 上の二項関係ともよばれる．この二項関係 $\sim$ に対し，

$$C(x) = \{x' \in S \mid x \sim x'\}$$

とおく．この二項関係 $\sim$ が以下の 3 条件をみたしているとき，**同値関係** であるとよばれる．

(反射律)　すべての $x \in S$ に対して $x \sim x$ である，すなわち $x \in C(x)$ である．

(対称律)　$x, y \in S$ に対して，$x \sim y$ ならば $y \sim x$ である．

(推移律)　$x, y, z \in S$ に対して，$x \sim y$ と $y \sim z$ が共に成り立つならば $x \sim z$ である．

同値関係を定義するのに，上の (反射律) を

$$\text{「すべての } x \in S \text{ に対して } C(x) \neq \varnothing \text{ である」} \tag{$*$}$$

という条件で置き換えてもよい．実際，(反射律) から $x \in C(x)$ なので明らかに $C(x) \neq \varnothing$ である．また逆に条件 $(*)$ により $y \in C(x)$ を 1 つ選べば定義から $x \sim y$ であり，(対称律) から $y \sim x$ でもあり，したがってさらに (推移律) より $x \sim x$ が成り立つ．

同値関係が与えられているとき，各 $C(x)$ を x の属する同値類という．任意の 2 つの同値類 $C(x)$ と $C(y)$ は完全に一致するか，それとも共通部分をもたないかのいずれかである．実際，$C(x) \cap C(y) \neq \varnothing$ であれば，$v \in C(x) \cap C(y)$ なる元 v に対して $x \sim v$ かつ $y \sim v$ であり，(対称律) と (推移律) を用いれば $x \sim y$ かつ $y \sim x$ を得る．さらに $w \in C(x)$ ならば $x \sim w$ であり，(推移律) より $y \sim w$ すなわち $w \in C(y)$ が成り立つ．これは $C(x) \subset C(y)$ を意味しているが，同じ論法で $C(y) \subset C(x)$ も導くことができる．したがって，$C(x) = C(y)$ となる．以上より，相異なる $C(x_1), \cdots, C(x_i), \cdots$ を選べば S を共通部分のない同値類の合併として

$$S = C(x_1) \cup \cdots \cup C(x_i) \cup \cdots$$

と書き表わすことができる．これを S の同値関係 $\sim$ による類別とよぶ．S のどの要素もどれかの同値類に属していて，しかも各同値類の間には共通部分がない状態である．ここで同値類全体のなす集合 $S/\sim = \{C(x_1), \cdots, C(x_i), \cdots\}$ を考え，この集合 $S/\sim$ を S の $\sim$ による **商集合** とよぶ．

ベクトル空間 V とその部分空間 W が与えられているとき，V の W による商空間 V/W の構成について補足しよう．まず，V の元 $\boldsymbol{x}, \boldsymbol{y}$ が二項関係 $\sim$ をみたすということを $\boldsymbol{x} - \boldsymbol{y} \in W$ により定義し，記号で $\boldsymbol{x} \sim \boldsymbol{y}$ と表わす．このとき，この二項関係 $\sim$ は反射律，対称律，推移律をみたす．実際，反射律は

$$\boldsymbol{x} \sim \boldsymbol{x} \iff \boldsymbol{x} - \boldsymbol{x} = \boldsymbol{0} \in W$$

より成り立ち，また対称律は

$$\boldsymbol{x} \sim \boldsymbol{y} \implies \boldsymbol{x} - \boldsymbol{y} \in W$$

$$\implies \bm{y} - \bm{x} = -(\bm{x} - \bm{y}) \in W$$
$$\implies \bm{y} \sim \bm{x}$$

より成り立ち，そして推移律は

$$\bm{x} \sim \bm{y},\ \bm{y} \sim \bm{z} \implies \bm{x} - \bm{y},\ \bm{y} - \bm{z} \in W$$
$$\implies \bm{x} - \bm{z} = (\bm{x} - \bm{y}) + (\bm{y} - \bm{z}) \in W$$
$$\implies \bm{x} \sim \bm{z}$$

より成り立つ．したがって，この二項関係は同値関係となり，V は同値類に類別される．このとき，$\bm{x}$ が属する同値類 $C(\bm{x}) = \{\bm{v} \in V \mid \bm{x} \sim \bm{v}\}$ が本文で述べている $[\bm{x}] = \{\bm{x} + \bm{w} \mid \bm{w} \in W\}$ に他ならない．よって，同値関係 $\sim$ による同値類全体のなす集合 $V/\sim$ が V の W による商空間 V/W そのものとなる．

第6章の章末問題

問題1 U, W がベクトル空間 V の部分空間であっても，$U \cup W$ が再び部分空間になるとは限らない．$U \cup W$ が部分空間にならない例をあげよ．しかし，もし $U \cup W$ が部分空間になっているならば，$U \subset W$ または $W \subset U$ のどちらかである．これを示せ．

問題2 次の行列が定める線形写像の像と核を求め，その次元を計算せよ．

(1) $\begin{pmatrix} 1 & 2 & 0 \\ 0 & 2 & 1 \end{pmatrix}$
(2) $\begin{pmatrix} 0 & 1 \\ 1 & 2 \\ 2 & 3 \end{pmatrix}$
(3) $\begin{pmatrix} 1 & 2 & 3 \\ 1 & 2 & 3 \\ 1 & 2 & 3 \end{pmatrix}$

(4) $\begin{pmatrix} 0 & 1 & -1 \\ 1 & 1 & -2 \\ 2 & -2 & 0 \\ 3 & -2 & -1 \end{pmatrix}$
(5) $\begin{pmatrix} 1 & 2 & 3 & 4 \\ 5 & 6 & 7 & 8 \\ 9 & 10 & 11 & 12 \\ 13 & 14 & 15 & 16 \end{pmatrix}$

問題3 $f \in \mathrm{End}(V)$ を**射影作用素**，すなわち $f^2 = f$ をみたすとする．
(1) $V = \mathrm{Im}\, f \oplus \mathrm{Ker}\, f$ となることを示せ．

(2) I を恒等写像とするとき,$I-f$ も射影作用素であり,$\operatorname{Ker}(I-f) = \operatorname{Im} f$ であることを示せ.

問題 4 射影作用素 $f: V \longrightarrow V$ は適当な基底に関して,行列

$$\begin{pmatrix} E_r & O \\ O & O \end{pmatrix}$$

で表現されることを示せ.

問題 5 ベクトル空間 U, V, W の基底をそれぞれ

$$\boldsymbol{u}_1, \cdots, \boldsymbol{u}_l$$
$$\boldsymbol{v}_1, \cdots, \boldsymbol{v}_m$$
$$\boldsymbol{w}_1, \cdots, \boldsymbol{w}_n$$

とし,線形写像 $f: V \longrightarrow W$ の ($\boldsymbol{v}_1, \cdots, \boldsymbol{v}_m$ と $\boldsymbol{w}_1, \cdots, \boldsymbol{w}_n$ に関する) 表現行列を A,線形写像 $g: U \longrightarrow V$ の ($\boldsymbol{u}_1, \cdots, \boldsymbol{u}_l$ と $\boldsymbol{v}_1, \cdots, \boldsymbol{v}_m$ に関する) 表現行列を B とする.このとき,線形写像 $fg: U \longrightarrow W$ の ($\boldsymbol{u}_1, \cdots, \boldsymbol{u}_l$ と $\boldsymbol{w}_1, \cdots, \boldsymbol{w}_n$ に関する) 表現行列は AB となることを示せ.

問題 6 (発展) 線形写像 $T: V \longrightarrow V'$ と V' の部分空間 W' に対して,

$$\dim W = \operatorname{null} T + \dim(\operatorname{Im} T \cap W')$$

が成り立つことを示せ.ただし,$W = \{\boldsymbol{w} \in V \mid T(\boldsymbol{w}) \in W'\}$ とする.

問題 7 (発展) 線形写像 $T: V \longrightarrow V'$ と V の部分空間 W に対して,

$$\dim W' + \dim(\operatorname{Ker} T \cap W) = \dim W$$

が成り立つことを示せ.ただし,$W' = \{T(\boldsymbol{w}) \mid \boldsymbol{w} \in W\}$ とする.

問題 8 計量ベクトル空間 V の部分空間 W に対して,

$W^\perp = \{\boldsymbol{y} \in V \mid (\boldsymbol{x}, \boldsymbol{y}) = 0 \text{ がすべての } \boldsymbol{x} \in W \text{ に対して成り立つ}\}$

とおく.$W^\perp$ を W の **直交補空間** という.

（1） $W^\perp$ が V の部分空間になることを示せ.
（2） $V = W \oplus W^\perp$ となることを示せ.

このとき $f : \boldsymbol{v} = \boldsymbol{w} + \boldsymbol{w}' \mapsto \boldsymbol{w}$ $(\boldsymbol{w} \in W,\ \boldsymbol{w}' \in W^\perp)$ で定まる射影作用素 f は V から W への**正射影**とよばれる.

（3） V から 1 次元部分空間 $U = \langle \boldsymbol{u} \rangle$ への正射影は, $\boldsymbol{v} \mapsto \dfrac{(\boldsymbol{v}, \boldsymbol{u})}{(\boldsymbol{u}, \boldsymbol{u})} \boldsymbol{u}$ により与えられることを示せ.

問題 9 有限次元ベクトル空間 V の線形変換 f と, V の 1 つの基底 $\boldsymbol{v}_1, \cdots, \boldsymbol{v}_n$ および V の別の基底 $\boldsymbol{w}_1, \cdots, \boldsymbol{w}_n$ に対して, 基底の変換行列 P を
$$(\boldsymbol{w}_1, \cdots, \boldsymbol{w}_n) = (\boldsymbol{v}_1, \cdots, \boldsymbol{v}_n) P$$
で定め, また f の表現行列 A, B をそれぞれ
$$(f(\boldsymbol{v}_1), \cdots, f(\boldsymbol{v}_n)) = (\boldsymbol{v}_1, \cdots, \boldsymbol{v}_n) A,$$
$$(f(\boldsymbol{w}_1), \cdots, f(\boldsymbol{w}_n)) = (\boldsymbol{w}_1, \cdots, \boldsymbol{w}_n) B$$
で与える. このとき, $B = P^{-1}AP$ となることを示せ.

問題 10 有限次元ベクトル空間 V の線形変換 f が, V の部分空間 W に対して $f(W) \subset W$ をみたすならば, V の適当な基底に関して f の表現行列は
$$\begin{pmatrix} A & B \\ O & C \end{pmatrix}$$
の形になることを示せ. ただし, $A \in M(r, K)$, $r = \dim W$ とする.

問題 11 有限次元ベクトル空間 V が部分空間 W と U の直和
$$V = W \oplus U$$
であり, V の線形変換 f が $f(W) \subset W$ かつ $f(U) \subset U$ をみたすならば, V の適当な基底に関して f の表現行列は
$$\begin{pmatrix} A & O \\ O & B \end{pmatrix}$$
の形になることを示せ. ただし, $A \in M(r, K)$, $r = \dim W$ とする.

第 7 章

固有値と固有ベクトル

本章では，特に断らない限り，$K = \mathbf{C}$ (複素数全体) として考える．

7.1 正方行列の固有値と固有空間

まず，第 4 章で導入された n 次正方行列 $A = (a_{ij})$ の固有多項式 $\Phi_A(x)$:

$$\Phi_A(x) = \det(xE - A)$$

を思い出そう．これは，変数 x に関する n 次式である．方程式 $\Phi_A(x) = 0$ を **固有方程式**，その解を **固有値** という．固有値 $\alpha \in K$ に対して，

$$V_\alpha = \operatorname{Ker} L_{(\alpha E - A)} = \{\boldsymbol{x} \in K^n \mid A\boldsymbol{x} = \alpha \boldsymbol{x}\}$$

を A の固有値 α に関する **固有空間** とよび，それに属する元 $\boldsymbol{x} \neq \boldsymbol{0}$ を固有値 α に属する (または固有値 α の) **固有ベクトル** とよぶ．そこで，次を確かめておこう．

定理 7.1 正方行列 A と $\alpha \in K$ に対して，次の条件は同値である．
(1) $\Phi_A(\alpha) = 0$
(2) $\operatorname{Ker} L_{(\alpha E - A)} \neq \{\boldsymbol{0}\}$

証明 (1) $\Rightarrow$ (2)　正方行列 $\alpha E - A$ は非正則である．このとき，同次連立 1 次方程式 $(\alpha E - A)\boldsymbol{x} = \boldsymbol{0}$ は自明でない解をもつ．すなわち，$\operatorname{Ker} L_{(\alpha E - A)} \neq$

$\{\boldsymbol{0}\}$ である.

(2) $\Rightarrow$ (1)　$\operatorname{Ker} L_{(\alpha E-A)} \neq \{\boldsymbol{0}\}$ ならば，$\det(\alpha E - A) = 0$ である．したがって，$\Phi_A(\alpha) = 0$ である． □

問題 7.1　次の行列 A の固有値と固有ベクトルを求めよ．

(1)　$\begin{pmatrix} 1 & -1 & -1 \\ 4 & 6 & 5 \\ -2 & -2 & -1 \end{pmatrix}$　　(2)　$\begin{pmatrix} 0 & 1 & 1 \\ 1 & 0 & 1 \\ 1 & 1 & 0 \end{pmatrix}$

(3)　$\begin{pmatrix} 0 & 1 & 0 \\ 0 & 0 & 1 \\ 1 & 0 & 0 \end{pmatrix}$

7.2　正方行列の対角化可能性

固有多項式 $\Phi_A(x)$ は複素数の範囲で 1 次式の積に

$$\Phi_A(x) = (x - \alpha_1)(x - \alpha_2) \cdots (x - \alpha_n)$$

と分解する．これは，すでに第 4 章で説明されているように，代数学の基本定理の直接の帰結である (次の注意を参照).

注意　複素数係数の n 次多項式は複素数の範囲で，必ず 1 次式の積に因数分解できる (定理 4.2 を参照).

これを示すには数学のさまざまな奥深い定理を用いる必要があるので，証明に関しては深入りはしない．さて，固有多項式が 1 次式の積に分解するということは，言い換えれば固有方程式の解である固有値が (重複もこめて) n 個得られる．さらに，その中で相異なる固有値が $\beta_1, \cdots, \beta_r$ であるとする．それらに関する固有空間 V_{β_i} の和 $W = V_{\beta_1} + V_{\beta_2} + \cdots + V_{\beta_r}$ を考える．ここで，$\boldsymbol{w}_i \in V_{\beta_i}$ $(1 \leqq i \leqq r)$ に対して $\boldsymbol{w}_1 + \cdots + \boldsymbol{w}_r = \boldsymbol{0}$ と仮定する．このとき，つねに $\boldsymbol{w}_1 = \cdots = \boldsymbol{w}_r = \boldsymbol{0}$ であることを示したい．

そうでないと仮定する．$\boldsymbol{0}$ とは異なるベクトル $\boldsymbol{w}_{j_1}, \cdots, \boldsymbol{w}_{j_k}$ ($\boldsymbol{w}_{j_s} \in V_{\beta_{j_s}}$, $1 \leqq$

$s \leqq k)$ を, $\bm{w}_{j_1} + \cdots + \bm{w}_{j_k} = \bm{0}$ をみたすものの内で, k が最小になるように選ぶ. 明らかに, $k \geqq 2$ である. ここで,

$$\beta_{j_1}(\bm{w}_{j_1} + \cdots + \bm{w}_{j_k}) - A(\bm{w}_{j_1} + \cdots + \bm{w}_{j_k})$$
$$= (\beta_{j_1} - \beta_{j_2})\bm{w}_{j_2} + \cdots + (\beta_{j_1} - \beta_{j_k})\bm{w}_{j_k}$$
$$= \bm{0}$$

となる. これは, k の最小性に反する選び方が存在してしまい, 矛盾である. したがって, 次を得る.

定理 7.2 n 次正方行列 A の相異なる固有値全体を $\beta_1, \cdots, \beta_r$ とし, 各固有値 β_i に関する固有空間 V_{β_i} の和を $W = V_{\beta_1} + \cdots + V_{\beta_r} \subset K^n$ とする. このとき, この和は直和

$$W = V_{\beta_1} \oplus \cdots \oplus V_{\beta_r}$$

である.

さて, ここでもっとも大切な概念の 1 つである対角化可能性について論じる. n 次正方行列 A が **対角化可能** であるとは, ある n 次正則行列 P と n 次対角行列 D が存在して, $P^{-1}AP = D$ となることである.

定理 7.3 n 次正方行列 A に対し, 今までの記号を用いるとき, 次の 3 条件はすべて同値である.
 (1) A は対角化可能である.
 (2) $K^n = V_{\beta_1} \oplus \cdots \oplus V_{\beta_r}$ である.
 (3) A の固有ベクトルからなる K^n の基底が存在する.

証明 (1) $\Longrightarrow$ (2) 仮定より $P^{-1}AP = D$ をみたす正則行列 P と対角行列 $D = (d_{ij})$ が存在する. D の対角成分に現れる相異なる K の元全体を $\beta_1, \cdots, \beta_r$ で表わす. また, P を列ベクトル表示したものを, $P = (\bm{p}_1, \cdots, \bm{p}_n)$ とする. ここで, $V'_{\beta_j} = \langle \bm{p}_i \mid 1 \leqq i \leqq n, \ d_{ii} = \beta_j \rangle$ とおけば $V'_{\beta_i} \subset V_{\beta_i}$ であ

る．このとき，P が正則行列なので，$\boldsymbol{p}_1,\cdots,\boldsymbol{p}_n$ は K^n の基底となり，

$$K^n = V'_{\beta_1} \oplus \cdots \oplus V'_{\beta_r}$$
$$\subset V_{\beta_1} \oplus \cdots \oplus V_{\beta_r}$$
$$\subset K^n$$

なので，とくに $V'_{\beta_i} = V_{\beta_i}$ かつ $K^n = V_{\beta_1} \oplus \cdots \oplus V_{\beta_r}$ が成り立つ．

(2) $\Longrightarrow$ (3)　各 V_{β_j} の基底を合わせて K^n の基底を作る．これが求めるものである．

(3) $\Longrightarrow$ (1)　仮定をみたす基底を $\boldsymbol{p}_1,\cdots,\boldsymbol{p}_n$ とし，それぞれの固有値を $\alpha_1,\cdots,\alpha_n$ とする．$P=(\boldsymbol{p}_1,\cdots,\boldsymbol{p}_n)$ とおけば，P は正則行列である．また，対角成分が $\alpha_1,\cdots,\alpha_n$ である対角行列を D とおく．このとき，$AP=PD$ となることは明らかである．　　　　　　　　　　　　　　　　　　　□

例題 7.1　次の行列が対角化可能かどうか調べよ．

$$A = \begin{pmatrix} 1 & -14 & 4 \\ -1 & 6 & -2 \\ -2 & 24 & -7 \end{pmatrix}$$

解答　A の固有多項式は

$$\Phi_A(x) = \begin{vmatrix} x-1 & 14 & -4 \\ 1 & x-6 & 2 \\ 2 & -24 & x+7 \end{vmatrix} = x(x+1)(x-1)$$

となるので，A の固有値は $-1,0,1$ である．$\alpha=-1,0,1$ に関する固有空間を V_α とすれば，$\dim V_\alpha \geqq 1$ より，この場合は $K^3 = V_{-1} \oplus V_0 \oplus V_1$ が成り立つ．したがって，A は対角化可能である．固有値 $-1,0,1$ に属する固有ベクトルを求めると，たとえば

$$\begin{pmatrix} 3 \\ -1 \\ -5 \end{pmatrix}, \quad \begin{pmatrix} -2 \\ 1 \\ 4 \end{pmatrix}, \quad \begin{pmatrix} -4 \\ 2 \\ 7 \end{pmatrix}$$

をとることができる.

$$P = \begin{pmatrix} 3 & -2 & -4 \\ -1 & 1 & 2 \\ -5 & 4 & 7 \end{pmatrix} = \begin{pmatrix} 1 & 2 & 0 \\ 3 & -1 & 2 \\ -1 & 2 & -1 \end{pmatrix}^{-1}$$

とおくと,

$$P^{-1}AP = \begin{pmatrix} -1 & 0 & 0 \\ 0 & 0 & 0 \\ 0 & 0 & 1 \end{pmatrix}$$

と対角化されることがわかる. □

注意 実行列は複素行列とみなすこともできる.このとき,実正方行列 A が実行列の範囲で対角化可能であること,すなわち

「$P^{-1}AP$ が対角行列になるような実正則行列 P が存在する」

ことと,A が複素行列の範囲で対角化可能であること,すなわち

「$Q^{-1}AQ$ が対角行列になるような複素正則行列 Q が存在する」

こととでは,意味が異なることに注意しよう.固有値を求めたり,対角行列化をしたりすることが実数の範囲でできるかどうかは微妙な問題になってくる.もちろん,A が実行列の範囲で対角化可能であれば,A は複素行列の範囲でも対角化可能である.しかし,この逆は必ずしも成立するとはいえない.

さて,それでは一体どのような行列が対角化可能であるのか,調べる必要がある.n 次複素行列 A に対して,

$$A^* = {}^t\bar{A}$$

を A の **随伴行列** という.ただし,$A = (a_{ij})$ の複素共役 $\bar{A}$ を $\bar{A} = (\bar{a}_{ij})$ で定める.定義より $A^{**} = A$ である.A が実行列の場合は,複素共役で不変なので,$A^* = {}^tA$ となる.また,$(AB)^* = B^*A^*$ となることにも注意しよう.

> **定理 7.4** $A \in M(n, K)$ とする.このとき,K^n における標準内積に関して,次の式がすべての $\boldsymbol{x}, \boldsymbol{y} \in K^n$ に対して成立する.
> $$(A\boldsymbol{x}, \boldsymbol{y}) = (\boldsymbol{x}, A^*\boldsymbol{y})$$

証明 標準内積の定義より,以下のように変形される.
$$(A\boldsymbol{x}, \boldsymbol{y}) = {}^t(A\boldsymbol{x}) \cdot \bar{\boldsymbol{y}} = {}^t\boldsymbol{x} \cdot {}^tA \cdot \bar{\boldsymbol{y}} = {}^t\boldsymbol{x} \cdot \overline{A^*\boldsymbol{y}}$$
$$= (\boldsymbol{x}, A^*\boldsymbol{y}) \qquad \square$$

ここで,正規行列の定義をしよう.

> **定義 7.1** $A \in M(n, K)$ が $AA^* = A^*A$ をみたすとき,A を **正規行列** であるという.

正規行列 A の固有値 α に属する固有ベクトル $\boldsymbol{x}$ に対し,標準内積では,
$$0 = (A\boldsymbol{x} - \alpha\boldsymbol{x}, A\boldsymbol{x} - \alpha\boldsymbol{x}) = ((A - \alpha E)\boldsymbol{x}, (A - \alpha E)\boldsymbol{x})$$
$$= (\boldsymbol{x}, (A - \alpha E)^*(A - \alpha E)\boldsymbol{x}) = (\boldsymbol{x}, (A^* - \bar{\alpha} E)(A - \alpha E)\boldsymbol{x})$$
$$= (\boldsymbol{x}, (A - \alpha E)(A^* - \bar{\alpha} E)\boldsymbol{x}) = (\boldsymbol{x}, (A - \alpha E)(A - \alpha E)^*\boldsymbol{x})$$
$$= ((A - \alpha E)^*\boldsymbol{x}, (A - \alpha E)^*\boldsymbol{x})$$
$$= (A^*\boldsymbol{x} - \bar{\alpha}\boldsymbol{x}, A^*\boldsymbol{x} - \bar{\alpha}\boldsymbol{x})$$

が成り立ち,これは $A^*\boldsymbol{x} = \bar{\alpha}\boldsymbol{x}$ を意味しているので,これより $\boldsymbol{x}$ は A^* の固有値 $\bar{\alpha}$ に属する固有ベクトルになる.さらに,我々は対角化をする際に用いる正則行列の中でも特に重要なユニタリ行列を導入する.n 次複素正則行列 A が $A^* = A^{-1}$ をみたすとき,A を **ユニタリ行列** という.もし,A が実正則行列ならば,この条件は ${}^tA = A^{-1}$ となり,このときは A を **直交行列** とよぶ.とくに,ユニタリ行列や直交行列は正規行列の例になっていることにも注意しよう.さて,ユニタリ行列の定義より,次の 2 つの定理を得る.

定理 7.5 $A = (\boldsymbol{a}_1, \cdots, \boldsymbol{a}_n) \in M(n, K)$ と K^n の標準内積に関して，以下の 3 条件は同値である．
 (1) A はユニタリ行列である．
 (2) $\boldsymbol{a}_1, \cdots, \boldsymbol{a}_n$ は K^n の正規直交基底である．
 (3) $(A\boldsymbol{x}, A\boldsymbol{y}) = (\boldsymbol{x}, \boldsymbol{y})$ がすべての $\boldsymbol{x}, \boldsymbol{y} \in K^n$ に対して成立する．

証明 $(1) \Leftrightarrow {}^t A \bar{A} = {}^t (A^* A) = E \Leftrightarrow (2)$ であり，$(1) \Rightarrow (3)$ は定理 7.4 より明らか．

$(3) \Rightarrow (1)$ $(A\boldsymbol{x}, A\boldsymbol{y}) = (\boldsymbol{x}, \boldsymbol{y})$ と定理 7.4 より $(\boldsymbol{x}, A^* A \boldsymbol{y}) = (\boldsymbol{x}, \boldsymbol{y})$ なので，$(\boldsymbol{x}, A^* A \boldsymbol{y} - \boldsymbol{y}) = 0$ がすべての $\boldsymbol{x} \in K^n$ に対して成り立つ．よって，$A^* A \boldsymbol{y} = \boldsymbol{y}$ がすべての $\boldsymbol{y} \in K^n$ について成立する．以上より，$A^* A = E$ を得る． □

定理 7.6 行列 $A \in M(n, K)$ に対して，次の条件は同値である．
 (1) A は正規行列である．
 (2) 適当なユニタリ行列 $P \in M(n, K)$ と適当な対角行列 $D \in M(n, K)$ が存在して，$A = PDP^{-1}$ と書ける．

証明 $(2) \Rightarrow (1)$ $A^* = (P^{-1})^* D^* P^* = P \bar{D} P^{-1}$ なので以下が成り立つ．
$$AA^* = (PDP^{-1})(P\bar{D}P^{-1}) = P(D\bar{D})P^{-1}$$
$$= P(\bar{D}D)P^{-1} = (P\bar{D}P^{-1})(PDP^{-1}) = A^* A$$

$(1) \Rightarrow (2)$ n に関する帰納法で示す．$n = 1$ のときは，自明に成り立つ．$n - 1$ 以下のときに成立していると仮定する．A の固有値 α を選び，その固有ベクトルを $\boldsymbol{x}_1$ とする．これを拡張して，K^n の基底 $\boldsymbol{x}_1, \cdots, \boldsymbol{x}_n$ を作る．これから，グラム・シュミットの直交化法により，正規直交基底 $\boldsymbol{p}_1, \cdots, \boldsymbol{p}_n$ を得る．ここで，$Q = (\boldsymbol{p}_1, \cdots, \boldsymbol{p}_n)$ とおけば，Q はユニタリ行列になる．このとき，

$$Q^{-1} A Q = Q^* A Q = \begin{pmatrix} \alpha & * \\ \hline O & * \end{pmatrix}$$

であり，両辺の随伴をとることにより，

$$(Q^{-1}AQ)^* = Q^*A^*Q = \begin{pmatrix} \bar{\alpha} & O \\ \hline * & * \end{pmatrix}$$

を得る．また，$\boldsymbol{p}_1$ は A^* の固有値 $\bar{\alpha}$ に属する固有ベクトルであるので，

$$Q^{-1}A^*Q = Q^*A^*Q = \begin{pmatrix} \bar{\alpha} & * \\ \hline O & * \end{pmatrix}$$

とも書けている．以上より，

$$Q^{-1}AQ = Q^*AQ = \begin{pmatrix} \alpha & O \\ \hline O & A_1 \end{pmatrix}$$

となることが分かる．さらに，$(Q^{-1}AQ)(Q^{-1}A^*Q) = (Q^{-1}A^*Q)(Q^{-1}AQ)$ より，$A_1 A_1^* = A_1^* A_1$ がいえるので，A_1 は $n-1$ 次正規行列になる．帰納法の仮定から，$n-1$ 次ユニタリ行列 P_1 と $n-1$ 次対角行列 D_1 が選べて，$P_1^{-1} A_1 P_1 = D_1$ となるようにできる．ここで

$$P = Q \begin{pmatrix} 1 & O \\ \hline O & P_1 \end{pmatrix}$$

とおけば，P もユニタリ行列になり，また $P^{-1}AP$ が対角行列になることも分かる． □

ここで，正規行列の中でもっとも大切なものに触れよう．n 次複素行列 A が $A = A^*$ をみたすとき，A を **エルミート行列** とよぶ．また，もし実行列の場合には，条件は $A = {}^t A$ となるので，A が実対称行列であることと同じである．明らかに，エルミート行列は正規行列であるから，ユニタリ行列により対角化できる．すなわち，A がエルミート行列ならば，適当なユニタリ行列 P と対角行列 D が存在して，$P^{-1}AP = D$ とできる．さらに，このとき，この両辺の随伴をとることにより，$D = P^{-1}AP = (P^{-1}AP)^* = D^*$ となるので，D の成分はすべて実数となる．また，A が実対称行列の場合には，今のことより，固有値はすべて実数であり，さらに前定理の証明において，ユニタリ行列を直交行列に置き換えることができる．まとめると，次を得る．

定理 7.7 （1） A をエルミート行列とする．このとき，ユニタリ行列 P と実対角行列 D が選べて，$P^{-1}AP = D$ とできる．すなわち，エルミート行列はユニタリ行列により，実対角化できる．

（2） A を実対称行列とする．このとき，直交行列 P と実対角行列 D が選べて，$P^{-1}AP = D$ とできる．すなわち，実対称行列は直交行列により，対角化できる．

問題 7.2 次のエルミート行列 (実対称行列) をユニタリ行列 (直交行列) によって対角化せよ．ただし，i は虚数単位 $\sqrt{-1}$ を表わす．

(1) $\begin{pmatrix} 2 & -1 & -1 \\ -1 & 2 & -1 \\ -1 & -1 & 2 \end{pmatrix}$ (2) $\begin{pmatrix} 2 & 3 & 0 \\ 3 & 2 & 4 \\ 0 & 4 & 2 \end{pmatrix}$

(3) $\begin{pmatrix} 2 & -i & 1 \\ i & 2 & -i \\ 1 & i & 2 \end{pmatrix}$

問題 7.3 2 次の実行列 $A = \begin{pmatrix} a & b \\ b & c \end{pmatrix}$ に対して，以下の問に答えよ．ただし，$b \neq 0$ とする (第 1 章・章末問題 13 と比較せよ)．

（1） A の固有値が

$$\lambda = \frac{a+c}{2} + \sqrt{b^2 + \left(\frac{a-c}{2}\right)^2}, \quad \mu = \frac{a+c}{2} - \sqrt{b^2 + \left(\frac{a-c}{2}\right)^2}$$

となることを確かめよ．

（2） $\mathbf{R}^2 = V_\lambda \oplus V_\mu$ となることを確かめよ．

（3） A の固有ベクトルとして

$$\begin{pmatrix} b \\ \lambda - a \end{pmatrix}, \quad \begin{pmatrix} b \\ \mu - a \end{pmatrix}$$

が選べることを確かめよ．

（4） $V_\lambda \perp V_\mu$ を (すなわち，V_λ の元と V_μ の元は直交することを) 確かめよ．

7.3　線形変換の固有値と固有ベクトル

n 次元ベクトル空間 V の線形変換 $f : V \longrightarrow V$ に対しても，$\mathrm{Ker}\,(f - \alpha I_V) \neq \{\mathbf{0}\}$ をみたす $\alpha \in K$ を f の **固有値** といい，$\mathbf{0}$ でないベクトル $\boldsymbol{x} \in \mathrm{Ker}\,(f - \alpha I_V)$ を α に属する **固有ベクトル** という．また，$V_\alpha = \{\boldsymbol{x} \in V \mid f(\boldsymbol{x}) = \alpha \boldsymbol{x}\}$ を f の α に関する **固有空間** とよぶ．さらに，V の線形変換 f の固有多項式を以下のように定める．まず，V の基底 $\boldsymbol{x}_1, \cdots, \boldsymbol{x}_n$ を選び，この基底に関する f の表現行列を A で表わす．このとき，A の固有多項式 $\Phi_A(x) = \det\,(xE - A)$ を f の **固有多項式** $\Phi_f(x)$ と定義する．もし，V の別の基底 $\boldsymbol{x}'_1, \cdots, \boldsymbol{x}'_n$ に関する f の表現行列が A' であり，また両基底間の基底の変換行列 P が

$$(\boldsymbol{x}'_1, \cdots, \boldsymbol{x}'_n) = (\boldsymbol{x}_1, \cdots, \boldsymbol{x}_n)P$$

で与えられているとき，$A' = P^{-1}AP$ なので，

$$\Phi_{A'}(x) = \det\,(xE - A')$$
$$= \det\,(xE - P^{-1}AP)$$
$$= \det P^{-1}(xE - A)P$$
$$= (\det P^{-1})(\det\,(xE - A))(\det P)$$

$$= \det(xE - A)$$
$$= \Phi_A(x)$$

が成り立つ．これより $\Phi_f(x)$ は基底の選び方にはよらずに定まることが分かる．

● コーヒーブレイク ●

$A = (a_{ij}) = (\boldsymbol{v}_1, \cdots, \boldsymbol{v}_n)$ を n 次正則行列とする．このとき $\boldsymbol{v}_1, \cdots, \boldsymbol{v}_n$ は $\mathbf{C}^n$ の基底である．この基底から出発して，定理 6.22 にしたがって直交基底 $\boldsymbol{e}_1, \cdots, \boldsymbol{e}_n$ を作り，さらに正規直交基底 $\boldsymbol{e}'_1, \cdots, \boldsymbol{e}'_n$ を得るプロセスを考える．ただし，$\boldsymbol{e}'_i = \dfrac{\boldsymbol{e}_i}{\|\boldsymbol{e}_i\|}$ とする．この作り方から

$$(\boldsymbol{v}_1, \cdots, \boldsymbol{v}_n) = (\boldsymbol{e}'_1, \cdots, \boldsymbol{e}'_n)B$$

とおけば，この B は上三角行列にとれている．すなわち，$\boldsymbol{v}_i$ は $\boldsymbol{e}'_1, \cdots, \boldsymbol{e}'_i$ の線形結合で表わされているので，

$$B = \begin{pmatrix} b_{11} & b_{12} & \cdots & b_{1,n-1} & b_{1n} \\ 0 & b_{22} & \cdots & b_{2,n-1} & b_{2n} \\ 0 & 0 & \ddots & \vdots & \vdots \\ \vdots & \vdots & \ddots & b_{n-1,n-1} & b_{n-1,n} \\ 0 & 0 & \cdots & 0 & b_{nn} \end{pmatrix}$$

の形である．また，行列 $P = (\boldsymbol{e}'_1, \cdots, \boldsymbol{e}'_n)$ は定理 7.5 によりユニタリ行列である．したがって，n 次正則行列 A をユニタリ行列 P と上三角行列 B の積 $A = PB$ の形に分解することができる．

この種の分解は一般に **岩沢分解** とよばれていて，現代数学には欠かせないものとなっている．

さらに，行列の場合と同様に，以下の事実が成り立つ．

> **定理 7.8** 有限次元ベクトル空間 V の線形変換 f と $\alpha \in K$ に対して,次の 2 条件は同値である.
> (1) $\Phi_f(\alpha) = 0$ である.
> (2) α は f の固有値である.

最後に,ベクトル空間と線形変換に関して,さらに進んだ 2 つの定理を学んでおこう.これらは,後で必要になる.その前に,商空間の線形写像に関する事柄を準備しておく.

ベクトル空間 V の線形変換 f と,V の部分空間 W が与えられているものとしよう.第 6 章で学んだように,商空間 $V' = V/W$ が定まる.ここで,もし f が $f(W) \subset W$ をみたしているとすると,次のようにして,f は V' の線形変換 $f' : V' \longrightarrow V'$ を誘導する.実際,その定義は,V' の元 $[\boldsymbol{x}] = \{\boldsymbol{x} + \boldsymbol{w} \mid \boldsymbol{w} \in W\}$ に対して,$f'([\boldsymbol{x}]) = [f(\boldsymbol{x})]$ を対応させる.まず,これが写像であることを示す.それは,$[\boldsymbol{x}] = [\boldsymbol{y}]$ ならば,$f'([\boldsymbol{x}]) = f'([\boldsymbol{y}])$ を示せばよいが,これは

$$\begin{aligned}
[\boldsymbol{x}] = [\boldsymbol{y}] &\Longrightarrow \boldsymbol{x} - \boldsymbol{y} = \boldsymbol{w} \in W \\
&\Longrightarrow f(\boldsymbol{x}) - f(\boldsymbol{y}) = f(\boldsymbol{w}) \in W \\
&\Longrightarrow [f(\boldsymbol{x})] = [f(\boldsymbol{y})]
\end{aligned}$$

により確かめられる.さらに,f' が V' の線形変換になることも,容易である.すなわち,$\boldsymbol{x}, \boldsymbol{y} \in V$ と $\alpha, \beta \in K$ に対して,

$$\begin{aligned}
f'(\alpha[\boldsymbol{x}] + \beta[\boldsymbol{y}]) &= f'([\alpha\boldsymbol{x} + \beta\boldsymbol{y}]) \\
&= [f(\alpha\boldsymbol{x} + \beta\boldsymbol{y})] \\
&= [\alpha f(\boldsymbol{x}) + \beta f(\boldsymbol{y})] \\
&= \alpha[f(\boldsymbol{x})] + \beta[f(\boldsymbol{y})] \\
&= \alpha f'([\boldsymbol{x}]) + \beta f'([\boldsymbol{y}])
\end{aligned}$$

が成り立つことより分かる.この f' を,f から誘導された V' の線形変換とよぶ.この議論を踏まえて,次を示そう.

定理 7.9 n 次元ベクトル空間 V と，その線形変換 $f \in \mathrm{End}(V)$ に対し，V の基底 $\boldsymbol{v}_1, \cdots, \boldsymbol{v}_n$ であって，各 $1 \leqq i \leqq n$ について，
$$f(\boldsymbol{v}_i) \in \langle \boldsymbol{v}_1, \boldsymbol{v}_2, \cdots, \boldsymbol{v}_i \rangle$$
をみたすものが存在する．

証明 n に関する帰納法で示す．$n=1$ の場合には明らかである．$n>1$ とし，$n-1$ 次元までは成り立つものとする．線形変換 f の固有ベクトルを $\boldsymbol{v}_1$ とし，$\boldsymbol{v}_1$ の生成する V の 1 次元部分空間を $W = K\boldsymbol{v}_1$ とおく．ここで，V の W による商空間を $V' = V/W$ とおき，また $f(W) \subset W$ なので f は V' の線形変換 $f' : V' \longrightarrow V'$ を誘導する．

このとき，$\dim V' = n-1$ より，帰納法の仮定から，V' の基底 $[\boldsymbol{v}_2], \cdots, [\boldsymbol{v}_n]$ であって，各 $2 \leqq i \leqq n$ について，$f'([\boldsymbol{v}_i]) \in \langle [\boldsymbol{v}_2], [\boldsymbol{v}_3], \cdots, [\boldsymbol{v}_i] \rangle$ をみたすものが存在する．これは $f(\boldsymbol{v}_i) \in \langle \boldsymbol{v}_1, \boldsymbol{v}_2, \cdots, \boldsymbol{v}_i \rangle$ が各 $2 \leqq i \leqq n$ に対して成り立つことを意味している．

$f(\boldsymbol{v}_1) \in \langle \boldsymbol{v}_1 \rangle$ と合わせれば，各 $1 \leqq i \leqq n$ に対して，$f(\boldsymbol{v}_i) \in \langle \boldsymbol{v}_1, \boldsymbol{v}_2, \cdots, \boldsymbol{v}_i \rangle$ が成立している． □

さらに，この事実を用いると，次の定理が成り立つ．

定理 7.10 有限次元ベクトル空間 V の線形変換 f に対して，適当な V の基底を選べば，その基底に関する f の表現行列が，上三角行列になるようにできる．とくに，任意の複素正方行列 A に対して，適当に複素正則行列 P を選べば，$P^{-1}AP$ が上三角行列となるようにすることができる．

証明 $n = \dim V$ として，定理 7.9 にあるような基底 $\boldsymbol{v}_1, \cdots, \boldsymbol{v}_n$ を選ぶ．すなわち，$f(\boldsymbol{v}_i) \in \langle \boldsymbol{v}_1, \cdots, \boldsymbol{v}_i \rangle$ が，$1 \leqq i \leqq n$ について，みたされている．ここで，
$$f(\boldsymbol{v}_i) = a_{1i}\boldsymbol{v}_1 + a_{2i}\boldsymbol{v}_2 + \cdots + a_{ii}\boldsymbol{v}_i \qquad (a_{ij} \in K)$$
と書き表わしておくと，この基底に関する f の表現行列は

$$\begin{pmatrix} a_{11} & a_{12} & a_{13} & \cdots & a_{1n} \\ 0 & a_{22} & a_{23} & \cdots & a_{2n} \\ 0 & 0 & a_{33} & \cdots & a_{3n} \\ \vdots & \vdots & \ddots & \ddots & \vdots \\ 0 & 0 & \cdots & 0 & a_{nn} \end{pmatrix}$$

となる. □

7.4 半単純な線形変換

有限次元ベクトル空間 V の線形変換 f が **単純** であるとは,$f = \alpha I_V$ と書けていることである.すなわち,単純な線形変換とはスカラー倍のことである.次に,f が **半単純** であるとは,V のある基底に関して,f の表現行列が対角行列になることと定義する.すべて行列の話に帰着できるので,次を得る.

定理 7.11 有限次元ベクトル空間 V の線形変換 f に対して,次の 3 条件は同値である.
 (1) f は半単純である.
 (2) V の任意の基底に関する f の表現行列は対角化可能である.
 (3) f の固有ベクトルからなる V の基底が存在する.

この節の残りでは $K = \mathbf{R}$ (実数全体) または $\mathbf{C}$ (複素数全体) としよう.V を K 上の有限次元計量ベクトル空間とし,その内積を $(\cdot,\cdot)$ で表わす.このとき,V の線形変換 f に対して,その **随伴変換** f^* を $(f(\boldsymbol{x}),\boldsymbol{y}) = (\boldsymbol{x},f^*(\boldsymbol{y}))$ がすべての $\boldsymbol{x},\boldsymbol{y} \in V$ に対して成立するような V の変換として定義する.随伴変換を用いて,さまざまな変換を,行列の場合と同様にして,定める.

定義 7.2 (1) 計量ベクトル空間 V の線形変換 f が $ff^* = f^*f$ をみたすとき,f を V の **正規変換** という.
 (2) 複素計量ベクトル空間 V の線形変換 f が $f = f^*$ をみたす

とき，f を V の **エルミート変換** という．

(3) 実計量ベクトル空間 V の線形変換 f が $f = f^*$ をみたすとき，f を V の **対称変換** という．

(4) 複素計量ベクトル空間 V の線形変換 f が $ff^* = f^*f = I_V$ をみたすとき，f を V の **ユニタリ変換** という．

(5) 実計量ベクトル空間 V の線形変換 f が $ff^* = f^*f = I_V$ をみたすとき，f を V の **直交変換** という．

計量ベクトル空間のエルミート変換，ユニタリ変換，対称変換，直交変換はすべて正規変換である．また，内積を保つことでユニタリ変換や直交変換の特徴付けが与えられる．そして，次の結果も行列の場合と同様にして示される．

定理 7.12 (1) 複素計量ベクトル空間の正規変換は半単純な変換である．

(2) 複素計量ベクトル空間のエルミート変換，ユニタリ変換は半単純な変換である．

(3) 実 (複素) 計量ベクトル空間の対称変換 (エルミート変換) は，ある正規直交基底に関する表現行列が実対角行列となる変換である．

第 7 章の章末問題

問題 1 (1) 正方行列 $\begin{pmatrix} A & C \\ O & B \end{pmatrix}$ の固有多項式は，A の固有多項式と B の固有多項式の積 $\Phi_A(x)\Phi_B(x)$ に等しいことを示せ．

(2) 正方行列 A に対して A と ${}^tA$ の固有値は等しいことを示せ．

(3) n 次正方行列 A, B に対して，n 次正則行列 P, Q をうまく選んで

$$A' = PAQ = \begin{pmatrix} E_r & O \\ O & O \end{pmatrix}, \ B' = Q^{-1}BP^{-1}, \ r = \operatorname{rank} A$$

と変形する．このとき，$\Phi_{AB}(x) = \Phi_{A'B'}(x) = \Phi_{B'A'}(x) = \Phi_{BA}(x)$ を示せ．
(別証が例題 9.1 にもある．)

問題 2 次の行列の固有値と固有空間を求めよ．また，対角化できるものは対角化せよ．

(1) $\begin{pmatrix} 0 & 1 \\ -1 & 0 \end{pmatrix}$ (2) $\begin{pmatrix} 2 & -2 \\ -1 & 3 \end{pmatrix}$ (3) $\begin{pmatrix} 1 & 2 & 1 \\ -1 & 4 & 1 \\ 2 & -4 & 0 \end{pmatrix}$

(4) $\begin{pmatrix} 0 & -1 & -1 \\ 2 & 3 & 2 \\ 0 & 0 & 1 \end{pmatrix}$

問題 3 次の行列が対角化可能であるような複素数 a, b, c を求めよ．

$$\begin{pmatrix} 1 & a & b \\ 0 & 1 & c \\ 0 & 0 & 1 \end{pmatrix}$$

問題 4 次の行列が対角化可能であるような a を求めよ．

$$\begin{pmatrix} a & 0 & 1 \\ 0 & 2 & 1 \\ 0 & 0 & -a \end{pmatrix}$$

問題 5 次の行列をユニタリ行列によって対角化せよ．ただし，i は虚数単位 $\sqrt{-1}$ を表わし，$\omega = \dfrac{-1+\sqrt{3}i}{2}$ は 1 の 3 乗根である．

(1) $\begin{pmatrix} 2 & i & 0 \\ -i & 3 & -i \\ 0 & i & 2 \end{pmatrix}$ (2) $\begin{pmatrix} 0 & i & 1 \\ -i & 0 & i \\ 1 & -i & 0 \end{pmatrix}$

(3) $\begin{pmatrix} 2-i & 0 & i \\ 0 & 1+i & 0 \\ i & 0 & 2-i \end{pmatrix}$ (4) $\begin{pmatrix} 1 & \omega^2 & \omega \\ \omega & 1 & \omega^2 \\ \omega^2 & \omega & 1 \end{pmatrix}$

問題 6 次の問に答えよ．ただし，i は虚数単位 $\sqrt{-1}$ を表わす．

（1） 任意の複素正方行列 A は二つのエルミート行列 B, C を用いて一意的に $A = B + iC$ と書けることを示せ．

（2） 上のように B, C を定義するとき，A が正規であるための必要十分条件は，$BC = CB$ であることを示せ．

問題 7 V を $\mathbf{C}$ 上の計量ベクトル空間，$f : V \longrightarrow V$ を線型変換とする．正規直交基底 $e_1, \cdots, e_n$ を 1 つ選び，この基底に関する f の表現行列を A とする．

（1） f が正規変換であるための必要十分条件は，A が正規行列であることを示せ．

（2） f がエルミート変換であるための必要十分条件は，A がエルミート行列であることを示せ．

（3） f がユニタリ変換であるための必要十分条件は，A がユニタリ行列であることを示せ．

問題 8 $M(m, n; \mathbf{C})$ の元 A, B に対して内積を

$$(A, B) = \operatorname{Tr} B^* A$$

で定めると，$M(m, n; \mathbf{C})$ は計量ベクトル空間となることを示せ．これは **ヒルベルト・シュミット (Hilbert-Schmidt) の内積** とよばれている．

問題 9 f が $\mathbf{C}$ 上のベクトル空間 V の半単純な線形変換であり，W は V の部分空間で $f(W) \subset W$ をみたすものとする．このとき，f を W に制限した写像 $f|_W$ は W の半単純な線形変換であることを示せ．

問題 10 f, g が $\mathbf{C}$ 上のベクトル空間 V の半単純な線形変換で，$fg = gf$ をみたしているとする．このとき V の基底 $v_1, \cdots, v_n$ をうまく選んで，この基底に関する f と g の表現行列が共に対角行列になるようにできることを示せ．

第 8 章

幾何学的応用
—— 2 次曲面の分類と回転対称 ——

これまでの章で，n 次正方行列 A を正則行列 P により PAP^{-1} または $PA{}^tP$ のように変形して，三角行列，対角行列などのできるだけ簡単な行列にすることを学んだ．この章ではこのような行列の標準化についての結果を幾何学的に応用することを考える．この章では，実数を成分とする行列だけを扱う．まず，実対称行列の符号を定義したあと 2 次曲面の分類を行い，最後に 3 次直交行列と空間における回転対称の関係について述べる．

8.1 対称行列の符号

定理 7.7 の応用として実対称行列の符号が定義できることを示そう．n 次正方行列 $J_{p,q}$ を次のようにおく．

$$J_{p,q} = \begin{pmatrix} 1 & & & & & & & \\ & \ddots & & & & & & \\ & & 1 & & & & & \\ & & & -1 & & & & \\ & & & & \ddots & & & \\ & & & & & -1 & & \\ & & & & & & 0 & \\ & & & & & & & \ddots \\ & & & & & & & & 0 \end{pmatrix} \begin{matrix} \left.\vphantom{\begin{matrix}1\\\ddots\\1\end{matrix}}\right\} p \\ \left.\vphantom{\begin{matrix}-1\\\ddots\\-1\end{matrix}}\right\} q \\ \left.\vphantom{\begin{matrix}0\\\ddots\\0\end{matrix}}\right\} n-p-q \end{matrix} \qquad (8.1)$$

定理 8.1 A を n 次実対称行列とする.このとき n 次正則実行列 P で

$$PA\,{}^tP = J_{p,q}$$

となるものが存在する.(p,q) は行列 A から一意的に定まる.

この (p,q) を対称行列 A の **符号** とよぶ.

証明 定理 7.7 により直交行列 P が存在して,

$$PAP^{-1} = PA\,{}^tP = \begin{pmatrix} \lambda_1 & & O \\ & \ddots & \\ O & & \lambda_n \end{pmatrix}$$

と表わすことができる.$1, \cdots, n$ の置換 σ に対し

$$S_\sigma = (\delta_{i,\sigma(j)})_{ij}$$

とおく (これを置換行列とよぶ).S_σ は直交行列で

$$S_\sigma PA\,{}^tP\,{}^tS_\sigma = S_\sigma \begin{pmatrix} \lambda_1 & & O \\ & \ddots & \\ O & & \lambda_n \end{pmatrix} {}^tS_\sigma$$

$$= \begin{pmatrix} \lambda_{\sigma^{-1}(1)} & & O \\ & \ddots & \\ O & & \lambda_{\sigma^{-1}(n)} \end{pmatrix}$$

となるから,$\lambda_1, \cdots, \lambda_n$ は自由に並びかえてよい.そこで

$$\lambda_1, \cdots, \lambda_p > 0, \quad \lambda_{p+1}, \cdots, \lambda_{p+q} < 0, \quad \lambda_{p+q+1} = \cdots = \lambda_n = 0$$

のように並べられているものとする.

$$U = \begin{pmatrix} \frac{1}{\sqrt{\lambda_1}} & & & & & & & & \\ & \ddots & & & & & & & \\ & & \frac{1}{\sqrt{\lambda_p}} & & & & & & \\ & & & \frac{1}{\sqrt{-\lambda_{p+1}}} & & & & & \\ & & & & \ddots & & & & \\ & & & & & \frac{1}{\sqrt{-\lambda_{p+q}}} & & & \\ & & & & & & 1 & & \\ & & & & & & & \ddots & \\ & & & & & & & & 1 \end{pmatrix} \left.\vphantom{\begin{pmatrix}1\\1\\1\end{pmatrix}}\right\} n-p-q$$

とおけば

$$UPA\,{}^tP\,{}^tU = U \begin{pmatrix} \lambda_1 & & O \\ & \ddots & \\ O & & \lambda_n \end{pmatrix} {}^tU = J_{p,q}$$

となるので定理の前半が証明される．後半を示すために 2 組の符号 $(p,q), (s,t)$ をとって，ある n 次正則行列 R に対し

$$RJ_{p,q}\,{}^tR = J_{s,t} \tag{8.2}$$

が成り立つとする．これから $p=s, q=t$ を示せばよい．行列 ${}^tR$ を次のようにブロックに分ける．

$${}^tR = \begin{pmatrix} X & Y \\ Z & W \end{pmatrix} \begin{matrix} p \\ n-p \end{matrix}$$
$$\phantom{{}^tR = \begin{pmatrix}X&Y\end{pmatrix}} s \quad n-s$$

$p \times s$ 行列 X の階数を考える．この階数が s であることを示そう．$\operatorname{rank} X \leqq \min\{p,s\}$ であるから，これから $s \leqq p$ が従う．実数 $c_1, \cdots, c_s$ に対し

$$X\begin{pmatrix}c_1\\\vdots\\c_s\end{pmatrix}=\begin{pmatrix}0\\\vdots\\0\end{pmatrix}$$

とする．このとき

$${}^tR\begin{pmatrix}c_1\\\vdots\\c_s\\0\\\vdots\\0\end{pmatrix}=\begin{pmatrix}0\\\vdots\\0\\d_{p+1}\\\vdots\\d_n\end{pmatrix}\begin{matrix}\Big]\,p\\\\\Big]\,n-p\end{matrix}$$

の形になることに注意しよう．

$$(c_1,\cdots,c_s,0,\cdots,0)J_{s,t}\begin{pmatrix}c_1\\\vdots\\c_s\\0\\\vdots\\0\end{pmatrix}=c_1^2+\cdots+c_s^2$$

$$=(c_1,\cdots,c_s,0,\cdots,0)RJ_{p,q}{}^tR\begin{pmatrix}c_1\\\vdots\\c_s\\0\\\vdots\\0\end{pmatrix}$$

$$= (0, \cdots, 0, d_{p+1}, \cdots, d_n) J_{p,q} \begin{pmatrix} 0 \\ \vdots \\ 0 \\ d_{p+1} \\ \vdots \\ d_n \end{pmatrix}$$

$$= -d_{p+1}^2 - \cdots - d_{p+q}^2$$

であるから符号を考えて $c_1 = \cdots = c_s = 0$ が従う．したがって行列 X の s 個の縦ベクトルは 1 次独立になり X の階数は s である．(8.2) から

$$R^{-1} J_{s,t} {}^t R^{-1} = J_{p,q}$$

であるので $p \leqq s$ も分かる．したがって $p = s$ である．同様の論法で $q = t$ も従う．こうして符号 (p, q) ははじめの対称行列 A のみから決まることが分かった． □

8.2　2 次曲面の分類

E^n を n 次元ユークリッド空間とする．E^n の点 P は n 個の実数の組 $(a_1, \cdots, a_n)$ で表わされる．n 項実縦ベクトル全体のなすベクトル空間を $\mathbf{R}^n$ で表わす．$\mathbf{R}^n$ には 6.8 節で述べた標準内積を入れて実計量ベクトル空間とみなす．E^n の 2 点 $P(a_1, \cdots, a_n), Q(b_1, \cdots, b_n)$ に対し方向ベクトル (有向線分) $\overrightarrow{PQ}$ を

$$\overrightarrow{PQ} = \begin{pmatrix} b_1 - a_1 \\ \vdots \\ b_n - a_n \end{pmatrix}$$

とおく．E^n の点 R と $\mathbf{R}^n$ の基底 $\boldsymbol{x}_1, \cdots, \boldsymbol{x}_n$ を並べたもの $\{R; \boldsymbol{x}_1, \cdots, \boldsymbol{x}_n\}$ を E^n の座標系という．とくに $\boldsymbol{x}_1, \cdots, \boldsymbol{x}_n$ が $\mathbf{R}^n$ の正規直交基底のとき，これを直交座標系とよぶ．E^n の点 P は

$$\overrightarrow{RP} = c_1 \boldsymbol{x}_1 + \cdots + c_n \boldsymbol{x}_n$$

により実数の組 $(c_1, \cdots, c_n)$ と一対一に対応する．これを P のこの座標系による座標とよぶ．標準的な直交座標系として $\{O; \boldsymbol{e}_1, \cdots, \boldsymbol{e}_n\}$ がとれる．ここで O は原点 $(0, \cdots, 0)$, $\boldsymbol{e}_1, \cdots, \boldsymbol{e}_n$ は $\mathbf{R}^n$ の標準基底である．点 $P(a_1, \cdots, a_n)$ のこの座標系による座標はもとの $(a_1, \cdots, a_n)$ にほかならない．

実数係数の次のような n 変数の 2 次方程式を考える．

$$\sum_{i,j=1}^{n} a_{ij} x_i x_j + \sum_{i=1}^{n} 2 b_i x_i + c = 0 \tag{8.3}$$

この方程式をみたす E^n の点 $(x_1, \cdots, x_n)$ 全体の集合を **2 次超曲面** とよぶ．前節の結果をつかって方程式 (8.3) をできるだけ簡単な形に変形してみよう．まず次のようにおく．

$$A = (a_{ij}), \quad \tilde{A} = \begin{pmatrix} A & \boldsymbol{b} \\ {}^t\boldsymbol{b} & c \end{pmatrix} \qquad \text{ここで} \quad \boldsymbol{b} = \begin{pmatrix} b_1 \\ \vdots \\ b_n \end{pmatrix} \tag{8.4}$$

必要なら a_{ij} と a_{ji} をともに $\dfrac{a_{ij}+a_{ji}}{2}$ でおきかえて，A は n 次実対称行列と仮定してよい．$\tilde{A}$ は $n+1$ 次実対称行列になる．方程式 (8.3) は行列 $\tilde{A}$ を用いると次のように書ける．

$$(x_1, \cdots, x_n, 1) \tilde{A} \begin{pmatrix} x_1 \\ \vdots \\ x_n \\ 1 \end{pmatrix} = 0 \tag{8.5}$$

次のような変数変換 (アファイン変換という) を考える．

$$\begin{pmatrix} x_1 \\ \vdots \\ x_n \end{pmatrix} = P \begin{pmatrix} y_1 \\ \vdots \\ y_n \end{pmatrix} + \begin{pmatrix} u_1 \\ \vdots \\ u_n \end{pmatrix} \tag{8.6}$$

ここで P は n 次正則実行列，$u_1, \cdots, u_n$ は実数の定数である．

210　第 8 章　幾何学的応用 — 2 次曲面の分類と回転対称 —

$$\tilde{P} = \begin{pmatrix} P & \boldsymbol{u} \\ {}^t\boldsymbol{0} & 1 \end{pmatrix}, \qquad \text{ここで}\quad \boldsymbol{u} = \begin{pmatrix} u_1 \\ \vdots \\ u_n \end{pmatrix}$$

とおくと，この変数変換は

$$\begin{pmatrix} x_1 \\ \vdots \\ x_n \\ 1 \end{pmatrix} = \tilde{P} \begin{pmatrix} y_1 \\ \vdots \\ y_n \\ 1 \end{pmatrix} \tag{8.7}$$

とも書ける．この変換の意味は次の座標変換により理解される．P の列ベクトルを $\boldsymbol{p}_1, \cdots, \boldsymbol{p}_n$ とし O' を点 $(u_1, \cdots, u_n)$ として座標系 $\{O'; \boldsymbol{p}_1, \cdots, \boldsymbol{p}_n\}$ を考える．P が直交行列ならこれは直交座標系であるが，一般には斜交座標系である．(8.6) は，

$$(x_1 - u_1)\boldsymbol{e}_1 + \cdots + (x_n - u_n)\boldsymbol{e}_n = y_1 \boldsymbol{p}_1 + \cdots + y_n \boldsymbol{p}_n$$

と同じことだから，$(y_1, \cdots, y_n)$ は点 $(x_1, \cdots, x_n)$ の座標系 $\{O'; \boldsymbol{p}_1, \cdots, \boldsymbol{p}_n\}$ に関する座標である．この意味で (8.6) は座標変換と解釈してよい．

補題 8.2　方程式 (8.3) が (8.6) の変換で

$$\sum_{i,j=1}^n b_{ij} y_i y_j + \sum_{i=1}^n 2b'_i y_i + c' = 0$$

になったとすると

$$B = (b_{ij}) = {}^t PAP, \quad \boldsymbol{b}' = \begin{pmatrix} b'_1 \\ \vdots \\ b'_n \end{pmatrix} = {}^t P(A\boldsymbol{u} + \boldsymbol{b}),$$

$$c' = {}^t\boldsymbol{u} A \boldsymbol{u} + 2{}^t\boldsymbol{u}\boldsymbol{b} + c$$

が成り立つ（ただし前のように $b_{ij} = b_{ji}$ となるようにとる）．

証明 (8.5) に (8.7) を代入すれば明らか. □

アファイン変換をいくつか続けて行ってもやはりアファイン変換になる. これは座標系を次々にとりかえて行うことに対応する. とくに P として直交行列を用いる場合, つまり直交座標系をとりかえる場合が次の定理で使われる.

> **定理 8.3** 2次超曲面の方程式 (8.3) は, 適当な直交座標系 $\{O'; \boldsymbol{p}_1, \cdots, \boldsymbol{p}_n\}$ をとると, 次のどれかの標準的な形で表わされる.
> (1) $\alpha_1 x_1^2 + \cdots + \alpha_r x_r^2 + \gamma = 0$
> (2) $\alpha_1 x_1^2 + \cdots + \alpha_r x_r^2 + 2\beta x_{r+1} = 0$
> (3) $\alpha_1 x_1^2 + \cdots + \alpha_r x_r^2 = 0$
> ここで α_i, β, γ はいずれも 0 でない実数. (1), (3) では $r \leqq n$, (2) では $r < n$.

証明 これを証明するために P を直交行列とする (8.6) の変換を何回か行って方程式 (8.3) の形をだんだん簡単にしていく. まず定理 7.5 から対称行列 A はある n 次直交行列 P により次のように対角化される.

$$P^{-1}AP = {}^tPAP = \begin{pmatrix} \alpha_1 & & & & & & \\ & \ddots & & & & & \\ & & \alpha_r & & & & \\ & & & 0 & & & \\ & & & & \ddots & \\ & & & & & 0 \end{pmatrix} \quad (\alpha_i \neq 0,\ 1 \leqq i \leqq r)$$

この P による変数変換

$$\begin{pmatrix} x_1 \\ \vdots \\ x_n \end{pmatrix} = P \begin{pmatrix} y_1 \\ \vdots \\ y_n \end{pmatrix}$$

で (8.3) を表わすと

の形になる.さらに次の変数変換

$$y_i = \begin{cases} z_i - \dfrac{\beta_i}{\alpha_i} & (1 \leqq i \leqq r) \\ z_i & (r < i \leqq n) \end{cases}$$

を施すと (8.8) は

$$\sum_{i=1}^{r} \alpha_i z_i^2 + \sum_{i=r+1}^{n} 2\beta_i z_i + c' = 0 \tag{8.9}$$

の形になる.もし,$r = n$ または $\beta_{r+1} = \cdots = \beta_n = 0$ ならばこれは (1) または (3) の型である.そこで $r < n$ かつ $(\beta_{r+1}, \cdots, \beta_n) \neq (0, \cdots, 0)$ とする.

$$\beta = \sqrt{\beta_{r+1}^2 + \cdots + \beta_n^2}$$

とおく.長さ 1 の任意の縦ベクトルに対し,それを第 1 列とする直交行列がいつも作れるので,次の形の $n-r$ 次直交行列 Q が存在する.

$$Q = \begin{pmatrix} \dfrac{\beta_{r+1}}{\beta} & \\ \vdots & * \\ \dfrac{\beta_n}{\beta} & \end{pmatrix}$$

このとき

$$(\beta, 0, \cdots, 0)^t Q = (\beta, 0, \cdots, 0) Q^{-1} = (\beta_{r+1}, \cdots, \beta_n)$$

だから $(\beta, 0, \cdots, 0) = (\beta_{r+1}, \cdots, \beta_n) Q$ となることに注意する.そこで変数変換

$$\begin{pmatrix} z_1 \\ \vdots \\ z_n \end{pmatrix} = \begin{pmatrix} E & O \\ O & Q \end{pmatrix} \begin{pmatrix} w_1 \\ \vdots \\ w_n \end{pmatrix}$$

$$\sum_{i=1}^{r} \alpha_i y_i^2 + \sum_{i=1}^{n} 2\beta_i y_i + c = 0 \tag{8.8}$$

を行うと

$$(\beta_{r+1}, \cdots, \beta_n) \begin{pmatrix} z_{r+1} \\ \vdots \\ z_n \end{pmatrix} = (\beta_{r+1}, \cdots, \beta_n) Q \begin{pmatrix} w_{r+1} \\ \vdots \\ w_n \end{pmatrix}$$

$$= (\beta, 0, \cdots, 0) \begin{pmatrix} w_{r+1} \\ \vdots \\ w_n \end{pmatrix}$$

だから，(8.9) は

$$\sum_{i=1}^{r} \alpha_i w_i^2 + 2\beta w_{r+1} + c' = 0$$

の形に表わされる．最後に w_{r+1} を $w_{r+1} + \dfrac{c'}{2\beta}$ に置き換えることにより c' を 0 にすることができて (2) の型の式が得られる． □

上記 (1), (2), (3) の標準方程式に対し，整数 $p, q, \tilde{p}, \tilde{q}$ を次のようにおく．p は $\alpha_i > 0$ なる i の個数，q は $\alpha_i < 0$ なる i の個数．$(\tilde{p}, \tilde{q})$ は各場合に応じて次のようにおく．

(1) $\gamma > 0$ なら $(\tilde{p}, \tilde{q}) = (p+1, q)$，$\gamma < 0$ なら $(\tilde{p}, \tilde{q}) = (p, q+1)$

(2) $(\tilde{p}, \tilde{q}) = (p+1, q+1)$

(3) $(\tilde{p}, \tilde{q}) = (p, q)$

定理 8.4 前定理 (1), (2), (3) の標準型方程式を 2 つ考える．これらがアファイン変換で移り合うためには，それらの符号 (p, q), $(\tilde{p}, \tilde{q})$ が一致することが必要である．とくに (1), (2), (3) の型の異なる方程式がアファイン変換で互いに移り合うことはない．

証明 前節の定理 8.1 を用いる．変換 (8.6) で (8.4) の行列 $A, \tilde{A}$ は $A \longrightarrow B = {}^t PAP$, $\tilde{A} \longrightarrow \tilde{B} = {}^t \tilde{P} \tilde{A} \tilde{P}$ の変換を受ける．したがって A と B, $\tilde{A}$ と $\tilde{B}$ の符号は一致する．上で定義した (p, q), $(\tilde{p}, \tilde{q})$ はそれぞれ $A, \tilde{A}$ の符号に他な

らない．これは (1), (3) に対しては明らかで，(2) では行列 $\begin{pmatrix} 0 & \beta \\ \beta & 0 \end{pmatrix}$ の符号が $(1,1)$ であることに注意すればよい． □

　方程式に 0 でない実数をかけても解は変わらないから，(1) で $\gamma = -1$，(2) で $2\beta = -1$ のものを考えれば十分である．

　2 次超曲面で，(1), (3) では $r = n$，(2) では $r = n-1$ のものは，より低い次元の空間から得られないので興味深い．$n = 3$ のときそのような 2 次曲面は次のように分類される．

(1) 　$ax^2 + by^2 + cz^2 = 1$

　　$(p, q) = (3, 0)$ 　　楕円面

　　　　　　$(2, 1)$ 　　一葉双曲面

　　　　　　$(1, 2)$ 　　二葉双曲面

　　　　　　$(0, 3)$ 　　空集合 (虚楕円面)

(2) 　$ax^2 + by^2 = z$

　　$(p, q) = (2, 0), (0, 2)$ 　　楕円放物面

　　　　　　$(1, 1)$ 　　双曲放物面

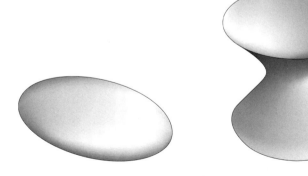

楕円面　　　　　　　　　　　　一葉双曲面

8.2 2次曲面の分類 215

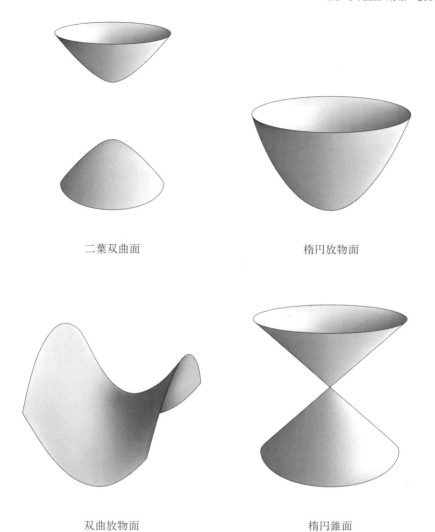

二葉双曲面 　　　　　　　楕円放物面

双曲放物面 　　　　　　　楕円錐面

(3) $ax^2 + by^2 + cz^2 = 0$
$(p, q) = (2, 1), (1, 2)$ 　　　楕円錐面
$(3, 0), (0, 3)$ 　　　1 点のみ

こうして E^3 の 2 次曲面は 6 種類に分類される (この他に楕円柱面など 2 次曲線の柱面を入れる場合もある).

具体的に x, y, z の 2 次方程式が与えられたとき,それがどの 2 次曲面を表わすかを知るためには,直交座標にこだわらないで,斜交座標の変換を行うほうがよい.以下に 2, 3 の例を示す.

例 8.1 次の 2 次方程式の表わす曲面を考える.

$$xy + yz + zx - 2x - 3y + z - c = 0$$

c はパラメータで,c の変化で曲面がどう変わるかを調べてみよう.この式は x^2 を含まないので,まず次の変換をする.

$$x = x' + y', \quad y = x' - y'$$

x, y にこれを代入するともとの式は

$$x'^2 - y'^2 + 2x'z - 5x' + y' + z - c = 0$$

になる.これから $x'z$ の項を消すために $x'' = x' + z$ とおいて x'', y', z でもとの式を表わすと

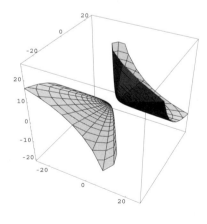

$c = 7$ の場合

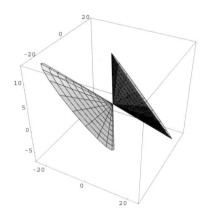

$c = 3$ の場合

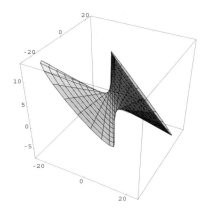

$c = -1$ の場合

$$x''^2 - y'^2 - z^2 - 5x'' + y' + 6z - c$$
$$= \left(x'' - \frac{5}{2}\right)^2 - \left(y' - \frac{1}{2}\right)^2 - (z-3)^2 + 3 - c = 0$$

になる．したがってこの曲面は $c > 3$ なら二葉双曲面，$c = 3$ なら楕円錐面，$c < 3$ なら一葉双曲面である．

例 8.2 次の 2 次曲面を考える．

$$x^2 + 2xy + 4yz + 2zx - 3x + 2y - z = 0$$

xy と zx の項を消すために $x' = x + y + z$ とおくともとの式は

$$x'^2 - y^2 - z^2 + 2yz - 3x' + 5y + 2z = 0$$

になる．さらに $y' = y - z$ とおくと

$$x'^2 - y'^2 - 3x' - 5y' + 7z = \left(x' - \frac{3}{2}\right)^2 - \left(y' - \frac{5}{2}\right)^2 + 7z + 4 = 0$$

になるから，この曲面は双曲放物面である．

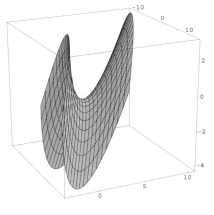

例 8.2 のグラフ

例 **8.3** 次の 2 次曲面を考える．
$$x^2 + 2y^2 + 3z^2 - 2xy - 2zx + 3x - y + 5z + 28 = 0$$
変換 $x' = x - y - z$ により
$$x'^2 + y^2 + 2z^2 - 2yz + 3x' + 2y + 8z + 28 = 0$$

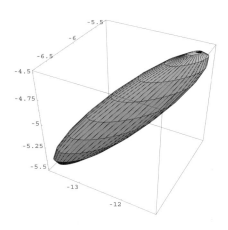

例 8.3 のグラフ

変換 $y' = y - z$ により

$$x'^2 + y'^2 + z^2 + 3x' + 2y' + 10z + 28$$
$$= \left(x' + \frac{3}{2}\right)^2 + (y' + 1)^2 + (z + 5)^2 - \frac{1}{4} = 0$$

したがってこれは楕円面である.

8.3 直交行列と回転

この節では 2 次および 3 次の直交行列とそれの表わす平面 E^2 および空間 E^3 の変換について考える. まず 2 次の場合からはじめる.

実数 θ に対し, 2 次実行列 A_θ, B_θ を次のようにおく.

$$A_\theta = \begin{pmatrix} \cos\theta & -\sin\theta \\ \sin\theta & \cos\theta \end{pmatrix}, \quad B_\theta = \begin{pmatrix} \cos\theta & \sin\theta \\ \sin\theta & -\cos\theta \end{pmatrix}$$

これらの行列についてやさしい性質をまとめておく.

定理 8.5 （1） $A_0 = E$ （単位行列）, $B_0 = \begin{pmatrix} 1 & 0 \\ 0 & -1 \end{pmatrix}$

（2） 実数 θ, φ に対し次の積公式が成り立つ.

$$A_\theta A_\varphi = A_{\theta+\varphi}, \quad A_\theta B_\varphi = B_{\theta+\varphi},$$
$$B_\theta A_\varphi = B_{\theta-\varphi}, \quad B_\theta B_\varphi = A_{\theta-\varphi}$$

（3） A_θ, B_θ は直交行列で $|A_\theta| = 1, |B_\theta| = -1$

（4） 整数 n に対し $\theta - \varphi = 2\pi n$ なら

$$A_\theta = A_\varphi, \quad B_\theta = B_\varphi$$

証明 （1）と（4）は明らか. （2）は sin と cos の加法定理から容易に従う. とくに $B_\theta^2 = A_0 = E$ であることが分かる.

（3） ${}^t A_\theta = A_{-\theta}$ であるから（2）より

$$A_\theta {}^t A_\theta = A_\theta A_{-\theta} = A_0 = E$$

220　第 8 章　幾何学的応用 — 2 次曲面の分類と回転対称 —

また ${}^t B_\theta = B_\theta$ ゆえ同様に B_θ も直交行列になる．行列式は容易に計算できる．
□

これらの行列の幾何学的意味を考えよう．平面 E^2 の点 (x, y) と $\mathbf{R}^2$ のベクトル $\begin{pmatrix} x \\ y \end{pmatrix}$ は 1 対 1 に対応することに注意する．平面の点 $P(x, y)$ を原点 O のまわりに角 θ だけ回転して得られる点を $Q(x', y')$ とする．次に図 8.1 のように x 軸を O のまわりに角 $\dfrac{\theta}{2}$ だけ回転した直線を l とし，この l に関し点 $P(x, y)$ と対称な点を $R(x'', y'')$ とする．

定理 8.6　このとき
$$\begin{pmatrix} x' \\ y' \end{pmatrix} = A_\theta \begin{pmatrix} x \\ y \end{pmatrix}, \qquad \begin{pmatrix} x'' \\ y'' \end{pmatrix} = B_\theta \begin{pmatrix} x \\ y \end{pmatrix} \tag{8.10}$$
が成り立つ．

証明　OP の長さを r, $\overrightarrow{OP}$ が x 軸となす角を α とすると
$$x = r\cos\alpha, \qquad y = r\sin\alpha.$$

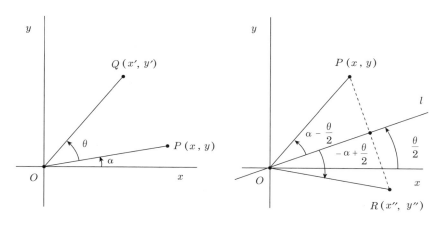

図 8.1

OQ, OR の長さは r で, $\overrightarrow{OQ}, \overrightarrow{OR}$ の x 軸となす角はそれぞれ $\theta+\alpha, \theta-\alpha$ になる (図 8.1 を参照). したがって

$$x' = r\cos(\theta+\alpha), \qquad y' = r\sin(\theta+\alpha),$$
$$x'' = r\cos(\theta-\alpha), \qquad y'' = r\sin(\theta-\alpha)$$

と表わせる. (8.10) は次の (8.11) から従う.

$$\begin{pmatrix}\cos(\theta+\alpha)\\ \sin(\theta+\alpha)\end{pmatrix} = A_\theta \begin{pmatrix}\cos\alpha\\ \sin\alpha\end{pmatrix}, \quad \begin{pmatrix}\cos(\theta-\alpha)\\ \sin(\theta-\alpha)\end{pmatrix} = B_\theta \begin{pmatrix}\cos\alpha\\ \sin\alpha\end{pmatrix} \qquad (8.11)$$

これは $\cos, \sin$ の加法定理により容易に確かめられる. □

このように A_θ は角 θ の回転, B_θ は l に関する鏡映をそれぞれ表わしている.

定理 8.7 2 次の直交行列は $A_\theta, B_\theta, 0 \leqq \theta < 2\pi$ ですべて尽くされる.

証明 $A = \begin{pmatrix}a & c\\ b & d\end{pmatrix}$ を 2 次の直交行列とする. 2 点 $P(a,b)$ および $Q(c,d)$ を考える. ${}^t A A = E$ より

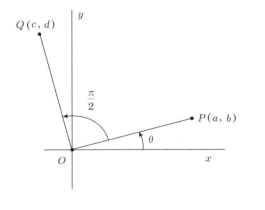
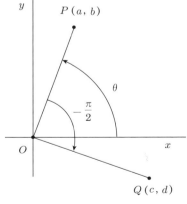

図 **8.2**

が成り立つ．つまり $\overrightarrow{OP}, \overrightarrow{OQ}$ は単位ベクトルで互いに直交する．$\overrightarrow{OP}$ の x 軸となす角を θ とする．

Q は図 8.2 のように P を O のまわりに $\dfrac{\pi}{2}$ または $-\dfrac{\pi}{2}$ 回転した点であるから，次のように表わせる．

$$a = \cos\theta, \quad b = \sin\theta, \quad c = \cos\left(\theta \pm \dfrac{\pi}{2}\right), \quad d = \sin\left(\theta \pm \dfrac{\pi}{2}\right)$$

符号 $\pm$ に応じて $A = A_\theta$ または $B = B_\theta$ となる． □

とくに行列式が 1 の 2 次の直交行列はすべて O のまわりの回転を表わしている．同じことが 3 次でいえるか次に考えてみよう．

実数 θ に対し 3 次実行列 C_θ を次のようにおく．

$$C_\theta = \begin{pmatrix} \cos\theta & -\sin\theta & 0 \\ \sin\theta & \cos\theta & 0 \\ 0 & 0 & 1 \end{pmatrix}$$

この行列は z 軸のまわりの角 θ の回転を表わしている．明らかに C_θ は行列式 1 の直交行列である (図 8.3)．

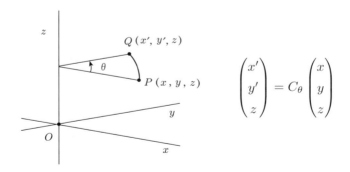

図 **8.3**

原点 O を通る直線 l を 1 つとる．l のまわりの角 θ の回転を考える．l と平

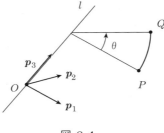

図 8.4

行な単位ベクトル $\boldsymbol{p}_3$ をとる．$\boldsymbol{p}_3$ と直交するベクトル $\boldsymbol{p}_1, \boldsymbol{p}_2$ を互いに直交するようにとる (図 8.4)．簡単のため $\boldsymbol{p}_1, \boldsymbol{p}_2, \boldsymbol{p}_3$ は右手系をなすとする．これらの縦ベクトルを並べて得られる行列を S とする．

$$S = (\boldsymbol{p}_1 \; \boldsymbol{p}_2 \; \boldsymbol{p}_3)$$

${}^t\boldsymbol{p}_i \boldsymbol{p}_j = \delta_{ij}$ より ${}^t SS = I$ が従い，S は 3 次直交行列であることが分かる．また $\boldsymbol{p}_1, \boldsymbol{p}_2, \boldsymbol{p}_3$ が右手系ゆえ $|S| = 1$ である．

補題 8.8 行列 $SC_\theta S^{-1}$ は直線 l のまわりの (ベクトル $\boldsymbol{p}_3$ 方向から見て左回りの) 角 θ の回転を表わす．

証明 $P(a, b, c)$ を空間 E^3 の点，$\overrightarrow{OP} = x\boldsymbol{p}_1 + y\boldsymbol{p}_2 + z\boldsymbol{p}_3$ とする．P を l のまわりに角 θ だけ回転した点を $Q(a', b', c')$ とすると定理 8.6 から

$$\overrightarrow{OQ} = x'\boldsymbol{p}_1 + y'\boldsymbol{p}_2 + z\boldsymbol{p}_3, \qquad \begin{pmatrix} x' \\ y' \end{pmatrix} = A_\theta \begin{pmatrix} x \\ y \end{pmatrix}$$

と表わせる．$(x, y, z), (x', y', z)$ はそれぞれ点 P, Q の $\{O; \boldsymbol{p}_1, \boldsymbol{p}_2, \boldsymbol{p}_3\}$ に関する座標である．行列 S の定義から等式

$$\begin{pmatrix} a \\ b \\ c \end{pmatrix} = S \begin{pmatrix} x \\ y \\ z \end{pmatrix}, \qquad \begin{pmatrix} a' \\ b' \\ c' \end{pmatrix} = S \begin{pmatrix} x' \\ y' \\ z \end{pmatrix}$$

が成り立つので

$$\begin{pmatrix} a' \\ b' \\ c' \end{pmatrix} = S \begin{pmatrix} x' \\ y' \\ z' \end{pmatrix} = SC_\theta \begin{pmatrix} x \\ y \\ z \end{pmatrix} = SC_\theta S^{-1} \begin{pmatrix} a \\ b \\ c \end{pmatrix}$$

したがって P に Q に対応させる変換は $SC_\theta S^{-1}$ で表わされる． □

この補題で $SC_\theta S^{-1}$ は行列式 1 の直交行列であるから，O を通る任意の直線のまわりの回転による変換は，行列式 1 の直交行列で表わされることが分かる．これの逆を証明しよう．

A を 3 次直交行列とする．$A\,{}^tA = E$ の行列式を考えて $|A|^2 = 1$．したがって $|A| = \pm 1$ である．

補題 8.9 A を行列式 1 の 3 次直交行列とする．A は固有値 1 をもつ．

証明 A の固有多項式 $\Phi_A(x) = |xE - A|$ を考える．$\Phi_A(x)$ は実係数の 3 次多項式で，x^3 の係数は 1, 定数項は $-|A| = -1$ である．$y = \Phi_A(x)$ のグラフを考えると次の 2 つの場合に分かれる．

(1) $\Phi_A(x)$ は 3 実根 α, β, γ をもつ．
(2) $\Phi_A(x)$ は 1 実根 α と 2 虚根 $\beta, \bar{\beta}$ をもつ．

α に対応する固有ベクトル $\boldsymbol{p}$ をとる．

$$A\boldsymbol{p} = \alpha \boldsymbol{p}.$$

このとき

$$ {}^t\boldsymbol{p}\boldsymbol{p} = {}^t\boldsymbol{p}\,{}^tA A \boldsymbol{p} = \alpha^2\,{}^t\boldsymbol{p}\boldsymbol{p}, \qquad {}^t\boldsymbol{p}\boldsymbol{p} = \|\boldsymbol{p}\|^2 $$

ゆえ $\alpha^2 = 1$．したがって $\alpha = \pm 1$ である．同様に (1) の場合 $\beta = \pm 1, \gamma = \pm 1$ となる．$\Phi_A(x)$ の定数項は -1 だから

(1) のとき $\alpha\beta\gamma = 1$, (2) のとき $\alpha|\beta|^2 = \alpha\beta\bar{\beta} = 1$.

これより (2) では $\alpha = 1$，(1) では α, β, γ のうち少なくとも 1 つは 1 であることが分かる．したがって $\Phi_A(x)$ は 1 を根にもつ． □

定理 8.10 A を行列式 1 の 3 次直交行列とする．A は O を通るある直線 l のまわりのある角 θ の回転を表わす．

証明 前の補題から A は固有値 1 をもつ．$\boldsymbol{p}_3$ を A の固有値 1 の固有ベクトルとする．$\boldsymbol{p}_3$ の長さを 1 にとってよい．補題 8.8 の前に述べたようにして，$\boldsymbol{p}_1, \boldsymbol{p}_2, \boldsymbol{p}_3$ が $\mathbf{R}^3$ の正規直交基底となるように $\boldsymbol{p}_1, \boldsymbol{p}_2$ をとる．これらは右手系になるようにする．
$$S = (\boldsymbol{p}_1 \ \boldsymbol{p}_2 \ \boldsymbol{p}_3), \qquad B = S^{-1}AS$$
とおく．$\mathbf{R}^3$ の標準単位ベクトルを $\boldsymbol{e}_1, \boldsymbol{e}_2, \boldsymbol{e}_3$ とするとき
$$S\boldsymbol{e}_3 = \boldsymbol{p}_3, \qquad A\boldsymbol{p}_3 = \boldsymbol{p}_3$$
であるから
$$B\boldsymbol{e}_3 = S^{-1}AS\boldsymbol{e}_3 = S^{-1}A\boldsymbol{p}_3 = S^{-1}\boldsymbol{p}_3 = \boldsymbol{e}_3$$
となる．また B は直交行列であるから ${}^tB\boldsymbol{e}_3 = B^{-1}\boldsymbol{e}_3 = \boldsymbol{e}_3$ でもある．したがって B は
$$B = \begin{pmatrix} & C & & 0 \\ & & & 0 \\ 0 & 0 & & 1 \end{pmatrix}$$
の形をしている．ここで C は行列式 1 の 2 次直交行列である．定理 8.7 からある実数 θ に対し $C = A_\theta$ と表わせる．したがって
$$B = \begin{pmatrix} & A_\theta & & 0 \\ & & & 0 \\ 0 & 0 & & 1 \end{pmatrix} = C_\theta,$$
$$A = SBS^{-1} = SC_\theta S^{-1}$$
となる．O を通り $\boldsymbol{p}_3$ の方向の直線を l とすれば補題 8.8 より A は l のまわりの角 θ の回転を表わす． □

系 8.11 l, m を空間 E^3 の O を通る 2 直線とする (l, m は一致してもよい). m のまわりに角 θ の回転を行い,次に l のまわりに角 φ の回転を行う合成変換は,O を通るある直線 n のまわりのある角 ψ の回転である.

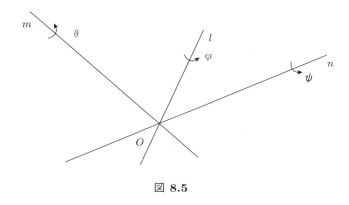

図 8.5

証明 l のまわりの角 φ の回転,m のまわりの角 θ の回転を表わす行列をそれぞれ A, B とする.これらは直交行列で $|A| = |B| = 1$ である.上に述べた合成変換は積の行列 AB で表わされる.これは直交行列で $|AB| = |A||B| = 1$ ゆえある直線 n のまわりの回転を表わす. □

直線 l, m と角 θ, φ を自由にとったとき,上記の直線 n と角 ψ をこれらのデータから決めるのはそう簡単ではない.

例 8.4 直線 $x = y = z$ のまわりの,点 $(1, 1, 1)$ からみて角 $\dfrac{2\pi}{3}$ の回転を考える.この回転は

$$(1, 0, 0) \longrightarrow (0, 1, 0) \longrightarrow (0, 0, 1) \longrightarrow (1, 0, 0)$$

なる変換を引き起こすから行列

$$A = \begin{pmatrix} 0 & 0 & 1 \\ 1 & 0 & 0 \\ 0 & 1 & 0 \end{pmatrix}$$

で表わされる．z 軸のまわりの，点 $(0,0,1)$ からみて角 $\dfrac{\pi}{2}$ の回転は行列

$$B = \begin{pmatrix} 0 & -1 & 0 \\ 1 & 0 & 0 \\ 0 & 0 & 1 \end{pmatrix}$$

で表わされる．

$$AB = \begin{pmatrix} 0 & 0 & 1 \\ 0 & -1 & 0 \\ 1 & 0 & 0 \end{pmatrix}, \qquad BA = \begin{pmatrix} -1 & 0 & 0 \\ 0 & 0 & 1 \\ 0 & 1 & 0 \end{pmatrix}$$

はそれぞれ変換

$$(x,y,z) \longmapsto (z,-y,x), \qquad (x,y,z) \longmapsto (-x,z,y)$$

つまりそれぞれ直線 $x=z, y=0$ および $x=0, y=z$ のまわりの π 回転を表わしている．この例では $\dfrac{2\pi}{3}$ と $\dfrac{\pi}{2}$ 回転の合成が π 回転になっている．

第 8 章の章末問題

問題 1 パラメータ c を含む次の 2 次曲面はどのようなものか．
$$3x^2 + 4y^2 + cz^2 - 6xz - 2x - 4y + 6z = 0$$

問題 2 平面の 3 点 $(-2,0), (1,\sqrt{3}), (1,-\sqrt{3})$ をこれら 3 点へ移す 2 次直交行列をすべて求めよ．

問題 3 空間の 4 点 $P(1,1,1), Q(-1,-1,1), R(1,-1,-1), S(-1,1,-1)$ をこれら 4 点へ移す回転対称は全部でいくつあるか．回転角ごとに対応する行列をすべて求めよ．

第9章

ジョルダン標準形

この章では $K = \mathbf{C}$ (複素数全体) とし複素数を成分とする行列を単に行列とよぶことにする。n 次正方行列 A を正則行列 P により PAP^{-1} と変形して，ジョルダン標準形とよばれるある標準的な形にできることを示すのが本章の目的である。$\mathbf{C}$ 上のベクトル空間，部分空間，線形写像をそれぞれ単にベクトル空間，部分空間，線形写像とよぶことにする。

9.1 広義固有空間

V を有限次元ベクトル空間，$f : V \longrightarrow V$ をその線形変換とする。複素数 α に対し

$$V_\alpha = \{\boldsymbol{x} \in V \mid f(\boldsymbol{x}) = \alpha \boldsymbol{x}\} = \mathrm{Ker}(f - \alpha I_V)$$

とおく。7.3 節で学んだように，$V_\alpha \neq \{\boldsymbol{0}\}$ のとき α を f の固有値，V_α を f の α に関する固有空間とよぶ。以下では簡単のため線形変換 $f - \alpha I_V$ を単に $f - \alpha$ と書くことにする。

f, g が V の線形変換のとき $fg : V \longrightarrow V$ をその合成写像，つまり $(fg)(\boldsymbol{x}) = f(g(\boldsymbol{x})), \boldsymbol{x} \in V$ とする。この積をくり返すことにより，$f, f^2, f^3, \cdots, f^n, \cdots$ が得られる。

> **定義 9.1** ある $n > 0$ に対し $f^n = 0$ となるとき f を **巾零写像** とよぶ。

同様に正方行列 A に対しても，ある $n > 0$ に対し $A^n = O$ となるとき A を **巾零行列** とよぶ．明らかに巾零写像は V の基底に関して巾零行列で表わされる．

例 9.1 V を 4 次元，基底 $\boldsymbol{x}_1, \boldsymbol{x}_2, \boldsymbol{x}_3, \boldsymbol{x}_4$ をもつとする．$f(\boldsymbol{x}_1) = \boldsymbol{0}$, $f(\boldsymbol{x}_2) = -\boldsymbol{x}_1$, $f(\boldsymbol{x}_3) = 2\boldsymbol{x}_1 - \boldsymbol{x}_2$, $f(\boldsymbol{x}_4) = 3\boldsymbol{x}_1 - 2\boldsymbol{x}_2 + \boldsymbol{x}_3$ ならば $f^4 = 0$ となり巾零である．

補題 9.1 V の線形変換 f に対し

$$W = \{\boldsymbol{x} \in V \mid \text{ある } n > 0 \text{ に対し } f^n(\boldsymbol{x}) = \boldsymbol{0}\}$$

とおくと次が成り立つ．
(1) W は V の部分空間である．
(2) $f(W) \subset W$.
(3) f の W への制限 $f|_W$ は W の線形変換として巾零である．

証明 (1) 明らかに $\boldsymbol{0} \in W$．$\boldsymbol{x}, \boldsymbol{y} \in W$, $c \in \mathbf{C}$ とする．仮定からある $n, m > 0$ で $f^n(\boldsymbol{x}) = \boldsymbol{0}$, $f^m(\boldsymbol{y}) = \boldsymbol{0}$ となる．n, m のうち大きい方を k とすれば $f^k(\boldsymbol{x}) = f^k(\boldsymbol{y}) = \boldsymbol{0}$ となるので

$$f^k(\boldsymbol{x} + \boldsymbol{y}) = f^k(\boldsymbol{x}) + f^k(\boldsymbol{y}) = \boldsymbol{0}, \qquad f^k(c\boldsymbol{x}) = cf^k(\boldsymbol{x}) = \boldsymbol{0}$$

より $\boldsymbol{x} + \boldsymbol{y}, c\boldsymbol{x} \in W$．したがって W は V の部分空間．

(2) $\boldsymbol{x} \in W$ ならある $n > 0$ で $f^n(\boldsymbol{x}) = \boldsymbol{0}$ ゆえ $f^n(f(\boldsymbol{x})) = f^{n+1}(\boldsymbol{x}) = f(f^n(\boldsymbol{x})) = f(\boldsymbol{0}) = \boldsymbol{0}$．したがって $f(\boldsymbol{x}) \in W$．

(3) $f(W) \subset W$ であるから，これに f をくり返し施すことにより W の部分空間の減少列

$$W \supset f(W) \supset f^2(W) \supset f^3(W) \cdots \supset f^n(W) \supset \cdots$$

が得られる．これらの部分空間の次元は減少して行く．V が有限次元だから，あるところから次元は一定になる．つまりある $n > 0$ で

$$f^n(W) = f^{n+1}(W) = \cdots$$

となる．$f^n(W) = \{\mathbf{0}\}$ であることを示そう．$f(f^n(W)) = f^{n+1}(W) = f^n(W)$ ゆえ

$$f : f^n(W) \longrightarrow f^n(W)$$

は全射，したがって単射でもある．もし $\boldsymbol{x} \in f^n(W), \boldsymbol{x} \neq \mathbf{0}$ とすると $f(\boldsymbol{x}) \neq \mathbf{0}$ となり，これに f をくり返し施しても $\mathbf{0}$ にはならない．$\boldsymbol{x} \in W$ であるからこれは矛盾，したがって $f^n(W) = \{\mathbf{0}\}$，つまり $f|_W$ は巾零である． □

f の代わりに $f - \alpha$ にこの補題を適用して次のようにおく．

> **定義 9.2** V の線形変換 f と $\alpha \in \mathbf{C}$ に対し
>
> $$V_{(\alpha)} = \{\boldsymbol{x} \in V \mid \text{ある } n > 0 \text{ に対し } (f-\alpha)^n(\boldsymbol{x}) = \mathbf{0}\}$$
>
> とおく．これを f の α に関する **広義固有空間** とよぶ．

補題 9.1 から $\boldsymbol{x} \in V_{(\alpha)}$ なら $(f - \alpha)(\boldsymbol{x}) = f(\boldsymbol{x}) - \alpha \boldsymbol{x} \in V_{(\alpha)}$，したがって $f(\boldsymbol{x}) \in V_{(\alpha)}$，つまり $f(V_{(\alpha)}) \subset V_{(\alpha)}$ である．

定義から明らかに $V_\alpha \subset V_{(\alpha)}$ であり，$V_\alpha = \{\mathbf{0}\}$ のとき $f - \alpha$ は単射なので $V_{(\alpha)} = \{\mathbf{0}\}$ になる．したがって広義固有空間 $V_{(\alpha)}$ は f の固有値 α に対し考えれば十分である．補題 9.1 から $f - \alpha$ を $V_{(\alpha)}$ 上に制限したものは巾零写像になる．

例 9.2 V を 4 次元，基底 $\boldsymbol{x}_1, \boldsymbol{x}_2, \boldsymbol{x}_3, \boldsymbol{x}_4$ をもつとする．線形変換 f を次のようにおく．

$$f(\boldsymbol{x}_1) = 2\boldsymbol{x}_1, \quad f(\boldsymbol{x}_2) = -\boldsymbol{x}_1, \quad f(\boldsymbol{x}_3) = -2\boldsymbol{x}_1 + 3\boldsymbol{x}_2 - \boldsymbol{x}_3,$$

$$f(\boldsymbol{x}_4) = 5\boldsymbol{x}_2 - 2\boldsymbol{x}_3 + 2\boldsymbol{x}_4$$

f は次の上三角行列

$$A = \begin{pmatrix} 2 & -1 & -2 & 0 \\ 0 & 0 & 3 & 5 \\ 0 & 0 & -1 & -2 \\ 0 & 0 & 0 & 2 \end{pmatrix}$$

で表わされるから $\Phi_f(x) = \Phi_A(x) = x(x+1)(x-2)^2$, したがって f の固有値は $0, -1, 2$ である．それぞれの広義固有空間は次のようになる．

$$V_0 = V_{(0)} = \langle \boldsymbol{x}_2 + \frac{1}{2}\boldsymbol{x}_1 \rangle,$$

$$V_{-1} = V_{(-1)} = \langle \boldsymbol{x}_3 - 3\boldsymbol{x}_2 - \frac{1}{3}\boldsymbol{x}_1 \rangle,$$

$$V_{(2)} = \langle \boldsymbol{x}_1, \boldsymbol{x}_4 - \frac{2}{3}\boldsymbol{x}_3 + \frac{3}{2}\boldsymbol{x}_2 \rangle$$

このとき $V = V_0 \oplus V_{-1} \oplus V_{(2)}$ であることが確かめられる．

この例で V は f の広義固有空間の直和になっている．この事実は任意の線形変換に対して成り立つ．以下でこのことを示す．f を有限次元ベクトル空間 V の線形変換とする．

> **補題 9.2** $\alpha, \beta \in \mathbf{C}$, $\alpha \neq \beta$ ならば $f - \beta : V_{(\alpha)} \longrightarrow V_{(\alpha)}$ は同型である．

証明 $\boldsymbol{x} \in V_{(\alpha)}$, $f(\boldsymbol{x}) = \beta\boldsymbol{x}$ とすると，$(f-\alpha)(\boldsymbol{x}) = (\beta-\alpha)\boldsymbol{x}$．ある $n > 0$ に対し $(f-\alpha)^n(\boldsymbol{x}) = (\beta-\alpha)^n\boldsymbol{x} = \boldsymbol{0}$ となるから $\boldsymbol{x} = \boldsymbol{0}$．したがって $f - \beta$ は単射．$V_{(\alpha)}$ は有限次元だから同型写像になる． □

> **補題 9.3** $\alpha_1, \cdots, \alpha_r$ を相異なる複素数とする．V の部分空間 $V_{(\alpha_1)}, \cdots, V_{(\alpha_r)}$ は直和をなす．

証明 $\boldsymbol{x}_i \in V_{(\alpha_i)}$, $\boldsymbol{x}_1 + \cdots + \boldsymbol{x}_r = \boldsymbol{0}$ ならば $\boldsymbol{x}_1 = \cdots = \boldsymbol{x}_r = \boldsymbol{0}$ であることを示せばよい．たとえば $\boldsymbol{x}_1 = \boldsymbol{0}$ であることをいう (同様にすべての i に対し $\boldsymbol{x}_i = \boldsymbol{0}$ が示される)．

$$\boldsymbol{x}_1 = -\boldsymbol{x}_2 - \cdots - \boldsymbol{x}_r \in V_{(\alpha_1)} \cap (V_{(\alpha_2)} + \cdots + V_{(\alpha_r)})$$

である．$h = f - \alpha_1$ とおくと補題 9.2 から

$$h(V_{(\alpha_2)} + \cdots + V_{(\alpha_r)}) = h(V_{(\alpha_2)}) + \cdots + h(V_{(\alpha_r)})$$

$$= V_{(\alpha_2)} + \cdots + V_{(\alpha_r)}.$$

したがって h は $V_{(\alpha_2)} + \cdots + V_{(\alpha_r)}$ 上で全射なので単射でもあり, 特に $V_{(\alpha_1)} \cap (V_{(\alpha_2)} + \cdots + V_{(\alpha_r)})$ 上でも単射である. 一方ある $n > 0$ で $h^n(\boldsymbol{x}_1) = \boldsymbol{0}$ であり, h^n もこの部分空間上で単射だから $\boldsymbol{x}_1 = \boldsymbol{0}$ となる. □

> **定理 9.4** f を有限次元ベクトル空間 V の線形変換, $\alpha_1, \cdots, \alpha_r$ を f の固有値の全体 (相異なる) とする. このとき
> $$V = V_{(\alpha_1)} \oplus \cdots \oplus V_{(\alpha_r)}$$
> が成り立つ.

証明 r についての帰納法で示す. $h = f - \alpha_1$ とおく. 補題 9.1 の証明と同様に, V の部分空間の減少列

$$V \supset h(V) \supset h^2(V) \supset \cdots \supset h^n(V) \supset \cdots$$

はあるところから先で一定となる:

$$h^m(V) = h^{m+1}(V) = \cdots$$

このとき $h^m|_{h^m(V)} : h^m(V) \longrightarrow h^m(V)$ は全射 (実際 $h^m(h^m(V)) = h^{2m}(V) = h^m(V)$) ゆえ同型, したがって $\mathrm{Ker}(h^m) \cap \mathrm{Im}(h^m) = \{\boldsymbol{0}\}$. $\mathrm{Ker}(h^m)$ と $\mathrm{Im}(h^m)$ は直和をなす. 定理 6.15 から

$$\dim \mathrm{Ker}(h^m) + \dim \mathrm{Im}(h^m) = \dim V$$

なので $V = \mathrm{Ker}(h^m) \oplus \mathrm{Im}(h^m)$ であることが分かる. また定義 9.2 から

$$\mathrm{Ker}(h^m) \subset V_{(\alpha_1)}$$

であり, $h = f - \alpha_1 : \mathrm{Im}(h^m) \longrightarrow \mathrm{Im}(h^m)$ が単射なので f の制限 $f|_{\mathrm{Im}(h^m)}$ は固有値 α_1 をもたない. この制限写像の固有値は f の固有値でもあるから, $f|_{\mathrm{Im}(h^m)}$ は高々 $\alpha_2, \cdots, \alpha_r$ を固有値にもつ. 固有値の個数が減るので帰納法の仮定が使え, $W = \mathrm{Im}(h^m)$ に対し直和分解

$$W = W_{(\alpha_2)} \oplus \cdots \oplus W_{(\alpha_r)}$$

が成り立つ．特に $W \subset V_{(\alpha_2)} \oplus \cdots \oplus V_{(\alpha_r)}$ である．したがって

$$V = \mathrm{Ker}(h^m) \oplus \mathrm{Im}(h^m) \subset V_{(\alpha_1)} \oplus V_{(\alpha_2)} \oplus \cdots \oplus V_{(\alpha_r)} \subset V$$

となり定理が証明される． □

定理 9.5 f の固有多項式 $\Phi_f(x) = (x-\alpha_1)^{m_1} \cdots (x-\alpha_r)^{m_r}$（ここで $\alpha_1, \cdots, \alpha_r$ は相異なる複素数）のとき $V_{(\alpha_i)}$ は m_i 次元である．

証明 $\dim V_{(\alpha_i)} = s_i$ とおく．$V_{(\alpha_i)}$ のある基底に関する $f|_{V_{(\alpha_i)}}$ の行列を A_i とする．A_i は固有値 α_i のみをもつから $\Phi_{A_i}(x) = (x-\alpha_i)^{s_i}$．これら $V_{(\alpha_i)}$ の基底を i の順に並べて得られる V の基底に関する f の行列 A は

$$A = \begin{pmatrix} A_1 & & & \\ & A_2 & & \\ & & \ddots & \\ & & & A_r \end{pmatrix}$$

の形をしているから

$$\Phi_f(x) = \Phi_A(x) = \Phi_{A_1}(x) \cdots \Phi_{A_r}(x) = (x-\alpha_1)^{s_1} \cdots (x-\alpha_r)^{s_r}$$

となる．したがって $m_i = s_i$ である． □

この証明で $V_{(\alpha_i)}$ の基底をうまくとれば行列 A_i は次の形の上三角行列になる．

$$A_i = \begin{pmatrix} \alpha_i & & * \\ & \ddots & \\ O & & \alpha_i \end{pmatrix}$$

A_i のサイズは $m_i \times m_i$ であるから容易な計算により $(A_i - \alpha_i E)^{m_i} = O$ であることが分かる．これから，定理 4.1 で述べたハミルトン・ケーリーの定理の別証が得られる．

系 9.6 (ハミルトン・ケーリーの定理) f の固有多項式 $\Phi_f(x) = (x-\alpha_1)^{m_1}\cdots(x-\alpha_r)^{m_r}$ に対し
$$\Phi_f(f) = (f-\alpha_1)^{m_1}\cdots(f-\alpha_r)^{m_r} = 0$$
が成り立つ.

また次の標準化の結果が得られる.

系 9.7 A を n 次正方行列, $\Phi_A(x) = (x-\alpha_1)^{m_1}\cdots(x-\alpha_r)^{m_r}$ (ここで $\alpha_1,\cdots,\alpha_r$ は相異なる複素数) とする. ある正則 n 次行列 P により PAP^{-1} を次の形にすることができる.
$$PAP^{-1} = \begin{pmatrix} A_1 & & & O \\ & A_2 & & \\ & & \ddots & \\ O & & & A_r \end{pmatrix}$$
ここで A_i は次の形の m_i 次上三角行列である.
$$A_i = \begin{pmatrix} \alpha_i & & * \\ & \ddots & \\ O & & \alpha_i \end{pmatrix}$$

例題 9.1 (重要な応用) A, B を n 次正方行列とする. このとき, AB の固有多項式 $\Phi_{AB}(x)$ と BA の固有多項式 $\Phi_{BA}(x)$ は等しいことを示せ.

解答 $V = \mathbf{C}^n$ とおき, $\alpha \in \mathbf{C}$ とする. $V_{(\alpha)}$ を L_{AB} の α に関する広義固有空間, $W_{(\alpha)}$ を L_{BA} の α に関する広義固有空間と定める. このとき, $\alpha \neq 0$ ならば補題 9.2 より $L_{AB} : V_{(\alpha)} \longrightarrow V_{(\alpha)}$ は同型であり, $L_{AB} = L_A \circ L_B$ であるから, $L_B : V_{(\alpha)} \longrightarrow L_B(V_{(\alpha)})$ は単射すなわち同型である. また, $(\alpha E - BA)^m B = B(\alpha E - AB)^m$ より $L_B(V_{(\alpha)}) \subset W_{(\alpha)}$ が得られるので,

$$V_{(\alpha)} \simeq L_B(V_{(\alpha)}) \subset W_{(\alpha)} \quad (\alpha \neq 0)$$

が成り立つ. 同様にして,

$$W_{(\alpha)} \simeq L_A(W_{(\alpha)}) \subset V_{(\alpha)} \quad (\alpha \neq 0)$$

も成立する. これより, $\alpha \neq 0$ ならば

$$\begin{cases} L_B(V_{(\alpha)}) = W_{(\alpha)} \\ L_A(W_{(\alpha)}) = V_{(\alpha)} \\ \dim V_{(\alpha)} = \dim W_{(\alpha)} \end{cases}$$

を得る. また, 定理 9.4 より, $\dim V_{(0)} = \dim W_{(0)}$ もいえるので, 定理 9.5 から $\Phi_{AB}(x) = \Phi_{BA}(x)$ が従う.

□

9.2 ジョルダン分解

V を有限次元ベクトル空間, $f: V \longrightarrow V$ をその線形変換, $\alpha_1, \cdots, \alpha_r$ を f の固有値全体 (相異なる) とする. 半単純写像を 7.4 節で定義した.

補題 9.8 V の線形変換 f が半単純であるためには

$$V_{\alpha_i} = V_{(\alpha_i)} \quad (i = 1, \cdots, r)$$

であることが必要十分である.

証明 定理 7.3 と定理 7.11 から

$$f \text{ が半単純} \iff V = V_{\alpha_1} \oplus \cdots \oplus V_{\alpha_r}.$$

したがって $V_{(\alpha_i)} = V_{\alpha_i}, i = 1, \cdots, r$ なら定理 9.4 により $V = V_{\alpha_1} \oplus \cdots \oplus V_{\alpha_r}$ が成り立つ. 逆に $V = V_{\alpha_1} \oplus \cdots \oplus V_{\alpha_r}$ なら $V_{\alpha_i} \subset V_{(\alpha_i)}$ と補題 9.3 より

$$V = V_{\alpha_1} \oplus \cdots \oplus V_{\alpha_r} \subset V_{(\alpha_1)} \oplus \cdots \oplus V_{(\alpha_r)} \subset V$$

であるから $V_{\alpha_i} = V_{(\alpha_i)}$ でなくてはならない.

□

定義 9.3 V の線形変換 f_s, f_n を次のようにおく.
$$f_s(\boldsymbol{x}_1 + \cdots + \boldsymbol{x}_r) = \alpha_1 \boldsymbol{x}_1 + \cdots + \alpha_r \boldsymbol{x}_r,$$
$$f_n(\boldsymbol{x}_1 + \cdots + \boldsymbol{x}_r) = (f - \alpha_1)(\boldsymbol{x}_1) + \cdots + (f - \alpha_r)(\boldsymbol{x}_r),$$
ここで $\boldsymbol{x}_i \in V_{(\alpha_i)}$.

補題 9.9 $f = f_s + f_n$, f_s は半単純, f_n は巾零, $f_s f_n = f_n f_s$ である.

証明 $f = f_s + f_n$ は明らか. f_s は $V_{(\alpha_i)}$ 上で定数 α_i だから $V_{(\alpha_i)}$ は f_s の固有空間, V はその直和だから f_s は半単純. $m > 0$ を十分大きくとると
$$(f_n)^m(\boldsymbol{x}_1 + \cdots + \boldsymbol{x}_r) = (f - \alpha_1)^m(\boldsymbol{x}_1) + \cdots + (f - \alpha_r)^m(\boldsymbol{x}_r) = \boldsymbol{0}$$
がすべての $\boldsymbol{x}_i \in V_{(\alpha_i)}$ で成り立つから f_n は巾零. $f_s f_n = f_n f_s$ は容易に確かめられる. □

f_s, f_n をそれぞれ f の半単純成分, 巾零成分といい, $f = f_s + f_n$ を f の (加法的) **ジョルダン分解** とよぶ.

例 9.3 V を 4 次元, 基底 $\boldsymbol{x}_1, \boldsymbol{x}_2, \boldsymbol{x}_3, \boldsymbol{x}_4$ をもつとし, 線形変換 f を次のように定める.
$$f(\boldsymbol{x}_1) = -\boldsymbol{x}_1, \quad f(\boldsymbol{x}_2) = -\boldsymbol{x}_2 + 3\boldsymbol{x}_1, \quad f(\boldsymbol{x}_3) = 2\boldsymbol{x}_3 + 3\boldsymbol{x}_2 + 6\boldsymbol{x}_1,$$
$$f(\boldsymbol{x}_4) = 2\boldsymbol{x}_4 + \boldsymbol{x}_3 - 5\boldsymbol{x}_2 + 3\boldsymbol{x}_1.$$
このとき $\Phi_f(x) = (x+1)^2(x-2)^2$ で $V_{(-1)}, V_{(2)}$ を求めると
$$V_{(-1)} = \langle \boldsymbol{x}_1, \boldsymbol{x}_2 \rangle,$$
$$V_{(2)} = \langle \boldsymbol{x}_3 + \boldsymbol{x}_2 + 3\boldsymbol{x}_1, \boldsymbol{x}_4 - 2\boldsymbol{x}_2 - 2\boldsymbol{x}_1 \rangle$$
となる. したがって
$$f_s(\boldsymbol{x}_1) = -\boldsymbol{x}_1, \quad f_s(\boldsymbol{x}_2) = -\boldsymbol{x}_2,$$

$$f_s(\boldsymbol{x}_3 + \boldsymbol{x}_2 + 3\boldsymbol{x}_1) = 2\boldsymbol{x}_3 + 2\boldsymbol{x}_2 + 6\boldsymbol{x}_1,$$
$$f_s(\boldsymbol{x}_4 - 2\boldsymbol{x}_2 - 2\boldsymbol{x}_1) = 2\boldsymbol{x}_4 - 4\boldsymbol{x}_2 - 4\boldsymbol{x}_1$$

となる．これを解いて

$$f_s(\boldsymbol{x}_3) = 2\boldsymbol{x}_3 + 3\boldsymbol{x}_2 + 9\boldsymbol{x}_1,$$
$$f_s(\boldsymbol{x}_4) = 2\boldsymbol{x}_4 - 6\boldsymbol{x}_2 - 6\boldsymbol{x}_1$$

が得られる．これを行列の形で述べれば

$$A = \begin{pmatrix} -1 & 3 & 6 & 3 \\ 0 & -1 & 3 & -5 \\ 0 & 0 & 2 & 1 \\ 0 & 0 & 0 & 2 \end{pmatrix}$$

のジョルダン分解 $A = A_s + A_n$,

$$A_s = \begin{pmatrix} -1 & 0 & 9 & -6 \\ 0 & -1 & 3 & -6 \\ 0 & 0 & 2 & 0 \\ 0 & 0 & 0 & 2 \end{pmatrix}, \quad A_n = \begin{pmatrix} 0 & 3 & -3 & 9 \\ 0 & 0 & 0 & 1 \\ 0 & 0 & 0 & 1 \\ 0 & 0 & 0 & 0 \end{pmatrix}$$

が得られることになる．

定理 9.10 $f = g+h$, $gh = hg$, g 半単純, h 巾零ならば, $g = f_s$, $h = f_n$ である．

証明 g の固有値を $\beta_1, \cdots, \beta_s$ (相異なる) とする．g に関して V を固有空間の直和に分解する:

$$V = V_{\beta_1} \oplus \cdots \oplus V_{\beta_s}.$$

$gh = hg$ であるから $h(V_{\beta_i}) \subset V_{\beta_i}$. h は巾零で V_{β_i} 上で $h = f - g = f - \beta_i$ であるから, $\boldsymbol{x} \in V_{\beta_i}$ ならある $n > 0$ に対し $h^n(\boldsymbol{x}) = (f - \beta_i)^n(\boldsymbol{x}) = \boldsymbol{0}$ とな

る．だから V_{β_i} は f の広義固有空間 $V_{(\beta_i)}$ に含まれる．
$$V = V_{\beta_1} \oplus \cdots \oplus V_{\beta_s} \subset V_{(\beta_1)} \oplus \cdots \oplus V_{(\beta_s)} \subset V$$
より $V_{\beta_i} = V_{(\beta_i)}$ である．$\boldsymbol{x} = \boldsymbol{x}_1 + \cdots + \boldsymbol{x}_s$, $\boldsymbol{x}_i \in V_{(\beta_i)}$ に対し $f_s(\boldsymbol{x}) = \beta_1 \boldsymbol{x}_1 + \cdots + \beta_s \boldsymbol{x}_s = g(\boldsymbol{x})$ ゆえ $f_s = g$. また $f_n = f - f_s = f - g = h$. □

定義 9.4 $f - 1$ が巾零のとき f を **巾単写像** とよぶ．

$f : V \longrightarrow V$ を同型写像とする．これは f の固有値 $\alpha_1, \cdots, \alpha_r$ がどれも 0 でないことと同値である．

定義 9.5 このとき V の線形変換 f_u を次のようにおく．
$$f_u(\boldsymbol{x}_1 + \cdots + \boldsymbol{x}_r) = \alpha_1^{-1} f(\boldsymbol{x}_1) + \cdots + \alpha_r^{-1} f(\boldsymbol{x}_r)$$
ここで $\boldsymbol{x}_i \in V_{(\alpha_i)}$.

補題 9.11 f_u は巾単写像，$f = f_u f_s = f_s f_u$ が成り立つ．

証明 後半は定義から明らか．$V_{(\alpha_i)}$ 上で $f - \alpha_i$ は巾零だから
$$f_u - 1 = \alpha_i^{-1} f - 1 = \alpha_i^{-1}(f - \alpha_i)$$
は巾零である．十分大きい n に対し $(f_u - 1)^n$ はすべての $V_{(\alpha_i)}$ 上で 0 になるから 0 である． □

f_u を f の巾単成分，$f = f_u f_s = f_s f_u$ を f の **乗法的ジョルダン分解** とよぶ．

例 9.4 f を例 9.3 の線形変換とする．
$f_u(\boldsymbol{x}_1) = -f(\boldsymbol{x}_1) = \boldsymbol{x}_1$,
$f_u(\boldsymbol{x}_2) = -f(\boldsymbol{x}_2) = \boldsymbol{x}_2 - 3\boldsymbol{x}_1$,
$f_u(\boldsymbol{x}_3 + \boldsymbol{x}_2 + 3\boldsymbol{x}_1) = \dfrac{1}{2} f(\boldsymbol{x}_3 + \boldsymbol{x}_2 + 3\boldsymbol{x}_1) = \boldsymbol{x}_3 + \boldsymbol{x}_2 + 3\boldsymbol{x}_1$,

$$f_u(\boldsymbol{x}_4 - 2\boldsymbol{x}_2 - 2\boldsymbol{x}_1) = \frac{1}{2}f(\boldsymbol{x}_4 - 2\boldsymbol{x}_2 - 2\boldsymbol{x}_1) = \frac{1}{2}(2\boldsymbol{x}_4 + \boldsymbol{x}_3 - 3\boldsymbol{x}_2 - \boldsymbol{x}_1)$$

であるから

$$f_u(\boldsymbol{x}_3) = \boldsymbol{x}_3 + 3\boldsymbol{x}_1, \qquad f_u(\boldsymbol{x}_4) = \boldsymbol{x}_4 + \frac{1}{2}\boldsymbol{x}_3 + \frac{1}{2}\boldsymbol{x}_2 - \frac{9}{2}\boldsymbol{x}_1$$

となる．したがって行列

$$A = \begin{pmatrix} -1 & 3 & 6 & 3 \\ 0 & -1 & 3 & -5 \\ 0 & 0 & 2 & 1 \\ 0 & 0 & 0 & 2 \end{pmatrix}$$

の乗法的ジョルダン分解 $A = A_s A_u = A_u A_s$ は

$$A_s = \begin{pmatrix} -1 & 0 & 9 & -6 \\ 0 & -1 & 3 & -6 \\ 0 & 0 & 2 & 0 \\ 0 & 0 & 0 & 2 \end{pmatrix}, \qquad A_u = \begin{pmatrix} 1 & -3 & 3 & -\frac{9}{2} \\ 0 & 1 & 0 & \frac{1}{2} \\ 0 & 0 & 1 & \frac{1}{2} \\ 0 & 0 & 0 & 1 \end{pmatrix}$$

で与えられる．

定理 9.12 V の線形自己同型 f に対し $f = gh = hg$, g 半単純写像，h 巾単写像ならば $g = f_s, h = f_u$ である．

証明 $h' = h - 1$ とおく．h' は巾零で $gh' = h'g$ である．$n > 0$ に対し $(gh')^n = g^n h'^n$ ゆえ gh' も巾零，g と交換可能である．

$$f = gh = g(1 + h') = g + gh'$$

だから定理 9.10 により $g = f_s$, $gh' = f_n$. 特に $h' = f_s^{-1} f_n$. したがって $h = 1 + h' = 1 + f_s^{-1} f_n = f_u$ (各 $V_{(\alpha_i)}$ 上でチェックせよ)． □

9.3 ジョルダン標準形

この節では与えられた正方行列 A に対しある正則行列 P により PAP^{-1} をジョルダン標準形とよばれる標準的な形にもって行くことを目的とする. これを有限次元ベクトル空間 V の線形変換 f の言葉で言い表わすと, V が f に関してあるよい性質をもった基底をもつことを示すことになる. 我々は 9.1 で V が広義固有空間 $V_{(\alpha_i)}$ の直和に分かれることを見ているから, f の $V_{(\alpha_i)}$ への制限 $f|_{V_{(\alpha_i)}}$ に着目すれば十分である. $V_{(\alpha_i)}$ 上で $f - \alpha_i$ は巾零である. そこでこの節では, はじめ巾零線形変換について考察し, そのことからジョルダン標準形を導くことにする.

V を有限次元ベクトル空間, $f : V \longrightarrow V$ を巾零線形変換とする. $\boldsymbol{x} \in V, \boldsymbol{x} \neq \boldsymbol{0}$ に対し, $f^i(\boldsymbol{x}) = \boldsymbol{0}$ なる最小の $i > 0$ を $d(\boldsymbol{x})$ とおく. したがって

$$f^{d(\boldsymbol{x})-1}(\boldsymbol{x}) \in \operatorname{Ker} f$$

である. 逆に $f^j(\boldsymbol{x}) \neq \boldsymbol{0}, f^j(\boldsymbol{x}) \in \operatorname{Ker} f$ ならば

$$j = d(\boldsymbol{x}) - 1$$

である.

補題 9.13 $\boldsymbol{x} \in V, \boldsymbol{x} \neq \boldsymbol{0}$ のとき $\boldsymbol{x}, f(\boldsymbol{x}), f^2(\boldsymbol{x}), \cdots, f^{d(\boldsymbol{x})-1}(\boldsymbol{x})$ は線形独立である.

証明 $c_0 \boldsymbol{x} + c_1 f(\boldsymbol{x}) + \cdots + c_{d(\boldsymbol{x})-1} f^{d(\boldsymbol{x})-1}(\boldsymbol{x}) = \boldsymbol{0}, c_i \in \mathbf{C}$ とする. $c_i \neq 0$ なる i があるとして, その最小値を i_0 とする.

$$c_{i_0} f^{i_0}(\boldsymbol{x}) + c_{i_0+1} f^{i_0+1}(\boldsymbol{x}) + \cdots = \boldsymbol{0}$$

これに $f^{d(\boldsymbol{x})-i_0-1}$ を施せば $f^{d(\boldsymbol{x})}(\boldsymbol{x}) = \boldsymbol{0}$ ゆえ

$$c_{i_0} f^{d(\boldsymbol{x})-1}(\boldsymbol{x}) = \boldsymbol{0}, \quad c_{i_0} \neq 0, \quad f^{d(\boldsymbol{x})-1}(\boldsymbol{x}) \neq \boldsymbol{0}$$

が従い矛盾である. □

定義 9.6 $z_1, z_2, \cdots, z_r$ を V の相異なる $\mathbf{0}$ でない元とする．$d_i = d(z_i)$ とおく．次の集合

$$\{f^i(z_j) \mid i = 0, 1, \cdots, d_j - 1; j = 1, \cdots, r\}$$

が（1）線形独立のとき，（2）V を張るとき，（3）V の基底をなすときそれぞれ $z_1, \cdots, z_r$ は（1）**J 独立**，（2）V を **J 生成** する，（3）V の **J 基底** をなす，という．

ここで J はジョルダン (Jordan) の略である．この概念はいささか抽象的で分かりにくいかもしれないが以下の議論をするときこのように名づけることは有用である．

$$z_1, \cdots, z_r \in V, z_i \neq \mathbf{0}, d_i = d(z_i)$$

に対し

$$f^{d_1-1}(z_1), \cdots, f^{d_r-1}(z_r) \in \operatorname{Ker} f$$

であることに注意する．また，$d_j - 1 \geqq i$ ならば $f^{d_j-1}(z_j) \in \operatorname{Ker} f \cap \operatorname{Im} f^i$ である．

例 9.5 $r = 4, d_1 = 2, d_2 = 4, d_3 = 1, d_4 = 3$ の場合を考える．上の定義に現れる集合は 10 個の元から成り，次の集合 X_1, X_2, X_3, X_4 の合併集合である．

$$\begin{aligned}
X_1 &= \{f(z_1),\quad f^3(z_2),\quad z_3,\quad f^2(z_4)\} \subset \operatorname{Ker} f, \\
X_2 &= \{\quad z_1,\quad f^2(z_2),\quad\quad f(z_4)\} \subset \operatorname{Ker} f^2, \\
X_3 &= \{\quad\quad f(z_2),\quad\quad z_4\} \subset \operatorname{Ker} f^3, \\
X_4 &= \{\quad\quad z_2\} \subset \operatorname{Ker} f^4.
\end{aligned}$$

これら 10 個の元が V を張るとき，z_1, z_2, z_3, z_4 は V を J 生成するという．そのための 1 つの判定条件を考えよう．それには上の X_1 に着目して次の部分集合の列を考える．

$$\begin{aligned}
X_1 = X_{10} = &\ \{f(\boldsymbol{z}_1), \quad f^3(\boldsymbol{z}_2), \quad \boldsymbol{z}_3, \quad f^2(\boldsymbol{z}_4)\} \subset \operatorname{Ker} f, \\
X_{11} = &\ \{f(\boldsymbol{z}_1), \quad f^3(\boldsymbol{z}_2), \qquad\quad f^2(\boldsymbol{z}_4)\} \subset \operatorname{Ker} f \cap \operatorname{Im} f, \\
X_{12} = &\ \qquad\qquad\quad \{f^3(\boldsymbol{z}_2), \qquad\quad f^2(\boldsymbol{z}_4)\} \subset \operatorname{Ker} f \cap \operatorname{Im} f^2, \\
X_{13} = &\ \qquad\qquad\quad \{f^3(\boldsymbol{z}_2)\} \qquad\qquad\qquad\quad \subset \operatorname{Ker} f \cap \operatorname{Im} f^3.
\end{aligned}$$

$k = 0, 1, 2, 3$ に対し X_{1k} が $\operatorname{Ker} f \cap \operatorname{Im} f^k$ を張ると仮定しよう．このとき $k = 1, 2, 3, 4$ に対し次の (C_k) が成り立つ．

(C_k) $X_1 \cup X_2 \cup \cdots \cup X_k$ は $\operatorname{Ker} f^k$ を張る．

これを k の帰納法で証明しよう．(C_1) は X_{10} に関する仮定に他ならない．$1 \leqq k < 4$ に対し $(C_k) \Rightarrow (C_{k+1})$ を示そう．まず上下の図を見比べて $X_{1k} = f^k(X_{k+1})$ であることに注意する．$\boldsymbol{x} \in \operatorname{Ker} f^{k+1}$ をとる．$f^k(\boldsymbol{x}) \in \operatorname{Ker} f \cap \operatorname{Im} f^k$ であるから，仮定により $f^k(\boldsymbol{x})$ は X_{1k} の 1 次結合で表わせる．$X_{1k} = f^k(X_{k+1})$ であるから，X_{k+1} のある 1 次結合 $\boldsymbol{u}$ により $f^k(\boldsymbol{x}) = f^k(\boldsymbol{u})$ と表わせることになる．したがって $\boldsymbol{x} - \boldsymbol{u} \in \operatorname{Ker} f^k$ となる．(C_k) から $\boldsymbol{x} - \boldsymbol{u}$ は $X_1 \cup \cdots \cup X_k$ の 1 次結合で表わせる．$\boldsymbol{u}$ は X_{k+1} の 1 次結合だったから，$\boldsymbol{x}$ は $X_1 \cup \cdots \cup X_k \cup X_{k+1}$ の 1 次結合である．すなわち (C_{k+1}) が成り立つ．

この例の仮定を少し強め，$i > 3$ に対し $X_{1i} = \varnothing$(空集合) とおき，すべての $i \geqq 0$ で X_{1i} が $\operatorname{Ker} f \cap \operatorname{Im} f^i$ を張ると仮定する．つまり今までの仮定に加えて，$\operatorname{Ker} f \cap \operatorname{Im} f^4 = \{\boldsymbol{0}\}$ を仮定する．このとき $k > 4$ に対し $X_k = \varnothing$ とおけば，上と同様の論法で (C_k) がすべての $k > 0$ で成り立つ．f は巾零だったからこれは $\boldsymbol{z}_1, \boldsymbol{z}_2, \boldsymbol{z}_3, \boldsymbol{z}_4$ が V を J 生成することを意味する．

これを次の補題で一般化する．

補題 9.14 $\boldsymbol{z}_1, \cdots, \boldsymbol{z}_r \in V$, $\boldsymbol{z}_j \neq \boldsymbol{0}$, $d_j = d(\boldsymbol{z}_j)$ に対し次を仮定する．

任意の $i \geqq 0$ に対し，$d_j - 1 \geqq i$ なる j に対する $f^{d_j-1}(\boldsymbol{z}_j)$ 全体が $\operatorname{Ker} f \cap \operatorname{Im} f^i$ を張る． (9.1)

このとき $\boldsymbol{z}_1, \cdots, \boldsymbol{z}_r$ は V を J 生成する．

この仮定で $i = 0$ にとれば $f^{d_1-1}(\boldsymbol{z}_1), \cdots, f^{d_r-1}(\boldsymbol{z}_r)$ が $\operatorname{Ker} f$ を張ってい

ることに注意する.

証明 整数 $k > 0$ を固定する. $i < d_j \leqq k+i$ のとき $f^k(f^i(\boldsymbol{z}_j)) = f^{k+i}(\boldsymbol{z}_j) = \boldsymbol{0}$ だから $f^i(\boldsymbol{z}_j)$ は $\operatorname{Ker} f^k$ の元である. k についての帰納法で次を証明しよう.

(C_k) $\operatorname{Ker} f^k$ は $i < d_j \leqq k+i$ をみたす i および $j = 1, \cdots, r$ に
対する $f^i(\boldsymbol{z}_j)$ の全体により張られる.

$k = 1$ のとき. $i < d_j \leqq 1+i$ をみたす i は $d_j - 1$ のみで, 仮定から $\operatorname{Ker} f$ は $f^{d_1-1}(\boldsymbol{z}_1), \cdots, f^{d_r-1}(\boldsymbol{z}_r)$ で張られているので (C_1) は正しい. 次に $(C_k) \Rightarrow (C_{k+1})$ を示す. まず $i < d_j \leqq k+i$ なら $i < d_j \leqq k+1+i$ であることに注意する. $\boldsymbol{x} \in \operatorname{Ker} f^{k+1}$ とする. $f^k(\boldsymbol{x}) \in \operatorname{Ker} f \cap \operatorname{Im} f^k$ であるから, 仮定より次のように表わせる:

$$f^k(\boldsymbol{x}) = \sum_j c_j f^{d_j-1}(\boldsymbol{z}_j), c_j \in \mathbf{C}$$

ここで j は $1, \cdots, r$ のうち $d_j - 1 \geqq k$ なるものを動く. このとき

$$\boldsymbol{u} = \boldsymbol{x} - \sum_j c_j f^{d_j-1-k}(\boldsymbol{z}_j) \in \operatorname{Ker} f^k \tag{9.2}$$

だから帰納法の仮定 (C_k) より $\boldsymbol{u}$ は $i < d_j \leqq k+i$ なる $f^i(\boldsymbol{z}_j)$ たちの 1 次結合で表わされる. 上の式 (9.2) で, $d_j - 1 - k < d_j \leqq k+1+(d_j-1-k)$ で

$$\boldsymbol{x} = \boldsymbol{u} + \sum_j c_j f^{d_j-1-k}(\boldsymbol{z}_j)$$

だから, これは $\boldsymbol{x}$ が $i < d_j \leqq k+1+i$ なる $f^i(\boldsymbol{z}_j)$ たちの 1 次結合で表わされることを意味している. つまり (C_{k+1}) が成立する. こうして帰納法により補題は証明された. □

補題 9.15 $\boldsymbol{z}_1, \cdots, \boldsymbol{z}_r \in V, \boldsymbol{z}_j \neq \boldsymbol{0}, d_j = d(\boldsymbol{z}_j)$ とする. $f^{d_1-1}(\boldsymbol{z}_1), \cdots, f^{d_r-1}(\boldsymbol{z}_r)$ が線形独立ならば, $\boldsymbol{z}_1, \cdots, \boldsymbol{z}_r$ は J 独立である.

証明
$$\sum_{i,j} c_{ij} f^i(\boldsymbol{z}_j) = \boldsymbol{0}, \ c_{ij} \in \mathbf{C} \tag{9.3}$$

とする．ここで i,j は $i = 0, 1, \cdots, d_j - 1, \ j = 1, \cdots, r$ なる整数を動く．$c_{ij} \neq 0$ なる (i,j) があったとして，それに対する $d_j - i$ の最大値を m とする．$m > 0$ である．$c_{ij} \neq 0$ なら $d_j - i \leqq m$ であり，もし $d_j - i < m$ なら $f^{m-1}(f^i(\boldsymbol{z}_j)) = \boldsymbol{0}$ となる．したがって式 (9.3) に f^{m-1} を施したものは $c_{ij} \neq 0$ かつ $d_j - i = m$，つまり $i = d_j - m$ なる (i,j) の上の和になる：

$$\boldsymbol{0} = f^{m-1}\left(\sum_{i,j} c_{ij} f^i(\boldsymbol{z}_j)\right) = \sum_j c_{d_j-m,j} f^{d_j-1}(\boldsymbol{z}_j)$$

仮定より $f^{d_1-1}(\boldsymbol{z}_1), \cdots, f^{d_r-1}(\boldsymbol{z}_r)$ は線形独立であるから，これは矛盾である． □

例 9.6 以下で V は f に関して必ず J 基底をもつことを示す．$W_i = \operatorname{Ker} f \cap \operatorname{Im} f^i$ とおき，これが次の次元をもつ場合に J 基底の構成法を述べる．

空間	W_0	W_1	W_2	W_3	W_4	W_5
次元	5	4	4	2	1	0

まず W_4 の基底 $f^4(\boldsymbol{z}_1)$ をとる．$W_3 \supset W_4$ であるから，次にこれを補って W_3 の基底 $f^4(\boldsymbol{z}_1), f^3(\boldsymbol{z}_2)$ をつくる．この操作を続けて，次の表のように V の元 $\boldsymbol{z}_1, \boldsymbol{z}_2, \boldsymbol{z}_3, \boldsymbol{z}_4, \boldsymbol{z}_5$ を順に求めることができる．

空間	基底
W_4	$f^4(\boldsymbol{z}_1)$
W_3	$f^4(\boldsymbol{z}_1), f^3(\boldsymbol{z}_2)$
W_2	$f^4(\boldsymbol{z}_1), f^3(\boldsymbol{z}_2), f^2(\boldsymbol{z}_3), f^2(\boldsymbol{z}_4)$
W_1	$f^4(\boldsymbol{z}_1), f^3(\boldsymbol{z}_2), f^2(\boldsymbol{z}_3), f^2(\boldsymbol{z}_4)$
W_0	$f^4(\boldsymbol{z}_1), f^3(\boldsymbol{z}_2), f^2(\boldsymbol{z}_3), f^2(\boldsymbol{z}_4), \boldsymbol{z}_5$

$d_i = d(\boldsymbol{z}_i)$ とおくと，上の表で W_0 の行をみることにより $d_1 = 5, d_2 = 4, d_3 = 3, d_4 = 3, d_5 = 1$ であることが分かる．$\boldsymbol{z}_1, \boldsymbol{z}_2, \boldsymbol{z}_3, \boldsymbol{z}_4, \boldsymbol{z}_5$ は (9.1) をみたしている

から補題 9.14 により V を J 生成する.また $f^4(z_1), f^3(z_2), f^2(z_3), f^2(z_4), z_5$ が線形独立だから補題 9.15 によりこれらは J 独立である.したがって z_1, z_2, z_3, z_4, z_5 は V の J 基底をなす.

この構成法を一般に述べると次のようになる.

補題 9.16 次の条件 (9.4) をみたす $\operatorname{Ker} f$ の基底 $f^{i_1}(z_1), \cdots, f^{i_r}(z_r)$ がとれる.

$$\text{任意の } i \geqq 0 \text{ に対し, } i_k \geqq i \text{ なる } k = 1, \cdots, r \text{ に対する} \atop f^{i_k}(z_k) \text{ の全体が } \operatorname{Ker} f \cap \operatorname{Im} f^i \text{ を張る.} \tag{9.4}$$

このとき $i_k = d(z_k) - 1$ であることに注意する.

証明 $W_i = \operatorname{Ker} f \cap \operatorname{Im} f^i$ とおく.特に $W_0 = \operatorname{Ker} f$. $f^N = 0, f^{N-1} \neq 0$ とすると

$$W_0 \supset W_1 \supset W_2 \supset \cdots \supset W_{N-1} \supset W_N = \{\mathbf{0}\}$$

W_{N-1} の基底 $f^{N-1}(z_1), \cdots, f^{N-1}(z_{s_1})$ をとる.これに $f^{N-2}(z_{s_1+1}), \cdots,$ $f^{N-2}(z_{s_2})$ を補って W_{N-2} の基底を作る.これらに $f^{N-3}(z_{s_2+1}), \cdots, f^{N-3}(z_{s_3})$ を補って W_{N-3} の基底を作る.この操作を続けて行って,最後に $W_0 = \operatorname{Ker} f$ の基底

$$f^{N-1}(z_1), \cdots, f^{N-1}(z_{s_1}), \cdots, f^{N-k}(z_{s_{k-1}+1}), \cdots,$$
$$f^{N-k}(z_{s_k}), \cdots, z_{s_{N-1}+1}, \cdots, z_{s_N}$$

が得られる.この基底は (9.4) の条件をみたす. □

定理 9.17 f が有限次元ベクトル空間 V の巾零線形変換ならば,f に関する V の J 基底 $z_1, \cdots, z_r$ が存在する.

証明 $f^{i_1}(z_1), \cdots, f^{i_r}(z_r)$ を条件 (9.4) をみたす $\operatorname{Ker} f$ の基底とする.このとき $i_k = d_k - 1$ ゆえ,$z_1, \cdots, z_r$ は補題 9.14 の仮定 (9.1) をみたす.した

がって $z_1,\cdots,z_r$ は V を J 生成し, また補題 9.15 から J 独立である. したがって $z_1,\cdots,z_r$ は V の J 基底になる. □

定理 9.18 $z_1,\cdots,z_r$ および $w_1,\cdots,w_s$ を f に関する V の J 基底とする. このとき $r=s$ であり, 整数列 $d(z_1),\cdots,d(z_r)$ を適当に並べかえると整数列 $d(w_1),\cdots,d(w_s)$ になる.

証明 $d_j=d(z_j), e_k=d(w_k)$ とおく. $z_1,\cdots,z_r$ および $w_1,\cdots,w_s$ を適当に並べかえることにより

$$d_1 \leqq d_2 \leqq \cdots \leqq d_r, e_1 \leqq e_2 \leqq \cdots \leqq e_s$$

であるとしてよい. $x \in \operatorname{Ker} f$ とする.

$$x = \sum_{j=1}^{r} \sum_{i=0}^{d_j-1} c_{ij} f^i(z_j)$$

と表わす. $i=d_j-1$ のとき $f(f^i(z_j)) = f^{d_j}(z_j) = \mathbf{0}$ だから

$$f(x) = \sum_{j=1}^{r} \sum_{i=0}^{d_j-2} c_{ij} f^{i+1}(z_j) = \mathbf{0}$$

で, $f^i(z_j), i=0,1,\cdots,d_j-1, j=1,\cdots,r$ は 1 次独立だから, $i \neq d_j-1$ なら $c_{ij}=0$ になる. つまり x は $f^{d_1-1}(z_1),\cdots,f^{d_r-1}(z_r)$ の 1 次結合に表わせる. したがって $f^{d_1-1}(z_1),\cdots,f^{d_r-1}(z_r)$ は $\operatorname{Ker} f$ の基底をなす. これから $r=s=\dim \operatorname{Ker}(f)$ が従う. 同様の議論で, 任意の $i \geqq 0$ に対し, $d_j-1 \geqq i$ なる $j=1,\cdots,r$ に対する $f^{d_j-1}(z_j)$ の全体が $\operatorname{Ker} f \cap \operatorname{Im} f^i$ の基底をなすことが示される. これより

$$\dim(\operatorname{Ker} f \cap \operatorname{Im} f^i) = \#\{j \mid j=1,\cdots,r, d_j \geqq i+1\}$$
$$= \#\{k \mid k=1,\cdots,r, e_k \geqq i+1\}$$

ここで $\#$ は有限集合の元の個数を表わす. 次の補題により, 整数列 $d_1,d_2,\cdots,d_r$ および $e_1,e_2,\cdots,e_r$ に現れる 1 の個数, 2 の個数, $\cdots$, n の個数, $\cdots$ はすべて

それぞれ互いに相等しい．このことから $d_1 = e_1, d_2 = e_2, \cdots, d_r = e_r$ が従う． □

補題 9.19 $d_1, d_2, \cdots, d_r$ を自然数の列とする．
$$p_i = \#\{j \mid j = 1, \cdots, r, d_j \geqq i+1\}$$
とおく．このとき $p_{i-1} - p_i$ は数列 $d_1, \cdots, d_r$ に現れる i の個数を表わす．

証明は容易であろう．

J_n を次の n 次正方行列とする．

$$J_n = \begin{pmatrix} 0 & 1 & & O \\ & \ddots & \ddots & \\ & & \ddots & 1 \\ O & & & 0 \end{pmatrix}$$

定理 9.20 A が n 次正方巾零行列ならば，ある n 次正則行列 P により PAP^{-1} を次の形にすることができる．

$$PAP^{-1} = \begin{pmatrix} J_{m_1} & & O \\ & \ddots & \\ O & & J_{m_r} \end{pmatrix} \quad (9.5)$$

また，このように表わすときの数 r は一意に決まり，自然数列 $m_1, \cdots, m_r$ は並べかえを除き一意的に定まる．

証明 これは定理 9.17，定理 9.18 を行列の言葉で表現したものに他ならない．A に対応する巾零線形変換 $f : V \longrightarrow V$ をとり，$z_1, \cdots, z_r$ をその J 基底とする．V の基底として次のように並べたものをとる．

$$f^{m_1-1}(z_1), \cdots, f(z_1), z_1, f^{m_2-1}(z_2), \cdots, f(z_2), z_2, \cdots,$$

$$f^{m_r-1}(z_r), \cdots, f(z_r), z_r$$

ここで $m_j = d(z_j)$. この基底に関する f の行列は (9.5) の右辺の形をしている. 定理 9.18 から数 r および数列 $m_1, \cdots, m_r$ の一意性が従う. □

定義 9.7 α を複素数とする. 次の形の n 次正方行列を $J_n(\alpha)$ とおく. このような行列を **ジョルダン細胞** とよぶ.

$$J_n(\alpha) = \begin{pmatrix} \alpha & 1 & & O \\ & \ddots & \ddots & \\ & & \ddots & 1 \\ O & & & \alpha \end{pmatrix}$$

定理 9.21（ジョルダン標準形） A を n 次正方行列とする. このとき n 次正則行列 P, 自然数の列 $n_1, \cdots, n_p$, 複素数の列 $a_1, \cdots, a_p$（相異なると限らない）が存在して

$$PAP^{-1} = \begin{pmatrix} J_{n_1}(a_1) & & O \\ & \ddots & \\ O & & J_{n_p}(a_p) \end{pmatrix} \tag{9.6}$$

と表わすことができる. もう 1 つ別にこのような表わし方

$$QAQ^{-1} = \begin{pmatrix} J_{m_1}(b_1) & & O \\ & \ddots & \\ O & & J_{m_q}(b_q) \end{pmatrix}$$

があったとすれば $p = q$ であり, $1, \cdots, p$ の置換 σ が存在して $m_i = n_{\sigma(i)}, b_i = a_{\sigma(i)}, i = 1, \cdots, p$ が成り立つ.

(9.6) の右辺を A のジョルダン標準形という. このとき

$$\Phi_A(x) = (x-a_1)^{n_1} \cdots (x-a_p)^{n_p}$$

したがって $n = n_1 + \cdots + n_p$ であり，$a_1, \cdots, a_p$ から重複を省くことにより A の固有値全体が得られる．

証明 系 9.7 により，ある正則行列 P により

$$PAP^{-1} = \begin{pmatrix} A_1 & & \\ & \ddots & \\ & & A_r \end{pmatrix}, \quad A_i = \begin{pmatrix} \alpha_i & & * \\ & \ddots & \\ O & & \alpha_i \end{pmatrix}$$

の形に表わせる．ここで $\alpha_1, \cdots, \alpha_r$ は相異なる複素数．A_i の次数を m_i とする．$A_i - \alpha_i E_{m_i}$ は m_i 次巾零行列だからこれに定理 9.20 を適用すると，m_i 次正則行列 P_i が存在して

$$P_i(A_i - \alpha_i E_{m_i})P_i^{-1} = \begin{pmatrix} J_{m_{i,1}} & & O \\ & \ddots & \\ O & & J_{m_{i,d(i)}} \end{pmatrix}$$

の形に表わせる．ここで $m_i = m_{i,1} + \cdots + m_{i,d(i)}$．このとき

$$P_i A_i P_i^{-1} = \begin{pmatrix} J_{m_{i,1}}(\alpha_i) & & O \\ & \ddots & \\ O & & J_{m_{i,d(i)}}(\alpha_i) \end{pmatrix}$$

であるから，A を

$$\begin{pmatrix} P_1 & & O \\ & \ddots & \\ O & & P_r \end{pmatrix} P$$

によって変形すれば (9.6) の標準形になる．ただし $n_1, \cdots, n_p$ は $m_{1,1}, \cdots, m_{1,d(1)}, \cdots, m_{r,1}, \cdots, m_{r,d(r)}$ で，$a_1, \cdots, a_p$ は $\overbrace{\alpha_1, \cdots, \alpha_1}^{d(1)}, \cdots, \overbrace{\alpha_r, \cdots, \alpha_r}^{d(r)}$ である．後半の一意性についても同様に系 9.7 と定理 9.20 から従う． □

例 9.7 次の行列のジョルダン標準形を求めてみよう．

$$A = \begin{pmatrix} \dfrac{1}{2} & -\dfrac{1}{2} & 2 \\ \dfrac{3}{2} & \dfrac{3}{2} & -1 \\ \dfrac{3}{2} & -\dfrac{1}{2} & 1 \end{pmatrix}$$

まず固有多項式を計算すると $\Phi_A(x) = (x-2)^2(x+1)$ になるので A の固有値は 2 と -1 である．A を $\mathbf{C}^3$ の線形変換とみて固有ベクトルを計算で求めると

$$\boldsymbol{x}_1 = \begin{pmatrix} 1 \\ 1 \\ 1 \end{pmatrix}, \qquad \boldsymbol{x}_3 = \begin{pmatrix} 1 \\ -1 \\ -1 \end{pmatrix}$$

がそれぞれ固有値 $2, -1$ の固有ベクトルになる．固有値 2 の固有ベクトルは，$\boldsymbol{x}$ のスカラー倍のみであることが計算で確かめられるので，$(A - 2E)\boldsymbol{x} = \boldsymbol{x}_1$ なるベクトル $\boldsymbol{x}$ を計算で求めると，

$$\boldsymbol{x}_2 = \begin{pmatrix} 1 \\ -1 \\ 1 \end{pmatrix}$$

がそのようなベクトルの 1 つであることが分かる．$\boldsymbol{x}_1, \boldsymbol{x}_2, \boldsymbol{x}_3$ は $\mathbf{C}^3$ の基底をなすから A のジョルダン標準形は次のようになる．

$$PAP^{-1} = \begin{pmatrix} 2 & 1 & 0 \\ 0 & 2 & 0 \\ 0 & 0 & -1 \end{pmatrix}$$

ここで

$$P^{-1} = \begin{pmatrix} 1 & 1 & 1 \\ 1 & -1 & -1 \\ 1 & 1 & -1 \end{pmatrix}, \qquad P = \begin{pmatrix} \dfrac{1}{2} & \dfrac{1}{2} & 0 \\ 0 & -\dfrac{1}{2} & \dfrac{1}{2} \\ \dfrac{1}{2} & 0 & -\dfrac{1}{2} \end{pmatrix}$$

第 9 章の章末問題

以下の問題 1～5 において，V を有限次元ベクトル空間，f を V の巾零線形変換とし，$W_i = \mathrm{Ker}\, f \cap \mathrm{Im}\, f^i$ とおく．

問題 1 V が n 次元ならば，$f^n = 0$ であることを示せ．

問題 2 次の等式を示せ．
$$\dim W_i + \dim \mathrm{Im}\, f^{i+1} = \dim \mathrm{Im}\, f^i.$$

問題 3 ある i で $W_i = \{\mathbf{0}\}$ ならば，$f^i = 0$ であることを示せ．

問題 4 例 9.6 において $\mathrm{Im}\, f^i$ の次元を各 i に対し求めよ．

問題 5 定理 9.18 により決まる (減少) 整数列 $d(\boldsymbol{z}_1), \cdots, d(\boldsymbol{z}_r)$ を f の J 数列とよぶことにしよう．$\mathrm{Im}\, f^i$ の次元が次の表で与えられるとき f の J 数列 を求めよ．

空間	V	$\mathrm{Im}\, f$	$\mathrm{Im}\, f^2$	$\mathrm{Im}\, f^3$	$\mathrm{Im}\, f^4$	$\mathrm{Im}\, f^5$	$\mathrm{Im}\, f^6$
次元	22	16	11	7	4	2	0

以下の問題で f を有限次元ベクトル空間 V の線形変換とする．

問題 6 α を f の 1 つの固有値とする．広義固有空間 $V_{(\alpha)}$ が r 次元ならば $\mathrm{Im}(f - \alpha)^r = \mathrm{Im}(f - \alpha)^{r+1}$ および $\mathrm{Ker}(f - \alpha)^r = V_{(\alpha)}$ であることを示せ．

問題 7 V は 15 次元で，f は 3 つの相異なる固有値 α, β, γ をもつとする．次の表のように線形変換の像の次元が与えられるとき f の行列のジョルダン標準形を求めよ．

線形変換	$f - \alpha$	$(f-\alpha)^2$	$(f-\alpha)^3$	$(f-\alpha)^4$	$f - \beta$	$(f-\beta)^2$	$(f-\beta)^3$
像の次元	12	10	8	8	13	12	12

線形変換	$f - \gamma$	$(f-\gamma)^2$	$(f-\gamma)^3$	$(f-\gamma)^4$
像の次元	13	11	10	10

問題 8 $\alpha_1, \cdots, \alpha_r$ を相異なる複素数, $\boldsymbol{z}_i \in V_{(\alpha_i)}$, $\boldsymbol{z}_i \neq \boldsymbol{0}$, $i = 1, \cdots, r$ とする. $f - \alpha_i$ に関する数 $d(\boldsymbol{z}_i)$ を d_i とおく. $d_1 + \cdots + d_r = \dim V$ のとき f の行列のジョルダン標準形を求めよ.

問題 9 f が V のある基底に関してジョルダン細胞 $J_n(\alpha)$ で表わされるとき, f^2 の行列のジョルダン標準形を求めよ.

問題 10 複素 2 次行列 $A = \begin{pmatrix} a & b \\ c & d \end{pmatrix}$ が $\begin{pmatrix} \alpha & 1 \\ 0 & \alpha \end{pmatrix}$ の形のジョルダン標準形をもつための条件を求め, そのときの A の加法的ジョルダン分解を求めよ.

問題 11 次の各行列のジョルダン標準形を求めよ.

(1) $\begin{pmatrix} 2 & 2 & 2 \\ 0 & 2 & 2 \\ 0 & 0 & 3 \end{pmatrix}$
(2) $\begin{pmatrix} -1 & -14 & -10 \\ 0 & 2 & 1 \\ 0 & -1 & 0 \end{pmatrix}$

(3) $\begin{pmatrix} 3 & 4 & 3 \\ 3 & 11 & 7 \\ -4 & -13 & -8 \end{pmatrix}$
(4) $\begin{pmatrix} 5 & 3 & -6 & 2 \\ -8 & -3 & 12 & -4 \\ 8 & 4 & -10 & 3 \\ 20 & 8 & -27 & 8 \end{pmatrix}$

解答

第 1 章・本文中問題の解答

問題 1.1 $\begin{pmatrix} -1 \\ 3 \end{pmatrix}$, $\begin{pmatrix} 14 \\ -12 \end{pmatrix}$

問題 1.2 $\mathbf{R}^2$ の任意のベクトル $\bm{x} = \begin{pmatrix} x_1 \\ x_2 \end{pmatrix}$ は k を任意の実数として，$\bm{x} = k\bm{a}_1 + \dfrac{2x_1 - x_2 - 3k}{6}\bm{a}_2 + \dfrac{-x_1 + 2x_2}{3}\bm{a}_3$ と表わせることが成分の比較から得られる．とくに $k = 0$ とおけば，$\bm{a}_2$ と $\bm{a}_3$ だけで $\mathbf{R}^2$ を張ることもわかる．後半については $c_1\bm{a}_1 + c_2\bm{a}_2$ は，$\begin{pmatrix} 2x \\ x \end{pmatrix}$ という形のベクトルゆえ，たとえば $\begin{pmatrix} 1 \\ 0 \end{pmatrix} = c_1\bm{a}_1 + c_2\bm{a}_2$ をみたす c_1, c_2 は存在しないことがわかる．

問題 1.3 $\mathbf{R}^2$ の任意のベクトル $\bm{x} = \begin{pmatrix} x_1 \\ x_2 \end{pmatrix}$ が $\bm{a}_1$ と $\bm{a}_2$ の線形結合 $y_1\bm{a}_1 + y_2\bm{a}_2$ として一意的に表わせることを示せばよいが，成分を比較して，$y_1 = \dfrac{3x_1 + x_2}{11}$, $y_2 = \dfrac{-2x_1 + 3x_2}{11}$ となり，y_1 と y_2 が一意的に定まる．

問題 1.4 ＜ヒント＞ 成分を求め，有向線分として原点より矢印を描く．

問題 1.5 44．

問題 1.6 （1） $32\sqrt{-1}$ （2） $-512\sqrt{-1}$ （3） $(x + y\sqrt{-1})^2 = \sqrt{-1}$ から $x^2 = y^2, 2xy = 1$ を得る．これより $\pm\left(\dfrac{1 + \sqrt{-1}}{\sqrt{2}}\right)$．

問題 1.7 絶対値は 1，偏角は $\dfrac{2\pi}{3}$．他は略．

問題 1.8 $1 + 2\sqrt{-1}$．

問題 1.9 後半は $(1 - \sqrt{-1})\bm{a}_1 - \bm{a}_2 + (2 + \sqrt{-1})\bm{a}_3 = \bm{0}$ による．

問題 1.10 $A+B = \begin{pmatrix} 3 & 5 & 7 \\ 8 & 6 & 9 \end{pmatrix}$, $2A - 3B = \begin{pmatrix} -4 & -5 & -6 \\ -4 & 7 & 3 \end{pmatrix}$.

問題 1.11 (1), (2), (3) は E_2, (4), (5) は O_2.

問題 1.12 $AB = \begin{pmatrix} 2 & 0 & 1 & 1 \\ 1 & 1 & 0 & 0 \end{pmatrix}$,

$BC = \begin{pmatrix} 2 & 1 \\ 3 & 1 \\ 1 & 2 \end{pmatrix}$, $(AB)C = A(BC) = \begin{pmatrix} 3 & 3 \\ 3 & 1 \end{pmatrix}$

問題 1.13 ＜ヒント＞ 定理 1.2 にある結合法則を用いる.

問題 1.14 ＜ヒント＞ 左辺を成分を用いて計算する.

問題 1.15 ＜ヒント＞ $c_1\boldsymbol{a}_1 + \cdots + c_s\boldsymbol{a}_s = \boldsymbol{0} \iff c_1 B\boldsymbol{a}_1 + \cdots + c_s B\boldsymbol{a}_s = \boldsymbol{0}$
より示される.

第 1 章・章末問題の解答

問題 1 $\boldsymbol{x} = \begin{pmatrix} 2x \\ 3x^2 \end{pmatrix} \boldsymbol{y} = \begin{pmatrix} 2y \\ 3y^2 \end{pmatrix}$ が $c_1\boldsymbol{x} + c_2\boldsymbol{y} = \boldsymbol{0}$ をみたせば $c_1 x + c_2 y = 0, c_1 x^2 + c_2 y^2 = 0$ $(x, y \neq 0, x \neq y)$ となり, これより $c_1 = c_2 = 0$ を得る.

問題 2 $z = \dfrac{a-b}{1-\overline{a}b}$ に対して, $|z|^2 = z\overline{z} = \dfrac{|a|^2 - a\overline{b} - \overline{a}b + |b|^2}{1 - a\overline{b} - \overline{a}b + |a|^2 \cdot |b|^2}$ となり, $|a| = 1$ または $|b| = 1$ ならば分母と分子は一致して $|z|^2 = 1$ となる. $|z| > 0$ より $|z| = 1$ を得る.

問題 3 $\overline{\left(\dfrac{az+b}{cz+d}\right)} = \dfrac{(az+b)(c\overline{z}+d)}{|cz+d|^2} = \dfrac{ac|z|^2 + bd + (adz + bc\overline{z})}{|cz+d|^2}$ で $adz + bc\overline{z}$ の虚数部分は $(ad-bc)\mathrm{Im}\, z$ であるから $\mathrm{Im}\left(\dfrac{az+b}{cz+d}\right) = \dfrac{(ad-bc)}{|cz+d|^2}\cdot\mathrm{Im}\, z > 0$ を得る.

問題 4 ＜ヒント＞ $M(x)$ の定義を用いて示す.

問題 5 (1) $\Rightarrow$ (2), $A = \begin{pmatrix} a & b \\ c & d \end{pmatrix}$ とおくと, A がスカラー行列でないから, $A - dE_2 = \begin{pmatrix} a-d & b \\ c & 0 \end{pmatrix} \neq O$ である. $X = \begin{pmatrix} x & y \\ z & u \end{pmatrix}$ とおくと, $(A-dE_2)(X-uE_2) = (X-uE_2)(A-dE_2) \Leftrightarrow bz = cy, b(x-u) = (a-d)y, c(x-u) = (a-d)z$ である.

$a - d \neq 0$, または $b \neq 0$, または $c \neq 0$ であるから, たとえば $a - d \neq 0$ なら $t = \dfrac{x-u}{a-d}$ とおくと, $(x-u) = t(a-d)$, $y = tb$, $z = tc$ となり $X - uE_2 = t(A - dE_2)$ を得るから, $s = u - td$ とおけばよい. $b \neq 0$, または $c \neq 0$ の場合も同様.

問題 6 問題 5 の結果を使えば, ただちに得られる. 直接以下のようにやってもよい. $A = (a_{ij}), B = (b_{ij})$ に対して, $AB = BA \iff 1_{(AB)} : (a_1 - a_2)b_{12} = a_{12}(b_1 - b_2)$, $2_{(AB)} : (a_1 - a_2)b_{21} = a_{21}(b_1 - b_2)$, $3_{(AB)} : a_{21}b_{12} = a_{12}b_{21}$ であることを使って示す. (1) $c_{11} = c_{22}, c_{12} \neq 0$, (2) $c_{11} \neq c_{22}, c_{12}c_{21} \neq 0$, (3) $c_{11} \neq c_{22}, c_{12} \neq 0, c_{21} = 0$, (4) $c_{11} \neq c_{22}, c_{12} = c_{21} = 0$ の場合を示せば十分である. (1) は, 1_{AC} より, $a_{11} = a_{22}$ で, $c_{21} = 0$ なら 3_{AC} より $a_{21} = 0$, すなわち A, B は対角成分が等しく (2,1) 成分が 0 である行列となり $AB = BA$ となる. $c_{21} \neq 0$ ならば, 3_{AC} と 3_{BC} をかけて $c_{12}c_{21}$ でわれば, 3_{AB} を得る. (2) は 1_{AC} と 1_{BC} をかけて $(c_{11} - c_{22})c_{12}$ でわれば, 1_{AB} を得る. $2_{AB}, 3_{AB}$ も同様. (3) も 1_{AB} に関しては (2) と同様. 2_{AC} より $a_{21} = 0$ で B も同様なので, $2_{AB}, 3_{AB}$ が成立. (4) の場合は, A, B は対角行列になるので $AB = BA$ が成立.

問題 7 たとえば $A = \begin{pmatrix} 0 & 0 & 0 \\ 0 & 1 & 1 \\ 0 & 0 & 1 \end{pmatrix}, B = \begin{pmatrix} 0 & 0 & 0 \\ 0 & 1 & 0 \\ 0 & 1 & 1 \end{pmatrix}, C = \begin{pmatrix} 1 & 0 & 0 \\ 0 & 0 & 0 \\ 0 & 0 & 0 \end{pmatrix}$.

問題 8 e_i $(i = 1, \cdots, n)$ を n 次の基本ベクトルとすると, Ae_i は A の i 列を表わすから, 各列が $\mathbf{0}$ となり $A = O$ を得る.

問題 9 いずれもゼロ行列 O となる.

問題 10 (1) $E + A + A^2 + \cdots + A^{m-1}$ が $E - A$ の逆行列で, $E + A$ の逆行列は $E - A + A^2 - \cdots + (-1)^{m-1}A^{m-1}$.

(2) $A^m = O, B^n = O$ ならば, $(AB)^{m+n} = O, (A+B)^{m+n} = O$.

問題 11 (1) $A = (a_{ij}), A' = (a'_{ij})$ とすると, $\operatorname{Tr}(A + A') = \sum\limits_{i=1}^{r}(a_{ii} + a'_{ii}) = \sum\limits_{i=1}^{r} a_{ii} + \sum\limits_{i=1}^{r} a'_{ii} = \operatorname{Tr} A + \operatorname{Tr} A'$.

(2) $B = (b_{ij}), C = (c_{kl})$ に対して $\operatorname{Tr} BC = \sum\limits_{i=1}^{m}\left(\sum\limits_{j=1}^{n} b_{ij}c_{ji}\right) = \sum\limits_{j=1}^{n}\left(\sum\limits_{i=1}^{m} c_{ji}b_{ij}\right) = \operatorname{Tr} CB$.

(3) 各 k, l に対し C_{kl} を (i, j) 成分が $(i, j) \neq (k, l)$ のとき 0, $(i, j) = (k, l)$ のとき 1 となる行列とすると, $0 = \operatorname{Tr} BC_{kl} = \sum\limits_{i=1}^{m}\left(\sum\limits_{j=1}^{n} b_{ij}c_{ji}\right) = b_{lk}$ となり $B = O$.

問題 12 問題 11 の (1), (2) より $\mathrm{Tr}(AB-BA) = \mathrm{Tr}AB - \mathrm{Tr}BA = 0$ で $\mathrm{Tr}E_n = n$ ゆえ $AB - BA \neq E_n$.

問題 13 $\alpha + \beta = a + c, \alpha\beta = ac - b^2$ に注意すれば，$AU = U\,\mathrm{diag}(\alpha, \beta)$ を得る．また，$(\beta - \alpha)^2 = (a-c)^2 + 4b^2 \neq 0$ に注意すれば，$b(\beta - a) - b(\alpha - a) = b(\beta - \alpha) \neq 0$ なので，U は正則行列となる．これより題意は示される．

第 2 章・本文中問題の解答

問題 2.1 ＜ヒント＞ 行基本変形のどれになるかを見る．

問題 2.2 （1）$\begin{pmatrix} 1 & 2 & 0 & 0 & 1 \\ 0 & 0 & 1 & 1 & 0 & 2 \\ 0 & 0 & 0 & 0 & 1 & 3 \end{pmatrix}$ （2）$\begin{pmatrix} 1 & 0 & \frac{1}{2} & 0 \\ 0 & 1 & \frac{1}{3} & 0 \\ 0 & 0 & 0 & 1 \end{pmatrix}$

問題 2.3 （1）$\begin{pmatrix} \frac{3}{4} & -\frac{1}{4} & -\frac{1}{4} \\ -\frac{1}{4} & \frac{3}{4} & -\frac{1}{4} \\ -\frac{1}{4} & -\frac{1}{4} & \frac{3}{4} \end{pmatrix}$ （2）$\begin{pmatrix} \frac{4}{10} & -\frac{1}{10} & -\frac{1}{10} \\ -\frac{1}{10} & \frac{4}{10} & -\frac{1}{10} \\ -\frac{1}{10} & -\frac{1}{10} & \frac{4}{10} \end{pmatrix}$

（3）$\begin{pmatrix} \frac{5}{7} & -\frac{2}{7} & -\frac{2}{7} \\ -\frac{2}{7} & \frac{5}{7} & -\frac{2}{7} \\ -\frac{2}{7} & -\frac{2}{7} & \frac{5}{7} \end{pmatrix}$

問題 2.4 $\alpha, \beta, \gamma, \delta$ を任意の数として，$(x_1, x_2, \cdots, x_7) = (1 - 2\alpha - 3\beta - 5\gamma - 7\delta, \alpha, 2 - 4\beta - 6\gamma - 8\delta, \beta, \gamma, 3 - 9\delta, \delta)$

問題 2.5 命題 2.5 の証明のやり方で斉次連立 1 次方程式を解いて，$9\boldsymbol{a}_1 - 7\boldsymbol{a}_2 - 4\boldsymbol{a}_3 - 6\boldsymbol{a}_4 = \boldsymbol{0}$.

問題 2.6 （1）1　（2）2　（3）2　（4）3

第 2 章・章末問題の解答

問題 1 （1）$(x_1, x_2, x_3, x_4) = (1, 2, 3, 4)$　（2）$(x_1, x_2, x_3) = (3, -1, 2)$

問題 2 （1）$x \neq \pm 1$ なら $\mathrm{rank} = 2$ で，$x = \pm 1$ なら $\mathrm{rank} = 1$.

（2） $x \neq 1, -\frac{1}{2}$ なら rank $= 3$, $x = -\frac{1}{2}$ なら rank $= 2$, $x = 1$ なら rank $= 1$.

（3） $x \neq 1, -\frac{1}{3}$ なら rank $= 4$, $x = -\frac{1}{3}$ なら rank $= 3$, $x = 1$ なら rank $= 1$.

問題 3　（1）（$\Leftarrow$） $A = \boldsymbol{x}{}^t\boldsymbol{y} = \boldsymbol{x}(y_1, \cdots, y_n) = (y_1\boldsymbol{x}, \cdots, y_n\boldsymbol{x})$ ゆえ命題 2.14 により rank $A \leqq 1$. （$\Rightarrow$） rank $A = 0$ ならば $A = O = \boldsymbol{0}{}^t\boldsymbol{0}$ で rank $A = 1$ のときは A の $\boldsymbol{0}$ でない列ベクトルの 1 つを $\boldsymbol{x}$ とすれば $A = (y_1\boldsymbol{x}, \cdots, y_n\boldsymbol{x}) = \boldsymbol{x}{}^t\boldsymbol{y}$.

（2）＜ヒント＞（1）と同じ方針で示す.

問題 4　命題 2.14 を使うと，rank$(A+B) \leqq$ rank$(A+B|A|B) =$ rank$(A\,|\,B) \leqq$ rank $A +$ rank B. そして rank $A =$ rank$(B + A - B) \leqq$ rank $B +$ rank$(A - B)$ より rank $A -$ rank $B \leqq$ rank$(A - B)$.

問題 5　$A\boldsymbol{y} = \boldsymbol{0}$ の解の自由度は $n -$ rank A で各 $\boldsymbol{y}$ に対して $\boldsymbol{y} = B\boldsymbol{x}$ の解 $\boldsymbol{x}$ の自由度は高々 $n -$ rank B である．もし rank $B \neq$ rank$(B\,|\,\boldsymbol{y})$ ならば解は存在しないことに注意．したがって $AB\boldsymbol{x} = \boldsymbol{0}$ の解の自由度 $n -$ rank AB は $(n -$ rank $A) + (n -$ rank $B)$ 以下である．

問題 6　$m =$ rank $E_m =$ rank $AB \leq$ rank $A \leq \min\{m, n\}$ より得られる．

問題 7　$(*)$ の一般解 $\boldsymbol{x}$ に対し，$\boldsymbol{x} - \boldsymbol{x}_0$ は $(**)$ の解なので，$\boldsymbol{x} - \boldsymbol{x}_0 = c_1\boldsymbol{u}_1 + \cdots + c_s\boldsymbol{u}_s$ の形に書ける．これより，題意は示される．

第 3 章・本文中問題の解答

問題 3.1　（1）　(1,5)(2,3,4)　（2）　(1,3,5,2,4)　（3）　(1)

問題 3.2　（1）　$\phi = (3, 4, 5), \sigma = (1, 2, 3)$ とすると，$\phi \circ \sigma$

$$1 \xrightarrow{\sigma} 2 \xrightarrow{\phi} 2, \quad 2 \xrightarrow{\sigma} 3 \xrightarrow{\phi} 4, \quad 4 \xrightarrow{\sigma} 4 \xrightarrow{\phi} 5, \quad 5 \xrightarrow{\sigma} 5 \xrightarrow{\phi} 3, \quad 3 \xrightarrow{\sigma} 1 \xrightarrow{\phi} 1$$

なので，$\phi \circ \sigma = (1, 2, 4, 5, 3)$.

（2）　$\phi = (1, 2), \sigma = (2, 3), \psi = (3, 4)$ とすると，

$$1 \xrightarrow{\psi} 1 \xrightarrow{\sigma} 1 \xrightarrow{\phi} 2, 2 \xrightarrow{\psi} 2 \xrightarrow{\sigma} 3 \xrightarrow{\phi} 3, \quad 3 \xrightarrow{\psi} 4 \xrightarrow{\sigma} 4 \xrightarrow{\phi} 4, \quad 4 \xrightarrow{\psi} 3 \xrightarrow{\sigma} 2 \xrightarrow{\phi} 1$$

より，$\phi \circ (\sigma \circ \psi) = (1, 2, 3, 4)$.

問題 3.3　＜ヒント＞ $(a_1, \cdots, a_n) \circ (a_n, \cdots, a_1)$ と $(a_n, \cdots, a_1) \circ (a_1, \cdots, a_n)$ を計算する．

問題 3.4　(1) の証明：$\phi = (i_1, j_1) \cdots (i_m, j_m), \psi = (s_1, t_1) \cdots (s_n, t_n)$ とすれば，

$\phi \circ \psi$ は $m+n$ 個の互換の積 $(i_1,j_1)\cdots(i_m,j_m)(s_1,t_1)\cdots(s_n,t_n)$ で表示できており，(1) の主張が正しい．

(2) の証明：定理 3.3 の証明で見たように，$(i_1,\cdots,i_n) = (i_1,i_2) \circ (i_2,i_3) \circ \cdots \circ (i_{n-1},i_n)$ なので，$n-1$ 個の互換の積で表示でき，偶奇は n の逆．

$\sigma = (i_1,j_1)\cdots(i_n,j_n)$ とすると，$\sigma^{-1} = (i_n,j_n)\cdots(i_1,j_1)$ となるので，(3) が成り立つ．

問題 3.5 $S_4 = \left\{\begin{array}{l} +(1), -(2,3), -(1,3), -(1,4), -(2,3), -(2,4), -(3,4), \\ +(1,2)(3,4), +(1,3)(2,4), +(1,4)(2,3), +(1,2,3), \\ +(1,2,4), +(1,3,4), +(1,3,2), +(1,4,2), +(1,4,3), \\ +(2,3,4), +(2,4,3), -(1,2,3,4), -(1,2,4,3), -(1,3,2,4), \\ -(1,3,4,2), -(1,4,2,3), -(1,4,3,2) \end{array}\right\}$

問題 3.6 $\sigma = (1,4), \delta = (2,4,6,5,3)$．

問題 3.7 (1) $\begin{pmatrix} 0 & 0 & 0 & 0 & 1 \\ 1 & 0 & 0 & 0 & 0 \\ 0 & 1 & 0 & 0 & 0 \\ 0 & 0 & 1 & 0 & 0 \\ 0 & 0 & 0 & 1 & 0 \end{pmatrix}$ (2) $\begin{pmatrix} 0 & 1 & 0 & 0 & 0 \\ 0 & 0 & 1 & 0 & 0 \\ 0 & 0 & 0 & 1 & 0 \\ 0 & 0 & 0 & 0 & 1 \\ 1 & 0 & 0 & 0 & 0 \end{pmatrix}$ (3) ${}^t A_\sigma$

と $A_{\sigma^{-1}}$ は各行各列に 1 がただ 1 つあり，それ以外の成分はすべて 0．A_σ の (i,j) 成分が $1 \Leftrightarrow i = \sigma(j) \Leftrightarrow j = \sigma^{-1}(i) \Leftrightarrow A_{\sigma^{-1}}$ の (j,i) 成分が 1 なので，${}^t A_\sigma = A_{\sigma^{-1}}$ となる．

問題 3.8 (1) $\varepsilon((1))1 \times 4 + \varepsilon((1,2))2 \times 3 = 4 - 6 = -2$．

(2) $\varepsilon((1))1 \times 0 \times 1 + \varepsilon((1,2))2 \times 2 \times 1 + \varepsilon((2,3))1 \times 1 \times 1 + \varepsilon((1,3))3 \times 0 \times 1 + \varepsilon((1,2,3))2 \times 1 \times 1 + \varepsilon((1,3,2))3 \times 2 \times 1 = 0 - 4 - 1 - 0 + 2 + 6 = 3$．

問題 3.9 $a \neq 0$ のとき，$\begin{pmatrix} 1 & 0 \\ \dfrac{c}{a} & 1 \end{pmatrix} \begin{pmatrix} a & 0 \\ 0 & 1 \end{pmatrix} \begin{pmatrix} 1 & 0 \\ 0 & \dfrac{1}{a} \end{pmatrix} \begin{pmatrix} 1 & \dfrac{b}{a} \\ 0 & 1 \end{pmatrix}$．

$a = 0$ のとき，$b \neq 0, c \neq 0$ なので，$\begin{pmatrix} 0 & 1 \\ 1 & 0 \end{pmatrix} \begin{pmatrix} c & 0 \\ 0 & 1 \end{pmatrix} \begin{pmatrix} 1 & 0 \\ 0 & b \end{pmatrix} \begin{pmatrix} 1 & \dfrac{d}{c} \\ 0 & 1 \end{pmatrix}$．

問題 3.10 $|A| = 1 \times 4 + 2 \times 4 - 1 \times 4 + 0 \times 0$．

問題 3.11 $|A| = -7, A_{11} = -2, A_{12} = 1, A_{13} = 1, A_{21} = 3, A_{22} = 2, A_{23} = -5, A_{31} = -6, A_{32} = -4, A_{33} = 3$ より，

$$\tilde{A} = \begin{pmatrix} -2 & -3 & -6 \\ -1 & 2 & 4 \\ 1 & 5 & 3 \end{pmatrix} \text{ で } A^{-1} = \frac{-1}{7} \begin{pmatrix} -2 & -3 & -6 \\ -1 & 2 & 4 \\ 1 & 5 & 3 \end{pmatrix}.$$

問題 3.12 列に関して展開し，同一の列 (またはそのスカラー倍) がでてくるものを除くと，

$$|A| = \begin{vmatrix} x_1^3 & 2x_1 & x_1^2 & 1 \\ x_2^3 & 2x_2 & x_2^2 & 1 \\ x_3^3 & 2x_3 & x_3^2 & 1 \\ x_4^3 & 2x_4 & x_4^2 & 1 \end{vmatrix} + \begin{vmatrix} 3x_1 & 1 & x_1^2 & x_1^3 \\ 3x_2 & 1 & x_2^2 & x_2^3 \\ 3x_3 & 1 & x_3^2 & x_3^3 \\ 3x_4 & 1 & x_4^2 & x_4^3 \end{vmatrix}$$

$$= 2 \times (-1) \begin{vmatrix} 1 & x_1 & x_1^2 & x_1^3 \\ 1 & x_2 & x_2^2 & x_2^3 \\ 1 & x_3 & x_3^2 & x_3^3 \\ 1 & x_4 & x_4^2 & x_4^3 \end{vmatrix} + 3 \times (-1) \begin{vmatrix} 1 & x_1 & x_1^2 & x_1^3 \\ 1 & x_2 & x_2^2 & x_2^3 \\ 1 & x_3 & x_3^2 & x_3^3 \\ 1 & x_4 & x_4^2 & x_4^3 \end{vmatrix}$$

$$= -5(x_2 - x_1)(x_3 - x_1)(x_3 - x_2)(x_4 - x_1)(x_4 - x_2)(x_4 - x_3)$$

第 3 章・章末問題の解答

問題 1

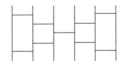

6 が 1 に行くためには，5 本の横線が最低必要．また 1 が 6 へ行くためにも 5 本必要．共通部分は最大 1 本しか使えないので，最低 9 本必要．一方，9 本の横線で (1,6) が実現できるので．最小の本数は 9 本である．

問題 2 $(1, 2, 6, 3, 4, 5), (1, 2, 6, 3, 4, 5)$

問題 3 $\tau \circ \sigma = (1,3)(2,5,4)$, $\tau^{-1} = (4,1)(2,5,3)$, $\sigma \circ \sigma = (1,3,5,2,4)$, $\sigma \circ \sigma \circ \sigma = (1,4,2,5,3)$, $\sigma \circ \sigma \circ \sigma \circ \sigma \circ \sigma = (1)$ は上の 2 つの積より．

問題 4 （1） $f^\sigma = x_2 x_3^2 + x_3 x_1$ （2）略 （3） -1 倍となっている．

問題 5
$$|A_{21}| = \begin{vmatrix} 1 & -3 & 4 \\ 0 & 6 & -3 \\ -2 & 0 & 2 \end{vmatrix} = 42, \quad |A_{22}| = \begin{vmatrix} 0 & -3 & 4 \\ 4 & 6 & -3 \\ 3 & 0 & 2 \end{vmatrix} = -21$$

$$|A_{23}| = \begin{vmatrix} 0 & 1 & 4 \\ 4 & 0 & -3 \\ 3 & -2 & 2 \end{vmatrix} = -49, \quad |A_{24}| = \begin{vmatrix} 0 & 1 & -3 \\ 4 & 0 & 6 \\ 3 & -2 & 0 \end{vmatrix} = 42$$

$$|A| = (-1)^{2+1}a_{21}|A_{21}| + (-1)^{2+2}a_{22}|A_{22}| + (-1)^{2+3}a_{23}|A_{23}| + (-1)^{2+4}a_{24}|A_{24}|$$
$$= -1 \cdot 5 \cdot 42 + (-4) \cdot (-21) - 0 \cdot (-49) + (-2) \cdot (42) = -210.$$

問題 6

$$|A|^2 = |{}^t A A| = \left| \begin{pmatrix} x_1 & x_2 & x_3 & x_4 \\ -x_2 & x_1 & x_4 & -x_3 \\ -x_3 & -x_4 & x_1 & x_2 \\ -x_4 & x_3 & -x_2 & x_1 \end{pmatrix} \begin{pmatrix} x_1 & -x_2 & -x_3 & -x_4 \\ x_2 & x_1 & -x_4 & x_3 \\ x_3 & x_4 & x_1 & -x_2 \\ x_4 & -x_3 & x_2 & x_1 \end{pmatrix} \right|$$

$$= \begin{vmatrix} x_1^2 + x_2^2 + x_3^2 + x_4^2 & 0 & 0 & 0 \\ 0 & x_1^2 + x_2^2 + x_3^2 + x_4^2 & 0 & 0 \\ 0 & 0 & x_1^2 + x_2^2 + x_3^2 + x_4^2 & 0 \\ 0 & 0 & 0 & x_1^2 + x_2^2 + x_3^2 + x_4^2 \end{vmatrix}$$

$$= (x_1^2 + x_2^2 + x_3^2 + x_4^2)^4$$

なので, $|A|$ は $\pm(x_1^2 + x_2^2 + x_3^2 + x_4^2)^2$ のどちらかである. $|A|$ を展開すると, x_1^4 の係数が 1 であることが分かるので, $|A| = (x_1^2 + x_2^2 + x_3^2 + x_4^2)^2$ を得る.

問題 7 $|A_1| = 2, |A_2| = 3, |A_3| = 4, |A_4| = 5$. この形より, $|A_n| = n + 1$ と予想できる. 一般の場合には, 第 1 列で展開し, 一部は第 2 列まで展開することで, $|A_n| = 2|A_{n-1}| - |A_{n-2}|$ を導いてみよう. これより, $|A_n| = n + 1$ が得られる.

第 4 章・本文中問題の解答

問題 4.1 ＜ヒント＞ 直接計算する.

問題 4.2 直接 A^2, A^3 を求めて, $f(A)$ を求めてもよいが, $f(x) = (x+1)^3$ に注目すると,

$$A + E_3 = \begin{pmatrix} 3 & 1 & 1 \\ -1 & 2 & 0 \\ 1 & 2 & 0 \end{pmatrix}$$

より,

$$f(A) = (A + E_3)^3 = \begin{pmatrix} 23 & 29 & 9 \\ -19 & -1 & -5 \\ -1 & 13 & 1 \end{pmatrix}$$

を得ることができる.

問題 4.3 $(x-1)(x+1)(2x-5)$

問題 4.4 $x^4 - 8x^3 + 21x^2 - 20x + 5$

問題 4.5 $\Phi_{P^{-1}AP} = |xE_n - P^{-1}AP| = |xP^{-1}E_nP - P^{-1}AP| = |P^{-1}(xE_n - A)P| = |P^{-1}||xE_n - A||P| = \left(\dfrac{1}{|P|}\right)|xE_n - A||P| = |xE_n - A| = \Phi_A(x)$.

問題 4.6 (1) 可換. (2) 証明は $(A+B)C = AC + BC = CA + CB = C(A+B)$ と $(AB)C = A(BC) = A(CB) = (AC)B = (CA)B = C(AB)$ より, 成り立つ.

問題 4.7 まず, $xE_n - F_n$ の第 1 行を他の行から引いて, 固有多項式

$$A_n(x) = |xE_n - F_n| = \begin{vmatrix} x-1 & -1 & \cdots & -1 \\ -1 & x-1 & \cdots & -1 \\ \vdots & \vdots & \ddots & \vdots \\ -1 & -1 & \cdots & x-1 \end{vmatrix} = \begin{vmatrix} x-1 & -1 & \cdots & -1 \\ -x & x & \cdots & 0 \\ \vdots & \vdots & \ddots & \vdots \\ -x & 0 & \cdots & x \end{vmatrix}$$

を帰納的に求めてみよう. n 行目で余因子展開してみる. n 行目でゼロでない成分は, $(n,1)$ 成分と (n,n) 成分だけである.

(1) $(n,1)$ 成分を含む項は, n 列目からは $(1,n)$ 成分を選ぶ以外はゼロとなる. このとき, $2 \sim n-1$ 行目と $2 \sim n-1$ 列目の小行列は xE_{n-2} となる.

(2) (n,n) 成分を含む項の場合, $1 \sim (n-1)$ 行, $1 \sim (n-1)$ 列の小行列式は $xE_{n-1} - F_{n-1}$ を変形したものと一致する.

2 つを合わせると,

$$A_n(x) = xA_{n-1}(x) - x^{n-1}$$

を得る. $A_1(x) = x-1$, $A_2(x) = x^2 - 2x = x(x-2)$, $A_3(x) = x^2(x-2) - x^2 = x^2(x-3)$, $\cdots$ なので, 一般的に, $|xE_n - F_n| = x^{n-1}(x-n)$ を得る. 固有値は, $0, n$ である.

問題 4.8 $(A - rE_n)\boldsymbol{v} = \boldsymbol{0}$ なので, $|A - rE_n| = 0$ である. それゆえ, r は $\Phi_A(x) = |xE_n - A| = 0$ の解となっている.

問題 4.9 A が固有値 r をもつことの必要十分条件は あるゼロでないベクトル $\boldsymbol{v}$ があって, $A\boldsymbol{v} = r\boldsymbol{v}$ となることである. このとき, $A^2\boldsymbol{v} = rA\boldsymbol{v} = r^2\boldsymbol{v}$ となるので, A^2 は固有値 r^2 をもつ.

問題 4.10 まず, A の行や列の順番を変更したものの中に上の主張が正しいものが 1 つでもあればよいことを示しておこう. もし, 置換行列 S を使って, 行の順序を変更し, SA を考えた場合, 階数は変わらない. もし, SA に対して, $SA = P'Q'$ となる $m \times 1$ 行列 P' と $1 \times n$ 行列 Q があれば, $A = (S^{-1}P')Q'$ なので, $P = S^{-1}P'$, $Q = Q'$ とおくことで, A に対しても主張が正しい. それゆえ, 行の順番 (や同様に列の順番) を変更して上の結果を証明してもよいことが分かる.

$A = O_{m,n}$ なら $P = O_{m,1}$, $Q = O_{1,n}$ とおけば正しいので, $A \neq O_{m,n}$ としてよい. 行と列の順番を変えて, $a_{11} \neq 0$ としてよい. このとき, 1 列目と 1 行目から, 残りの成分は一意的に決まることに注意しよう. すなわち, 1 行目を $C_1 = (a_{11}, \cdots, a_{1n})$, 1 列目 R_1 を ${}^tR_1 = (a_{11}, a_{21}, \cdots, a_{m1})$ とすると, $\begin{vmatrix} a_{11} & a_{1j} \\ a_{i1} & a_{ij} \end{vmatrix} = 0$ より, $a_{11}a_{ij} = a_{1j}a_{i1}$ となり, $a_{ij} = \dfrac{a_{1j}a_{i1}}{a_{11}}$ を得る. それゆえ, $P = R_1$, $Q = \dfrac{1}{a_{11}}C_1$ とおくと, PQ の (i,j) 成分は $\dfrac{a_{1j}a_{i1}}{a_{11}}$ なので, $A = PQ$ である.

問題 4.11 クラメールの公式より, $x_n = \dfrac{|\boldsymbol{a}_1, \cdots, \boldsymbol{c}, \cdots, \boldsymbol{a}_n|}{|(a_{ij})|}$ であり, 分母は 1 で, 分子は整数なので, x_n は整数である. ここで, $\mathbf{a}_i = {}^t(a_{1i}, \cdots, a_{ni})$.

問題 4.12 $\qquad f(\boldsymbol{v}_1, \cdots, \boldsymbol{v}_n) = |A(\boldsymbol{v}_1, \cdots, \boldsymbol{v}_n)|$
と定義すると, 多重線形性や歪対称性が成り立つことが分かる. $f(\boldsymbol{e}_1, \cdots, \boldsymbol{e}_n) = |AE_n| = |A|$ なので, $B = (\boldsymbol{v}_1, \cdots, \boldsymbol{v}_n)$ とすると,

$$|AB| = |A(\boldsymbol{v}_1, \cdots, \boldsymbol{v}_n)| = f(\boldsymbol{v}_1, \cdots, \boldsymbol{v}_n) = |B|f(\boldsymbol{e}_1, \cdots, \boldsymbol{e}_n) = |A||B|$$

となる.

問題 4.13 $\sqrt{(u_1^2 + u_2^2 + u_3^2)(v_1^2 + v_2^2 + v_3^2) - (u_1v_1 + u_2v_2 + u_3v_3)^2}$ または,

問題 **4.14** $\left(\begin{vmatrix} u_2 & u_3 & u_4 \\ v_2 & v_3 & v_4 \\ w_2 & w_3 & w_4 \end{vmatrix}, - \begin{vmatrix} u_1 & u_3 & u_4 \\ v_1 & v_3 & v_4 \\ w_1 & w_3 & w_4 \end{vmatrix}, \begin{vmatrix} u_1 & u_2 & u_4 \\ v_1 & v_2 & v_4 \\ w_1 & w_2 & w_4 \end{vmatrix}, - \begin{vmatrix} u_1 & u_2 & u_3 \\ v_1 & v_2 & v_3 \\ w_1 & w_2 & w_3 \end{vmatrix} \right)$ が $\sqrt{({}^t\boldsymbol{u}\cdot\boldsymbol{u})({}^t\boldsymbol{v}\cdot\boldsymbol{v}) - ({}^t\boldsymbol{u}\cdot\boldsymbol{v})^2}$ の条件をみたしている.

第 4 章・章末問題の解答

問題 1 $x_i = x_{i+1}$ なら行列式がゼロになることに注意すると，$x_1(x_2 - x_1)(x_3 - x_2)\cdots(x_n - x_{n-1})$ であることが分かる.

問題 2 i 列を除いた $n-1$ 次行列を A_i で表わすことにする．階数が $n-1$ なので，$|A_i| \neq 0$ となる i が少なくとも 1 つある．このとき，$a_{n,i} = (-1)^{n+i}\dfrac{1}{|A_i|}, i \neq j$ なら，$a_{n,j} = 0$ とおくと，余因子展開の式より，$|(a_{ij})_{i,j=1,\cdots,n}| = 1$ である.

問題 3 $x = \dfrac{66}{22} = 3, y = \dfrac{-22}{22} = -1, z = \dfrac{44}{22} = 2.$

問題 4 $\begin{vmatrix} a & 1 & 1 \\ 1 & a & 1 \\ 1 & 1 & a \end{vmatrix} = (a-1)^2(a+2)$ なので，$a \neq 1, -2$ のとき一意的な解 $x = \dfrac{1}{a-1}, y = 0, z = \dfrac{-1}{a-1}$ をもつ．それゆえ，$a = 0, 2$ のときのみ整数解をもつ．$a = 1$ のとき解なし，$a = -2$ なら無限個の解をもつが整数解はない.

問題 5 (1) $c_1\boldsymbol{v}_1 + \cdots + c_n\boldsymbol{v}_n = \boldsymbol{0}$ とする．ここで $P_i = (A - \alpha_1 E)\cdots(A - \alpha_{i-1}E)(A - \alpha_{i+1}E)\cdots(A - \alpha_n E)$ とおけば，$P_i(c_1\boldsymbol{v}_1 + \cdots + c_n\boldsymbol{v}_n) = c_i(\alpha_i - \alpha_1)\cdots(\alpha_i - \alpha_{i-1})(\alpha_i - \alpha_{i+1})\cdots(\alpha_i - \alpha_n)\boldsymbol{v}_i = \boldsymbol{0}$ となり，これより $c_i = 0$ が得られる．したがって，$\boldsymbol{v}_1, \cdots, \boldsymbol{v}_n$ は線形独立である．特に，系 2.12 と定理 2.14 により，B は正則行列となる.

(2) 条件より $AB = A(\boldsymbol{v}_1, \cdots, \boldsymbol{v}_n) = (A\boldsymbol{v}_1, \cdots, A\boldsymbol{v}_n) = (\alpha_1\boldsymbol{v}_1, \cdots, \alpha_n\boldsymbol{v}_n) = BC$ すなわち $AB = BC$ なので，正則行列 B の逆行列 B^{-1} を左から掛けることにより $B^{-1}AB = C$ を得る.

第 5 章・本文中問題の解答

問題 5.1 (1) 線形写像である． (2) 線形写像である． (3) 線形写像で

はない.

問題 5.2 <ヒント> $f \circ g(\boldsymbol{x}+\boldsymbol{y}) = f \circ g(\boldsymbol{x}) + f \circ g(\boldsymbol{y})$ および $f \circ g(\lambda \boldsymbol{x}) = \lambda f \circ g(\boldsymbol{x})$ を確かめる.

問題 5.3 (1) $\mathrm{Im}\, f = \left\{ \begin{pmatrix} x \\ x \end{pmatrix} \middle| x \in K \right\}$, $\mathrm{Ker}\, f = \left\{ \begin{pmatrix} 0 \\ x \end{pmatrix} \middle| x \in K \right\}$.

(2) $\mathrm{Im}\, f = \left\{ \begin{pmatrix} x \\ 0 \end{pmatrix} \middle| x \in K \right\}$, $\mathrm{Ker}\, f = \left\{ \begin{pmatrix} x \\ -x \end{pmatrix} \middle| x \in K \right\}$.

(3) $\mathrm{Im}\, f = K^2$, $\mathrm{Ker}\, f = \left\{ \begin{pmatrix} 0 \\ 0 \end{pmatrix} \right\}$.

問題 5.4 (1) $\left\{ \begin{pmatrix} x \\ y \\ 0 \end{pmatrix} \middle| x, y \in K \right\}$.

(2) $\left\{ \begin{pmatrix} x \\ y \\ z \end{pmatrix} \middle| x, y, z \in K,\ x - y + z = 0 \right\}$.

(3) $\left\{ \begin{pmatrix} x \\ y \\ 0 \end{pmatrix} \middle| x, y \in K \right\}$.

第 5 章・章末問題の解答

問題 1 $L_A \circ L_B = L_C \Leftrightarrow L_A \circ L_B(\boldsymbol{x}) = L_C(\boldsymbol{x})\ (\forall \boldsymbol{x} \in K^n) \Leftrightarrow A(B\boldsymbol{x}) = C\boldsymbol{x}\ (\forall \boldsymbol{x} \in K^n) \Leftrightarrow (AB)\boldsymbol{x} = C\boldsymbol{x}\ (\forall \boldsymbol{x} \in K^n) \Leftrightarrow (AB)\boldsymbol{e}_j = C\boldsymbol{e}_j\ (\forall j = 1, \cdots, n) \Leftrightarrow AB$ の第 j 列 $= C$ の第 j 列 $(\forall j = 1, \cdots, n) \Leftrightarrow AB$ の (i,j) 成分 $= C$ の (i,j) 成分 $(\forall i = 1, \cdots, l, \forall j = 1, \cdots, n) \Leftrightarrow AB = C$

問題 2 <ヒント> 線形写像であるための条件 (LM1), (LM2) を確かめる.

問題 3 <ヒント> $\mathrm{Ker}\, f = \{\boldsymbol{x} \in K^m \mid f(\boldsymbol{x}) = \boldsymbol{0}\}$ と $\mathrm{Im}\, g = \{g(\boldsymbol{y}) \mid \boldsymbol{y} \in K^n\}$ を用いる.

問題 4 <ヒント> $A\boldsymbol{x} = \boldsymbol{b} \Longleftrightarrow L_A(\boldsymbol{x}) = \boldsymbol{b}$ を用いる.

問題 5 <ヒント> 前半は $A\boldsymbol{x} = \boldsymbol{0} \Longleftrightarrow \boldsymbol{x} \in \mathrm{Ker}\, L_A$ を用いる. 後半は $A\boldsymbol{x} = \boldsymbol{b} \Longleftrightarrow \boldsymbol{x} - \boldsymbol{x}_0 \in \mathrm{Ker}\, L_A$ を用いる.

問題 6　（1）　＜ヒント＞ $f \circ g(K^n) = f(g(K^n)) = f(K^m) = K^l$ を用いる．
（2）　＜ヒント＞ たとえば $l = n = 1, m = 2$ のとき

$$f : \begin{pmatrix} x \\ y \end{pmatrix} \mapsto x, \quad g : u \mapsto \begin{pmatrix} u \\ 0 \end{pmatrix}$$

を考える．
（3）　＜ヒント＞ $g(\boldsymbol{x}) = \boldsymbol{0} \Longrightarrow f \circ g(\boldsymbol{x}) = f(g(\boldsymbol{x})) = f(\boldsymbol{0}) = \boldsymbol{0} \Longrightarrow \boldsymbol{x} = \boldsymbol{0}$ を用いる．
（4）　＜ヒント＞ 上の 問題 6 (2) の例を再び考える．

問題 7　（1）　＜ヒント＞ $g(\boldsymbol{x}) = \boldsymbol{0} \Longrightarrow f \circ g(\boldsymbol{x}) = f(g(\boldsymbol{x})) = f(\boldsymbol{0}) = \boldsymbol{0}$ を用いる．
（2）　＜ヒント＞ たとえば $l = m = n = 2$ のとき

$$f : \begin{pmatrix} x \\ y \end{pmatrix} \mapsto \begin{pmatrix} x \\ 0 \end{pmatrix}, \quad g : \begin{pmatrix} u \\ v \end{pmatrix} \mapsto \begin{pmatrix} 0 \\ v \end{pmatrix}$$

を考える．
（3）　＜ヒント＞ $\operatorname{Im} g = g(K^n) \subset K^m$ を用いる．
（4）　＜ヒント＞ 上の 問題 7 (2) の例を再び考える．

問題 8　（1）⇔（4）：f が単射 ⇔ $\operatorname{Ker} f = \{\boldsymbol{0}\}$ ⇔ $A\boldsymbol{x} = \boldsymbol{0}$ の解が $\boldsymbol{x} = \boldsymbol{0}$ のみ ⇔ $\operatorname{rank} A = n$ (定理 2.10 より) ⇔ A は正則行列 (系 2.12 より)．
（4）⇒（2）：A が正則行列なら $\boldsymbol{b} \in K^n$ に対して $\boldsymbol{a} = A^{-1}\boldsymbol{b}$ とおけば $f(\boldsymbol{a}) = \boldsymbol{b}$ が成り立つ．
（2）⇒（4）：$f(\boldsymbol{x}_i) = \boldsymbol{e}_i$ をみたす $\boldsymbol{x}_i \in K^n$ が存在する．$X = (\boldsymbol{x}_1, \cdots, \boldsymbol{x}_n)$ とおけば，$AX = (A\boldsymbol{x}_1, \cdots, A\boldsymbol{x}_n) = (\boldsymbol{e}_1, \cdots, \boldsymbol{e}_n) = E$ となる．系 2.13 より A は正則行列．
（3）⇔（4）：もはや明らか．

第 6 章・本文中問題の解答

問題 6.1　＜ヒント＞ W に制限して，(VS1) – (VS8) を確かめる．
問題 6.2　前半は $K[X]_n = \langle 1, X, X^2, \cdots, X^n \rangle$ より．後半については，もし $K[X] = \langle f_1, f_2, \cdots, f_r \rangle$ ならば，$m = \max(\deg f_1, \deg f_2, \cdots, \deg f_r)$ とおくこと

により，$K[X] \subset K[X]_m$ となり矛盾であるから，$K[X]$ は有限生成ではないことが確かめられる．

問題 6.3 ＜ヒント＞ $M(m,n;K)$ に対して，(VS1) – (VS8) を確かめる．

問題 6.4 部分空間の条件 (SS1), (SS2) を確かめる．

問題 6.5 ＜ヒント＞ $\boldsymbol{x} = \begin{pmatrix} x_1 \\ \vdots \\ x_n \end{pmatrix} \in K^n$ に対して，$\boldsymbol{x} = x_1\boldsymbol{e}_1 + \cdots + x_n\boldsymbol{e}_n$ より (BS1) は成り立つ．他方，$c_1\boldsymbol{e}_1 + \cdots + c_n\boldsymbol{e}_n = \boldsymbol{0}$ ならば $c_1 = \cdots = c_n = 0$ となるので，(BS2) も確かめられる．

問題 6.6 （1）基底である．（2）基底ではない．（3）基底である．

問題 6.7 （1）n 次元．（2）$n+1$ 次元．

問題 6.8 （1）3 次元．（2）2 次元．（3）3 次元．

問題 6.9 （1）3 次元．（2）2 次元．（3）3 次元．

問題 6.10 （1）＜ヒント＞ $f(\boldsymbol{0}_U) = f(\boldsymbol{0}_U + \boldsymbol{0}_U) = f(\boldsymbol{0}_U) + f(\boldsymbol{0}_U)$ を用いる．
（2）＜ヒント＞ $\mathrm{Ker}\, f$ が (SS1), (SS2) をみたすことを示す．
（3）＜ヒント＞ $\mathrm{Im}\, f$ が (SS1), (SS2) をみたすことを示す．
（4）f が単射のとき，$\boldsymbol{x} \in \mathrm{Ker}\, f$ とすれば，$f(\boldsymbol{x}) = \boldsymbol{0} = f(\boldsymbol{0})$ なので $\boldsymbol{x} = \boldsymbol{0}$．よって，$\mathrm{Ker}\, f = \{\boldsymbol{0}\}$．逆に，$\mathrm{Ker}\, f = \{\boldsymbol{0}\}$ と仮定すると，$f(\boldsymbol{y}) = f(\boldsymbol{y})$ ならば $f(\boldsymbol{x}-\boldsymbol{y}) = \boldsymbol{0}$ となるので，$\boldsymbol{x}-\boldsymbol{y} \in \mathrm{Ker}\, f$ すなわち $\boldsymbol{x}-\boldsymbol{y} = \boldsymbol{0}$ を得る．これより，$\boldsymbol{x} = \boldsymbol{y}$ が言えて，f は単射となる．

問題 6.11 ＜ヒント＞ いずれも f に対して，(LM1), (LM2) が成り立つことを確かめる．

問題 6.12 f の全射性より，$\boldsymbol{v} \in V$ に対して，$f(\boldsymbol{u}) = \boldsymbol{v}$ をみたす $\boldsymbol{U} \in U$ が存在する．このとき，仮定より $\boldsymbol{u} = c_1\boldsymbol{u}_1 + \cdots + c_n\boldsymbol{u}_n$ となる $c_1, \cdots, c_n \in K$ が存在するので，$\boldsymbol{v} = f(\boldsymbol{u}) = f(c_1\boldsymbol{u}_1 + \cdots + c_n\boldsymbol{u}_n)) = c_1 f(\boldsymbol{u}_1) + \cdots + c_n f(\boldsymbol{u}_n)$ となり，(BS1) が確かめられた．次に $c_1 f(\boldsymbol{u}_1) + \cdots + c_n f(\boldsymbol{u}_n) = \boldsymbol{0}$ とする．このとき，左辺は $f(c_1\boldsymbol{u}_1 + \cdots + c_n\boldsymbol{u}_n)$ となり，f の単射性より $c_1\boldsymbol{u}_1 + \cdots + c_n\boldsymbol{u}_n = \boldsymbol{0}$ となり，仮定より $c_1 = \cdots = c_n = 0$ を得る．これで (BS2) も確かめられた．以上より題意は示された．

問題 **6.13**

(1) $\begin{pmatrix} 0 & 1 & 0 & 0 \\ 0 & -1 & 2 & -3 \\ 0 & 0 & 0 & 3 \end{pmatrix}$ (2) $\begin{pmatrix} 0 & 2 & 2 & 0 \\ 0 & 0 & 6 & 6 \\ 0 & 0 & 0 & 0 \end{pmatrix}$ (3) $\begin{pmatrix} 0 & 0 & 0 & 0 \\ 0 & 1 & 0 & 0 \\ 0 & 0 & 2 & 0 \\ 0 & 0 & 0 & 3 \end{pmatrix}$

問題 **6.14** $A = \begin{pmatrix} 0 & 1 & 0 & 0 \\ 0 & 0 & 2 & 0 \\ 0 & 0 & 0 & 3 \end{pmatrix}$, $B = \begin{pmatrix} 0 & 1 & 0 & 0 \\ 0 & -1 & 2 & -3 \\ 0 & 0 & 0 & 3 \end{pmatrix}$,

$P = \begin{pmatrix} 1 & 1 & 1 & 1 \\ 0 & 1 & 0 & 0 \\ 0 & 0 & 1 & 0 \\ 0 & 0 & 0 & 1 \end{pmatrix}$, $Q = \begin{pmatrix} 1 & 0 & 0 \\ 1 & 1 & 1 \\ 0 & 0 & 1 \end{pmatrix}$,

$AP = QB = \begin{pmatrix} 0 & 1 & 0 & 0 \\ 0 & 0 & 2 & 0 \\ 0 & 0 & 0 & 3 \end{pmatrix}$.

問題 **6.15** (1) $\operatorname{rank} f = 3$, $\operatorname{null} f = 1$. (2) $\operatorname{rank} f = 2$, $\operatorname{null} f = 2$.
(3) $\operatorname{rank} f = 3$, $\operatorname{null} f = 1$.

問題 **6.16** f が単射 $\iff \operatorname{Ker} f = \{\mathbf{0}\} \iff \dim \operatorname{Ker} f = \operatorname{null} f = 0 \iff \dim \operatorname{Im} f = \operatorname{rank} f = \dim U = \dim V \iff f$ が全射. これより, (1) $\iff$ (2) $\iff$ (3) が成り立つ.

問題 **6.17** <ヒント> 対応 $f : V/U \longrightarrow V/W$ を $f([\boldsymbol{x}]_U) = [\boldsymbol{x}]_W$ で与え, f が線形写像であることを示し, さらに $\operatorname{Ker} f = W/U$ かつ $\operatorname{Im} f = V/W$ を確かめ, 定理 6.16 を用いる.

問題 **6.18** (1) $\begin{pmatrix} \frac{1}{\sqrt{3}} \\ \frac{1}{\sqrt{3}} \\ \frac{1}{\sqrt{3}} \end{pmatrix}$, $\begin{pmatrix} -\frac{1}{\sqrt{6}} \\ \sqrt{\frac{2}{3}} \\ -\frac{1}{\sqrt{6}} \end{pmatrix}$, $\begin{pmatrix} -\frac{1}{\sqrt{2}} \\ 0 \\ \frac{1}{\sqrt{2}} \end{pmatrix}$.

(2) $\begin{pmatrix} \frac{2}{\sqrt{5}} \\ 0 \\ \frac{1}{\sqrt{5}} \end{pmatrix}$, $\begin{pmatrix} \frac{1}{\sqrt{105}} \\ 2\sqrt{\frac{5}{21}} \\ -\frac{2}{\sqrt{105}} \end{pmatrix}$, $\begin{pmatrix} \frac{2}{\sqrt{21}} \\ -\frac{1}{\sqrt{21}} \\ -\frac{4}{\sqrt{21}} \end{pmatrix}$.

(3) $\begin{pmatrix} 0 \\ \frac{1}{\sqrt{2}} \\ \frac{1}{\sqrt{2}} \end{pmatrix}, \begin{pmatrix} \frac{2\sqrt{2}}{3} \\ -\frac{1}{3\sqrt{2}} \\ \frac{1}{3\sqrt{2}} \end{pmatrix}, \begin{pmatrix} \frac{1}{3} \\ \frac{2}{3} \\ -\frac{2}{3} \end{pmatrix}.$

問題 6.19 定理 6.22 の構成方法より,$e_j = p_{1j}v_1 + \cdots + p_{j-1,j}v_{j-1} + v_j$ となるので,$(e_1, \cdots, e_n) = (v_1, \cdots, v_n)P$ により定まる基底の変換行列 $P = (p_{ij})$ は $p_{ii} = 1\ (1 \leq i \leq n)$ と $p_{ij} = 0\ (n \geq i > j \geq 1)$ をみたす.

第 6 章・章末問題の解答

問題 1 <ヒント> $V = K[X]_1$,$U = K1$,$W = KX$ としたとき,$1 + X \notin U \cup W$ なので $U \cup W$ は部分空間ではない.次に,もし $U \cup W$ が部分空間であり,さらに $U \not\subset W$ かつ $W \not\subset U$ であれば,$u \in U \setminus W$ と $w \in W \setminus U$ を選んだとき,$u + w \in U \cup W$ が成立している.このとき,$u + w \in U$ または $u + w \in W$ であるが,いずれにしても矛盾が生ずる.

問題 2 (1) 像は $\left\langle \begin{pmatrix} 1 \\ 0 \end{pmatrix}, \begin{pmatrix} 0 \\ 1 \end{pmatrix} \right\rangle$ で 2 次元,核は $\left\langle \begin{pmatrix} 2 \\ -1 \\ 2 \end{pmatrix} \right\rangle$ で 1 次元.

(2) 像は $\left\langle \begin{pmatrix} 0 \\ 1 \\ 2 \end{pmatrix}, \begin{pmatrix} 1 \\ 2 \\ 3 \end{pmatrix} \right\rangle$ で 2 次元,核は $\left\{ \begin{pmatrix} 0 \\ 0 \end{pmatrix} \right\}$ で 0 次元.

(3) 像は $\left\langle \begin{pmatrix} 1 \\ 1 \\ 1 \end{pmatrix} \right\rangle$ で 1 次元,核は $\left\langle \begin{pmatrix} -2 \\ 1 \\ 0 \end{pmatrix}, \begin{pmatrix} -3 \\ 0 \\ 1 \end{pmatrix} \right\rangle$ で 2 次元.

(4) 像は $\left\langle \begin{pmatrix} 0 \\ 1 \\ 2 \\ 3 \end{pmatrix}, \begin{pmatrix} 1 \\ 1 \\ -2 \\ -2 \end{pmatrix} \right\rangle$ で 2 次元,核は $\left\langle \begin{pmatrix} 1 \\ 1 \\ 1 \end{pmatrix} \right\rangle$ で 1 次元.

（ 5 ） 像は $\left\langle \begin{pmatrix} 1 \\ 5 \\ 9 \\ 13 \end{pmatrix}, \begin{pmatrix} 1 \\ 1 \\ 1 \\ 1 \end{pmatrix} \right\rangle$ で 2 次元，核は $\left\langle \begin{pmatrix} 1 \\ -2 \\ 1 \\ 0 \end{pmatrix}, \begin{pmatrix} 0 \\ 1 \\ -2 \\ 1 \end{pmatrix} \right\rangle$ で 2 次元．

問題 3 ＜ヒント＞（1） $v \in V$ に対し，$v = f(v) + (v - f(v))$ かつ $f(v - f(v)) = (f - f^2)(v) = 0$ より $V = \mathrm{Im}\, f + \mathrm{Ker}\, f$ である．ここで $w \in \mathrm{Im}\, f \cap \mathrm{Ker}\, f$ とすれば，像と核の定義より，ある $v \in V$ が存在して $w = f(v)$ かつ $f(w) = 0$ であるから，$w = f(v) = f^2(v) = f(w) = 0$ を得る．

（2） $(I - f)^2 = I - 2f + f^2 = I - 2f + f = I - f$ より $I - f$ は射影作用素である．$(I - f)(f(v)) = (f - f^2)(v) = 0$ より $\mathrm{Im}\, f \subset \mathrm{Ker}\,(I - f)$ である．一方，$(I - f)(w) = 0$ ならば $w = f(w)$ なので $\mathrm{Ker}\,(I - f) \subset \mathrm{Im}\, f$ を得る．

問題 4 ＜ヒント＞ 上の問題 3 より，$V = \mathrm{Ker}\,(I - f) \oplus \mathrm{Ker}\, f$ であるから，$\mathrm{Ker}\,(I - f)$ の基底と $\mathrm{Ker}\, f$ の基底を合わせて V の基底を作り，その基底に関する f の表現行列を考えればよい．

問題 5 ＜ヒント＞ 直接計算してもよいが，簡便な表記法

$$(f(v_1), \cdots, f(v_m)) = (w_1, \cdots, w_n) A$$
$$(g(u_1), \cdots, g(u_l)) = (v_1, \cdots, v_m) B$$

を用いて

$$(fg(u_1), \cdots, fg(u_l)) = (w_1, \cdots, w_n)(AB)$$

を確かめてもよい．

問題 6 ＜ヒント＞ T の W への制限を $S = T|_W$ とおくとき，$\mathrm{Ker}\, S = \mathrm{Ker}\, T$ かつ $\mathrm{Im}\, S = \mathrm{Im}\, T \cap W'$ なので，S に線形写像の次元定理を適用すればよい．

問題 7 ＜ヒント＞ T の W への制限を $S = T|_W$ とおくとき，$\mathrm{Ker}\, S = \mathrm{Ker}\, T \cap W$ かつ $\mathrm{Im}\, S = W'$ なので，S に線形写像の次元定理を適用すればよい．

問題 8 ＜ヒント＞（1） 部分空間になるための条件 (SS1), (SS2) を確かめればよい．

（2） W の基底 $x_1, \cdots, x_r$ を拡張して V の基底 $x_1, \cdots, x_r, \cdots, x_n$ が得られる．グラム・シュミットの直交化法で正規直交基底 $e_1, \cdots, e_r, \cdots, e_n$ を作る．このとき，$W = \langle e_1, \cdots, e_r \rangle$ かつ $W^\perp = \langle e_{r+1}, \cdots, e_n \rangle$ を確かめればよい．

（3） $w = \dfrac{(v, u)}{(u, u)} u$，$w' = v - w$ とおくと，$v = w + w'$ かつ $w \in U$，$w' \in U^\perp$ を得る．

問題 9
$$\begin{aligned}(\boldsymbol{v}_1,\cdots,\boldsymbol{v}_n)AP &= (f(\boldsymbol{v}_1),\cdots,f(\boldsymbol{v}_n))P \\ &= \left(\sum_{k=1}^{n} p_{k_1} f(\boldsymbol{v}_k),\cdots,\sum_{k=1}^{n} p_{k_n} f(\boldsymbol{v}_k)\right) \\ &= \left(f\left(\sum_{k=1}^{n} p_{k_1}\boldsymbol{v}_k\right),\cdots,f\left(\sum_{k=1}^{n} p_{k_n}\boldsymbol{v}_k\right)\right) \\ &= (f(\boldsymbol{w}_1),\cdots,f(\boldsymbol{w}_n)) = (\boldsymbol{w}_1,\cdots,\boldsymbol{w}_n)B \\ &= (\boldsymbol{v}_1,\cdots,\boldsymbol{v}_n)PB\end{aligned}$$

より,$AP = PB$ さらに $B = P^{-1}AP$ を得る.ただし,$P = (p_{ij})$ とする.

問題 10 $\boldsymbol{w}_1,\cdots,\boldsymbol{w}_r$ を W の基底とし,それを拡張して V の基底 $\boldsymbol{w}_1,\cdots,\boldsymbol{w}_r, \boldsymbol{u}_{r+1},\cdots,\boldsymbol{u}_n$ が得られているものとする.このとき $(f(\boldsymbol{w}_1),\cdots,f(\boldsymbol{w}_r),f(\boldsymbol{u}_{r+1}),\cdots,f(\boldsymbol{u}_n))$ $= (\boldsymbol{w}_1,\cdots,\boldsymbol{w}_r,\boldsymbol{u}_{r+1},\cdots,\boldsymbol{u}_n)T$ で与えられる表現行列 T は $f(W) \subset W$ により求める形となる.すなわち,$f(\boldsymbol{w}_i)$ における $\boldsymbol{u}_j$ の係数は 0 でなければならない.

問題 11 問題 10 において,さらに $\boldsymbol{u}_{r+1},\cdots,\boldsymbol{u}_n$ が U の基底であるという条件を加味する.そのとき,$f(U) \subset U$ も成り立つので,$f(\boldsymbol{u}_j)$ における $\boldsymbol{w}_i$ の係数は 0 でなければならない.よって,f の表現行列は求める形となる.

第 7 章・本文中問題の解答

問題 7.1 (1) 固有値は $1, 2, 3$.固有値 1 に属する固有ベクトルは $\begin{pmatrix} 0 \\ 1 \\ -1 \end{pmatrix}$ など.

固有値 2 に属する固有ベクトルは $\begin{pmatrix} 1 \\ -1 \\ 0 \end{pmatrix}$ など.固有値 3 に属する固有ベクトルは

$\begin{pmatrix} 1 \\ -3 \\ 1 \end{pmatrix}$ など.

(2) 固有値は $2, -1$.固有値 2 に属する固有ベクトルは $\begin{pmatrix} 1 \\ 1 \\ 1 \end{pmatrix}$ など.固有値 -1

に属する固有ベクトルは $\begin{pmatrix} 1 \\ -1 \\ 0 \end{pmatrix}$ や $\begin{pmatrix} 0 \\ 1 \\ -1 \end{pmatrix}$ など.

（3） 固有値は $1, \omega, \omega^2$. ただし $\omega = \dfrac{-1+\sqrt{3}i}{2}$ は 1 の 3 乗根とする. 固有値 1 に属する固有ベクトルは $\begin{pmatrix} 1 \\ 1 \\ 1 \end{pmatrix}$ など. 固有値 ω に属する固有ベクトルは $\begin{pmatrix} 1 \\ \omega \\ \omega^2 \end{pmatrix}$ など. 固有値 ω^2 に属する固有ベクトルは $\begin{pmatrix} 1 \\ \omega^2 \\ \omega \end{pmatrix}$ など.

問題 7.2 （1） 直交行列を $P = \begin{pmatrix} \dfrac{\sqrt{2}}{2} & \dfrac{\sqrt{6}}{6} & \dfrac{\sqrt{3}}{3} \\ -\dfrac{\sqrt{2}}{2} & \dfrac{\sqrt{6}}{6} & \dfrac{\sqrt{3}}{3} \\ 0 & -\dfrac{\sqrt{6}}{3} & \dfrac{\sqrt{3}}{3} \end{pmatrix}$ とするとき,

$$P^{-1} \begin{pmatrix} 2 & -1 & -1 \\ -1 & 2 & -1 \\ -1 & -1 & 2 \end{pmatrix} P = \begin{pmatrix} 3 & 0 & 0 \\ 0 & 3 & 0 \\ 0 & 0 & 0 \end{pmatrix}.$$

（2） 直交行列を $P = \begin{pmatrix} \dfrac{4}{5} & \dfrac{3\sqrt{2}}{10} & \dfrac{3\sqrt{2}}{10} \\ 0 & \dfrac{\sqrt{2}}{2} & -\dfrac{\sqrt{2}}{2} \\ -\dfrac{3}{5} & \dfrac{2\sqrt{2}}{5} & \dfrac{2\sqrt{2}}{5} \end{pmatrix}$ とするとき,

$$P^{-1} \begin{pmatrix} 2 & 3 & 0 \\ 3 & 2 & 4 \\ 0 & 4 & 2 \end{pmatrix} P = \begin{pmatrix} 2 & 0 & 0 \\ 0 & 7 & 0 \\ 0 & 0 & -3 \end{pmatrix}.$$

(3) ユニタリ行列を $P = \begin{pmatrix} \frac{\sqrt{2}}{2} & \frac{\sqrt{6}}{6} & \frac{\sqrt{3}}{3} \\ \frac{\sqrt{2}}{2}i & -\frac{\sqrt{6}}{6}i & -\frac{\sqrt{3}}{3}i \\ 0 & \frac{\sqrt{6}}{3} & -\frac{\sqrt{3}}{3} \end{pmatrix}$ とするとき,

$$P^{-1} \begin{pmatrix} 2 & -i & 1 \\ i & 2 & -i \\ 1 & i & 2 \end{pmatrix} P = \begin{pmatrix} 3 & 0 & 0 \\ 0 & 3 & 0 \\ 0 & 0 & 0 \end{pmatrix}.$$

問題 7.3 (1) ＜ヒント＞ $\Phi_A(x) = x^2 - (a+c)x + (ac - b^2) = 0$ を解けばよい.
(2) λ, μ は実数なので,連立 1 次方程式は実数の範囲で解けて,部分空間

$$V_\lambda = \{\boldsymbol{x} \in \mathbf{R}^2 \mid (A - \lambda E)\boldsymbol{x} = \boldsymbol{0}\}, \quad V_\mu = \{\boldsymbol{x} \in \mathbf{R}^2 \mid (A - \mu E)\boldsymbol{x} = \boldsymbol{0}\}$$

は,いずれも $\{\boldsymbol{0}\}$ ではなく,また $V_\lambda \cap V_\mu = \{\boldsymbol{0}\}$ なので $V_\lambda + V_\mu = V_\lambda \oplus V_\mu$ であり, さらに $\dim(V_\lambda \oplus V_\mu) \geq 2$ であることに注意すれば,$V = V_\lambda \oplus V_\mu$ となる.
(3) ＜ヒント＞ 直接計算する.
(4) ＜ヒント＞ $b^2 + (\lambda - a)(\mu - a) = b^2 + \lambda\mu - (\lambda + \mu)a + a^2 = 0$ を用いる.

第 7 章・章末問題の解答

問題 1 (1), (2) 固有多項式の定義に戻り,行列式の定義を用いる.
(3) (定理 2.7 より,条件をみたす正則行列 P, Q は存在している.) 7.3 節における議論より,$\Phi_{AB}(x) = \Phi_{A'B'}(x)$ かつ $\Phi_{B'A'}(x) = \Phi_{BA}(x)$ が成り立つ.一方,A' のブロック分割に合わせて,$B' = \begin{pmatrix} R & S \\ T & U \end{pmatrix}$ と分割しておく.このとき,$A'B' = \begin{pmatrix} R & S \\ O & O \end{pmatrix}$ なので,補題 3.7 に注意すれば,$\Phi_{A'B'}(x) = x^{n-r}\Phi_R(x)$ が成り立つ.同様に,$B'A' = \begin{pmatrix} R & O \\ T & O \end{pmatrix}$ なので,$\Phi_{B'A'}(x) = x^{n-r}\Phi_R(x)$ が成り立つ.以上より, $\Phi_{A'B'}(x) = \Phi_{B'A'}(x)$ となり,先のことと合わせて題意が示された.

問題 2 虚数単位を $i = \sqrt{-1}$ とする.

(1) 固有値は $\pm i$, 固有空間は $V_i = K\begin{pmatrix} 1 \\ i \end{pmatrix}$, $V_{-i} = K\begin{pmatrix} 1 \\ -i \end{pmatrix}$, 対角化は $P = \begin{pmatrix} 1 & 1 \\ i & -i \end{pmatrix}$ としたとき, $P^{-1}\begin{pmatrix} 0 & 1 \\ -1 & 0 \end{pmatrix}P = \begin{pmatrix} i & 0 \\ 0 & -i \end{pmatrix}$.

(2) 固有値は $1, 4$, 固有空間は $V_1 = K\begin{pmatrix} 2 \\ 1 \end{pmatrix}$, $V_4 = K\begin{pmatrix} 1 \\ -1 \end{pmatrix}$, 対角化は $P = \begin{pmatrix} 2 & 1 \\ 1 & -1 \end{pmatrix}$ としたとき, $P^{-1}\begin{pmatrix} 2 & -2 \\ -1 & 3 \end{pmatrix}P = \begin{pmatrix} 1 & 0 \\ 0 & 4 \end{pmatrix}$.

(3) 固有値は $1, 2$, 固有空間は $V_1 = K\begin{pmatrix} 1 \\ 1 \\ -2 \end{pmatrix}$, $V_2 = K\begin{pmatrix} 2 \\ 1 \\ 0 \end{pmatrix} \oplus K\begin{pmatrix} 0 \\ 1 \\ -2 \end{pmatrix}$, 対角化は $P = \begin{pmatrix} 1 & 2 & 0 \\ 1 & 1 & 1 \\ -2 & 0 & -2 \end{pmatrix}$ としたとき, $P^{-1}\begin{pmatrix} 1 & 2 & 1 \\ -1 & 4 & 1 \\ 2 & -4 & 0 \end{pmatrix}P = \begin{pmatrix} 1 & 0 & 0 \\ 0 & 2 & 0 \\ 0 & 0 & 2 \end{pmatrix}$.

(4) 固有値は $1, 2$, 固有空間は $V_1 = K\begin{pmatrix} 1 \\ -1 \\ 0 \end{pmatrix} \oplus K\begin{pmatrix} 0 \\ 1 \\ -1 \end{pmatrix}$, $V_2 = K\begin{pmatrix} 1 \\ -2 \\ 0 \end{pmatrix}$, 対角化は $P = \begin{pmatrix} 1 & 0 & 1 \\ -1 & 1 & -2 \\ 0 & -1 & 0 \end{pmatrix}$ としたとき, $P^{-1}\begin{pmatrix} 0 & -1 & -1 \\ 2 & 3 & 2 \\ 0 & 0 & 1 \end{pmatrix}P = \begin{pmatrix} 1 & 0 & 0 \\ 0 & 1 & 0 \\ 0 & 0 & 2 \end{pmatrix}$.

問題 3 $a = b = c = 0$.

問題 4 $a \neq 0, -2$.

問題 5 (1) ユニタリ行列を $P = \begin{pmatrix} \frac{\sqrt{3}}{3} & \frac{\sqrt{2}}{2} & \frac{\sqrt{6}}{6} \\ \frac{\sqrt{3}}{3}i & 0 & -\frac{\sqrt{6}}{3}i \\ \frac{\sqrt{3}}{3} & -\frac{\sqrt{2}}{2} & \frac{\sqrt{6}}{6} \end{pmatrix}$ とおけば,

$$P^{-1}\begin{pmatrix} 2 & i & 0 \\ -i & 3 & -i \\ 0 & i & 2 \end{pmatrix}P = \begin{pmatrix} 1 & 0 & 0 \\ 0 & 2 & 0 \\ 0 & 0 & 4 \end{pmatrix}$$

(2) ユニタリ行列を $P = \begin{pmatrix} \dfrac{\sqrt{2}}{2} & \dfrac{\sqrt{6}}{6} & \dfrac{\sqrt{3}}{3} \\ -\dfrac{\sqrt{2}}{2}i & \dfrac{\sqrt{6}}{6}i & \dfrac{\sqrt{3}}{3}i \\ 0 & \dfrac{\sqrt{6}}{3} & -\dfrac{\sqrt{3}}{3} \end{pmatrix}$ とおけば,

$$P^{-1}\begin{pmatrix} 0 & i & 1 \\ -i & 0 & i \\ 1 & -i & 0 \end{pmatrix}P = \begin{pmatrix} 1 & 0 & 0 \\ 0 & 1 & 0 \\ 0 & 0 & -2 \end{pmatrix}$$

(3) ユニタリ行列 (この場合はたまたま直交行列) を $P = \begin{pmatrix} \dfrac{\sqrt{2}}{2} & 0 & \dfrac{\sqrt{2}}{2} \\ 0 & 1 & 0 \\ \dfrac{\sqrt{2}}{2} & 0 & -\dfrac{\sqrt{2}}{2} \end{pmatrix}$ と

おけば, $P^{-1}\begin{pmatrix} 2-i & 0 & i \\ 0 & 1+i & 0 \\ i & 0 & 2-i \end{pmatrix}P = \begin{pmatrix} 2 & 0 & 0 \\ 0 & 1+i & 0 \\ 0 & 0 & 2-2i \end{pmatrix}$.

(4) ユニタリ行列を $P = \begin{pmatrix} \dfrac{\sqrt{3}}{3} & \dfrac{\sqrt{2}}{2} & \dfrac{\sqrt{6}}{6} \\ \dfrac{\sqrt{3}}{3}\omega & -\dfrac{\sqrt{2}}{2}\omega & \dfrac{\sqrt{6}}{6}\omega \\ \dfrac{\sqrt{3}}{3}\omega^2 & 0 & -\dfrac{\sqrt{6}}{3}\omega^2 \end{pmatrix}$ とおけば,

$$P^{-1}\begin{pmatrix} 1 & \omega^2 & \omega \\ \omega & 1 & \omega^2 \\ \omega^2 & \omega & 1 \end{pmatrix}P = \begin{pmatrix} 3 & 0 & 0 \\ 0 & 0 & 0 \\ 0 & 0 & 0 \end{pmatrix}$$

問題 6 (1) <ヒント> $B = \dfrac{1}{2}(A + A^*)$, $C = \dfrac{i}{2}(-A + A^*)$ とすればよい. 一意性は $A = B + iC = B' + iC'$ と仮定して, $B - B' = i(C' - C)$ にエルミート行列の

（2） ＜ヒント＞ $AA^* - A^*A = 2i(CB - BC)$ を用いる．

問題 7 ＜ヒント＞ f^* の表現行列が A^* で与えられることを用いる．

問題 8 ＜ヒント＞ 計量ベクトル空間の条件を確かめればよい．

問題 9 ＜ヒント＞ 与えられた $f \in \mathrm{End}(V)$ の相異なる固有値全体を $\alpha_1, \cdots, \alpha_r$ とするとき，定理 7.11 に注意すれば，仮定より V は f の固有空間 V_{α_i} の直和 $V = V_{\alpha_1} \oplus \cdots \oplus V_{\alpha_r}$ と書けている．ここで $W_{\alpha_i} = W \cap V_{\alpha_i}$ とおき，各 $i = 1, 2, \cdots, r$ に対して $f_i = (f - \alpha_1 I) \cdots (f - \alpha_{i-1} I)(f - \alpha_{i+1} I) \cdots (f - \alpha_r I)$ と定める．さて，任意の元 $\boldsymbol{w} \in W$ に対し $\boldsymbol{w} = \boldsymbol{v}_1 + \cdots + \boldsymbol{v}_r$ $(\boldsymbol{v}_i \in V_{\alpha_i})$ と書き表わすとき，$f_i(\boldsymbol{w}) = (\alpha_i - \alpha_1) \cdots (\alpha_i - \alpha_{i-1})(\alpha_i - \alpha_{i+1}) \cdots (\alpha_i - \alpha_r) \boldsymbol{v}_i \in W$ を得る．これより $\boldsymbol{v}_i \in W_{\alpha_i}$ が成り立つ．したがって $W = W_{\alpha_1} \oplus \cdots \oplus W_{\alpha_r}$ であり，再び定理 7.11 に注意すれば，これは $f|_W \in \mathrm{End}(W)$ が半単純であることを意味している．（第 9 章で広義固有空間を学ぶと，より簡潔な証明が得られるので，各自試みられよ．）

問題 10 ＜ヒント＞ V は f の固有空間の直和に $V = V_{\alpha_1} \oplus \cdots \oplus V_{\alpha_r}$ と分解している．$fg = gf$ を用いて $g(V_{\alpha_i}) \subset V_{\alpha_i}$ となることを確かめる．このとき，上の問題 9 より g は各 V_{α_i} の上では半単純である．すなわち，各 V_{α_i} には g の固有ベクトルからなる基底が存在する．これらを合わせて得られる V の基底に関して，f の表現行列も g の表現行列も，どちらも対角行列となる．

第 8 章・章末問題の解答

問題 1 変数変換 $X = \sqrt{3}(x - z) - \dfrac{1}{\sqrt{3}}$, $Y = 2y - 1$ により方程式は $X^2 + Y^2 + (c - 3)z^2 + 4z = \dfrac{4}{3}$ に変換される．

$$Z = \begin{cases} \sqrt{c - 3}\, z + \dfrac{2}{\sqrt{c - 3}} & (c > 3) \\ \dfrac{4}{3} - 4z & (c = 3) \\ \sqrt{3 - c}\, z - \dfrac{2}{\sqrt{3 - c}} & (c < 3) \end{cases}$$

とおくと

$c > 3$ のとき $\quad X^2 + Y^2 + Z^2 = \dfrac{4}{3} + \dfrac{4}{c-3}$ 　　　　　　　楕円面,

$c = 3$ のとき $\quad X^2 + Y^2 = Z$ 　　　　　　　　　　　　　　　　楕円放物面,

$c < 3$ のとき $\quad X^2 + Y^2 - Z^2 = \dfrac{4}{3} - \dfrac{4}{3-c} = -\dfrac{4c}{3(3-c)}$.

これは $0 < c < 3$ のとき二葉双曲面,$c = 0$ のとき楕円錐面,$c < 0$ のとき一葉双曲面となる.

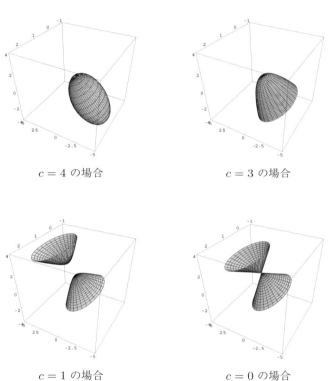

$c = 4$ の場合　　　　　　　　　　$c = 3$ の場合

$c = 1$ の場合　　　　　　　　　　$c = 0$ の場合

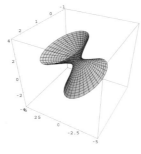

$c = -2$ の場合

問題 2 この 3 点は正 3 角形の頂点をなすから求める行列は次の 6 個.

回転 $A_0 = \begin{pmatrix} 1 & 0 \\ 0 & 1 \end{pmatrix}$, $A_{\frac{2\pi}{3}} = \begin{pmatrix} -\frac{1}{2} & -\frac{\sqrt{3}}{2} \\ \frac{\sqrt{3}}{2} & -\frac{1}{2} \end{pmatrix}$, $A_{\frac{4\pi}{3}} = \begin{pmatrix} -\frac{1}{2} & \frac{\sqrt{3}}{2} \\ -\frac{\sqrt{3}}{2} & -\frac{1}{2} \end{pmatrix}$,

鏡映 $B_0 = \begin{pmatrix} 1 & 0 \\ 0 & -1 \end{pmatrix}$, $B_{\frac{2\pi}{3}} = \begin{pmatrix} -\frac{1}{2} & \frac{\sqrt{3}}{2} \\ \frac{\sqrt{3}}{2} & \frac{1}{2} \end{pmatrix}$, $B_{\frac{4\pi}{3}} = \begin{pmatrix} -\frac{1}{2} & -\frac{\sqrt{3}}{2} \\ -\frac{\sqrt{3}}{2} & \frac{1}{2} \end{pmatrix}$.

問題 3 4 点 P, Q, R, S は正 4 面体の頂点をなすことに注意すると求める回転対称は次の 12 個であることが分かる.

（1） x 軸, y 軸, z 軸のまわりの π 回転：

$$\begin{pmatrix} 1 & 0 & 0 \\ 0 & -1 & 0 \\ 0 & 0 & -1 \end{pmatrix}, \begin{pmatrix} -1 & 0 & 0 \\ 0 & 1 & 0 \\ 0 & 0 & -1 \end{pmatrix}, \begin{pmatrix} -1 & 0 & 0 \\ 0 & -1 & 0 \\ 0 & 0 & 1 \end{pmatrix}.$$

（2） 直線 PO, QO, RO, SO のまわりの角 $\frac{2\pi}{3}, \frac{4\pi}{3}$ 回転：

$$\begin{pmatrix} 0 & 0 & 1 \\ 1 & 0 & 0 \\ 0 & 1 & 0 \end{pmatrix}, \begin{pmatrix} 0 & 1 & 0 \\ 0 & 0 & 1 \\ 1 & 0 & 0 \end{pmatrix}, \begin{pmatrix} 0 & 0 & -1 \\ 1 & 0 & 0 \\ 0 & -1 & 0 \end{pmatrix}, \begin{pmatrix} 0 & 1 & 0 \\ 0 & 0 & -1 \\ -1 & 0 & 0 \end{pmatrix},$$

$$\begin{pmatrix} 0 & 0 & -1 \\ -1 & 0 & 0 \\ 0 & 1 & 0 \end{pmatrix}, \begin{pmatrix} 0 & -1 & 0 \\ 0 & 0 & 1 \\ -1 & 0 & 0 \end{pmatrix}, \begin{pmatrix} 0 & 0 & 1 \\ -1 & 0 & 0 \\ 0 & -1 & 0 \end{pmatrix}, \begin{pmatrix} 0 & -1 & 0 \\ 0 & 0 & -1 \\ 1 & 0 & 0 \end{pmatrix}.$$

(3) 恒等回転：$\begin{pmatrix} 1 & 0 & 0 \\ 0 & 1 & 0 \\ 0 & 0 & 1 \end{pmatrix}$.

注意 これら 12 個の行列は積に関して閉じており群をなす．これを正 4 面体の回転対称群とよぶ．これらの回転対称は 4 点 P, Q, R, S の偶置換を引起す．(1) は 2 つの互換の積，(2) は 3-巡回置換である．4 文字の偶置換は全部で 12 個しかないので，逆にすべての偶置換がこの 12 個の回転対称から引起されることが分る．したがって正 4 面体の回転対称群は 4 次交代群 A_4 と同型である．

第 9 章・章末問題の解答

問題 1 もし $f^n \neq 0$ とすると，$\mathrm{Im}\, f^i$ は $i = 0, 1, \cdots, n+1$ で相異なることになる．

$$\dim V \geqq \dim V - \dim \mathrm{Im}\, f^{n+1} = \sum_{i=0}^{n} (\dim \mathrm{Im}\, f^i - \dim \mathrm{Im}\, f^{i+1}) \geqq n+1$$

より矛盾．

問題 2 $f: \mathrm{Im}\, f^i \longrightarrow \mathrm{Im}\, f^{i+1}$ は全射で，その核が W_i であるから．

問題 3 $W_i = \{\mathbf{0}\}$ ならば，問題 2 より $\mathrm{Im}\, f^i = \mathrm{Im}\, f^{i+1}$．したがって $f: \mathrm{Im}\, f^i \longrightarrow \mathrm{Im}\, f^i$ は同型かつ巾零．だから $\mathrm{Im}\, f^i = \{\mathbf{0}\}$．

問題 4 問題 2 により $\mathrm{Im}\, f^i$ の次元は

$$\dim \mathrm{Im}\, f^i = \dim W_i + \dim W_{i+1} + \cdots$$

で与えられるから次表のようになる．

空間	V	$\operatorname{Im} f$	$\operatorname{Im} f^2$	$\operatorname{Im} f^3$	$\operatorname{Im} f^4$	$\operatorname{Im} f^5$
次元	16	11	7	3	1	0

問題 5 問題 2 により W_i の次元は次の表で与えられる.

空間	W_0	W_1	W_2	W_3	W_4	W_5	W_6
次元	6	5	4	3	2	2	0

例 9.6 にならって,$\operatorname{Ker} f$ は $f^5(z_1), f^5(z_2), f^3(z_3), f^2(z_4), f(z_5), z_6$ なる基底をもつから求める J 数列は $6, 6, 4, 3, 2, 1$.

問題 6 α 以外の固有値を $\beta_1, \cdots, \beta_s$ とし $V' = V_{(\beta_1)} \oplus \cdots \oplus V_{(\beta_s)}$ とおくと,9.1 の結果から $V = V_{(\alpha)} \oplus V'$,

$$f - \alpha : \quad V_{(\alpha)} \longrightarrow V_{(\alpha)} \quad \text{は巾零},$$
$$f - \alpha : \quad V' \longrightarrow V' \quad \text{は同型}.$$

問題 1 により $V_{(\alpha)}$ 上で $(f-\alpha)^r = 0$ であるから $\operatorname{Im}(f-\alpha)^r = \operatorname{Im}(f-\alpha)^{r+1} = V'$. したがってとくに $\operatorname{Ker}(f-\alpha)^r = V_{(\alpha)}$ も成り立つ.

問題 7 $W_i^\alpha = V_\alpha \cap \operatorname{Im}(f-\alpha)^i$ とおき,W_i^β, W_i^γ も同様に定義する.問題 2 と同様に

$$\dim W_i^\alpha + \dim \operatorname{Im}(f-\alpha)^{i+1} = \dim \operatorname{Im}(f-\alpha)^i$$

が成り立つから $W_i^\alpha, W_i^\beta, W_i^\gamma$ の次元は次表のようになる.

空間	W_0^α	W_1^α	W_2^α	W_3^α	W_0^β	W_1^β	W_2^β	W_0^γ	W_1^γ	W_2^γ	W_3^γ
次元	3	2	2	0	2	1	0	2	2	1	0

問題 5 と同様に $f-\alpha, f-\beta, f-\gamma$ のそれぞれ $V_{(\alpha)}, V_{(\beta)}, V_{(\gamma)}$ 上での J 数列を求めると次のようになる.

$$f - \alpha : 3, 3, 1, \qquad f - \beta : 2, 1, \qquad f - \gamma : 3, 2.$$

したがって f は V のある基底に関して次の行列表示をもつ.

$$\begin{pmatrix} \alpha & 1 & & & & & & & & & & & & \\ & \alpha & 1 & & & & & & & & & & & \\ & & \alpha & 0 & & & & & & & & & & \\ & & & \alpha & 1 & & & & & & & & & \\ & & & & \alpha & 1 & & & & & & & & \\ & & & & & \alpha & 0 & & & & & & & \\ & & & & & & \alpha & 0 & & & & & & \\ & & & & & & & \beta & 1 & & & & & \\ & & & & & & & & \beta & 0 & & & & \\ & & & & & & & & & \beta & 0 & & & \\ & & & & & & & & & & \gamma & 1 & & \\ & & & & & & & & & & & \gamma & 1 & \\ & & & & & & & & & & & & \gamma & 0 \\ & & & & & & & & & & & & & \gamma & 1 \\ & & & & & & & & & & & & & & \gamma \end{pmatrix}$$

問題 8 $f_i = f - \alpha_i$ とおくと補題 9.13 から $z_i, f_i(z_i), \cdots, f_i^{d_i-1}(z_i)$ は $V_{(\alpha_i)}$ 内で線形独立. 仮定からこれら全部が V の基底をなす. 定理 9.20 の証明から求める行列は

$$\begin{pmatrix} J_{d_1}(\alpha_1) & & O \\ & \ddots & \\ O & & J_{d_r}(\alpha_r) \end{pmatrix}.$$

問題 9 $g = f - \alpha$, $h = f^2 - \alpha^2$ とおくと $h = 2\alpha g + g^2$. したがって $h^i = (2\alpha)^i g^i + \cdots + g^{2i}$. $n = \dim V$ とすると $g^n = 0$ ゆえ, $h^{n-1} = (2\alpha)^{n-1} g^{n-1}, h^n = 0$. 仮定から V は g に関して 1 個の元からなる J 基底 z をもち $d(z) = n$ である. $\alpha \neq 0$ のとき, $h^{n-1}(z) = (2\alpha)^{n-1} g^{n-1}(z) \neq 0$, $h^n(z) = 0$ ゆえ h に関しても $d(z) = n$ となる. $\alpha = 0$ のとき $h = g^2$ ゆえ $z, g(z)$ が V の h に関する J 基底をなす. n の偶奇により $z, g(z)$ の h に関する $d(\ )$ を求めると次表のようになる.

	z	$g(z)$
$n = 2m$	m	m
$n = 2m+1$	$m+1$	m

以上をまとめて標準形は

$$\begin{pmatrix} J_n(\alpha^2) & & \\ \begin{pmatrix} J_m(0) & O \\ O & J_m(0) \end{pmatrix} & & \\ \begin{pmatrix} J_m(0) & O \\ O & J_{m+1}(0) \end{pmatrix} & & \end{pmatrix}$$

$\alpha \neq 0$ のとき,

$\alpha = 0, n = 2m$ のとき,

$\alpha = 0, n = 2m+1$ のとき.

問題 10 (i) $b \neq 0$, $c = 0$, $a = d$; または (ii) $b = 0, c \neq 0, a = d$; または (iii) $bc \neq 0$, $(a-d)^2 + 4bc = 0$ (すなわち $\mathrm{tr}(A)^2 = 4\det(A)$); が求める条件となる. このとき $A_s = \begin{pmatrix} (a+d)/2 & O \\ O & (a+d)/2 \end{pmatrix}$ および $A_n = \begin{pmatrix} (a-d)/2 & b \\ c & (d-a)/2 \end{pmatrix}$ とおけば, $A = A_s + A_n$ が加法的ジョルダン分解を与える.

問題 11 (1) $J_2(2) \oplus J_1(3)$ (2) $J_2(1) \oplus J_1(-1)$ (3) $J_3(2)$
(4) $J_2(1) \oplus J_2(-1)$

ただし, $X \oplus Y = \begin{pmatrix} X & O \\ O & Y \end{pmatrix}$ とする.

索引

●アルファベット
(i,j) 成分　16
(i,j) 余因子　89
J 基底　241
J 数列　251
J 生成　241
J 独立　241
$m \times n$ 行列　16
(m,n) 行列　16
n 次行列　17
$s \times t$ 小行列　87

●ア行
アファイン変換　209
1 次結合　2, 15, 139
1 次従属　3, 15
1 次独立　3, 15
1 次変換　62, 155
位置ベクトル　6
一葉双曲面　214
岩沢分解　197
上三角行列　26
エルミート行列　195
エルミート変換　201
演算　68
オイラーの公式　12

●カ行
階数　52, 163

階数標準形　52
外積　120
階段行列　38
回転　219
解の自由度　47
ガウス平面　10
核　129, 155
合併集合　33
加法　18
環　113
簡約階段行列　39
奇置換　71
基底　4, 142
基底の変換行列　148
基本解　48
基本行列　37
基本ベクトル　2, 14
逆行列　29
逆元　138
逆写像　98
逆置換　69
逆ベクトル　138
鏡映　221
行基本変形　36
共通部分　32
行ベクトル　17
行変形　39
共役複素数　11

行列式　　31, 63, 74
虚数部分　　10
空集合　　32
偶置換　　71
グラム・シュミットの直交化法　　180
クラメールの公式　　116
クロネッカーのデルタ記号　　17
係数行列　　19
計量ベクトル空間　　178
結合法則　　69
元　　32
合成写像　　96
広義固有空間　　228, 230
交代行列　　26
恒等写像　　98
恒等置換　　67
コーシー・シュワルツの不等式　　179
互換　　68
固有空間　　187, 196
固有多項式　　106, 196
固有値　　111, 187, 196
固有ベクトル　　112, 187
根　　111

● サ行

最高次係数　　102
差積　　93
サラスの方法　　76
三角不等式　　9, 179
次元　　147
次元公式　　153
次元定理　　164, 174
次数　　102
自然な線形写像　　169
下三角行列　　26

実行列　　17
実数部分　　10
実ベクトル　　13
自明な解　　48
射影　　171
射影作用素　　184
写像　　95
集合　　32
シュワルツの不等式　　9
巡回置換　　67
準同型定理　　170
巡回表示　　67
小行列　　27
小行列式　　114
商空間　　168
商集合　　183
乗法的ジョルダン分解　　238
ジョルダン細胞　　248
ジョルダン標準形　　248
ジョルダン分解　　236
真部分集合　　32
随伴行列　　191
随伴変換　　200
数ベクトル　　13
数ベクトル空間　　15
スカラー行列　　25
スカラー倍　　1
正規行列　　192
正規直交基底　　180
正規変換　　200
斉次の連立 1 次方程式　　48
正射影　　186
整数環　　113
生成される　　3
正則行列　　29

成分　1
正方行列　17
絶対値　11
ゼロ写像　134
ゼロベクトル　2
線形　81
線形結合　2, 15, 139
線形写像　125, 155
線形従属　3, 15, 141
線形独立　3, 15, 141
線形変換　62, 125, 155
全射　65, 95
全単射　96
全単射写像　65
先頭列　38
像　62, 129, 155
双曲放物面　214
双対基底　176
双対空間　176
双対定理　177

●タ行
体　113
第 i 成分　13
第一同型定理　172
対角化可能　189
対角行列　25
対角成分　17
退化次数　164
第三同型定理　174
対称行列　25
対称群　66
対称変換　201
代数学の基本定理　111
第二同型定理　173

楕円錐面　215
楕円放物面　214
楕円面　214
多項式　101
多項式環　113
多重線形　81
多重線形性　118
縦ベクトル　13
単位行列　17
単位性　118
単射　65, 95
単純　200
置換　66
置換行列　72
直積　33
直和　151
直交行列　192
直交する　9, 122, 180
直交変換　201
直交補空間　185
転置行列　24
同型　157
同型写像　157
同値関係　182
特性多項式　106
トレース　35, 107

●ナ行
内積　9, 178
2 次曲面　214
2 次超曲面　209, 214
二葉双曲面　214
ノルム　178

●ハ行
ハミルトン・ケーリーの定理　23, 108,

234
張られる　3
半単純　200
非自明解　48
表現行列　161
標準基底　144
ヒルベルト・シュミットの内積　203
ファンデルモンドの行列式　93
複数ベクトル　13
複素行列　17
複素数　10
複素平面　10
符号 (対称行列の)　205
符号 (置換の)　70
部分空間　129, 138
部分集合　32
ブロック分割　27
平面ベクトル　1
巾単写像　238
巾零行列　35, 229
巾零写像　228
ベクトル空間　137
偏角　11
変換　62
補空間　154

●マ行
無限集合　32

●ヤ行
有限次元ベクトル空間　147
有限集合　32
ユニタリ行列　192
ユニタリ変換　201
余因子行列　91
余因子展開　91

要素　32
横ベクトル　13

●ラ行
ランク　52
列基本変形　50
列ベクトル　17
連立1次方程式　44

●ワ行
和　150
歪対称性　118
歪対称行列　26
和集合　33

[JCOPY] 〈(社) 出版者著作権管理機構 委託出版物〉

本書の無断複写は著作権法上での例外を除き禁じられています．
複写される場合は，そのつど事前に，
　(社) 出版者著作権管理機構
　TEL：03-3513-6969，FAX：03-3513-6979，e-mail：info@jcopy.or.jp
の許諾を得てください．
また，本書を代行業者等の第三者に依頼してスキャニング等の行為によりデジタル化することは，個人の家庭内の利用であっても，一切認められておりません．

著者略歴

木村 達雄 (きむら・たつお)
　　1947年　東京都に生まれる.
　　1973年　東京大学大学院理学系研究科修士課程修了
　　現在　　筑波大学名誉教授. 理学博士

竹内 光弘 (たけうち・みつひろ)
　　1947年　長野県に生まれる.
　　1971年　東京大学大学院理学系研究科修士課程修了.
　　現在　　筑波大学名誉教授. 理学博士

宮本 雅彦 (みやもと・まさひこ)
　　1952年　北海道に生まれる.
　　1979年　北海道大学大学院理学研究科博士課程中退.
　　現在　　筑波大学数理物質系教授. 理学博士

森田 純 (もりた・じゅん)
　　1954年　青森県に生まれる.
　　1982年　筑波大学大学院博士課程数学研究科修了.
　　現在　　筑波大学数理物質系教授. 理学博士

めいかい　せんけいだいすう
明解　線形代数　改訂版

2005年10月25日　第1版第1刷発行
2015年 3月20日　改訂版第1刷発行

　　　　著　者　　　　　　　木　村　達　雄
　　　　　　　　　　　　　　竹　内　光　弘
　　　　　　　　　　　　　　宮　本　雅　彦
　　　　　　　　　　　　　　森　田　　　純
　　　　発行者　　　　　　　串　崎　　　浩
　　　　発行所　　　　株式会社　日　本　評　論　社
　　　　〒170-8474　東京都豊島区南大塚 3-12-4
　　　　　　　　　　　電話　(03) 3987-8621 [販売]
　　　　　　　　　　　　　　(03) 3987-8599 [編集]
　　　　印　刷　　　　　　　三美印刷株式会社
　　　　製　本　　　　　　　株式会社精光堂
　　　　装　幀　　　　　　　妹尾浩也
　　　　企画・制作　　　　　編集工房＋γ

Ⓒ T. Kimura, M. Takeuchi, M. Miyamoto & J. Morita 2015
Printed in Japan
ISBN 978-4-535-78591-5
書名中「明解」は, (株)三省堂の登録商標で, 許可を得て使用しています.

線形代数学 ［新装版］
川久保勝夫【著】

抽象的な基本・重要概念に対し、ビジュアルなアプローチと話の流れを重視し、思考順・学習順に構成した教科書。新装版として登場！

◇ISBN978-4-535-78654-7　A5判／3800円＋税

線型代数講義 ——現代数学への誘い
高橋礼司【著】

基礎・基本から、それを土台に学ぶ知識、さらに応用や発展まで、丁寧に興味深く解説。群論の視点を早くから取り入れたのも特色。

◇ISBN978-4-535-78569-4　A5判／3300円＋税

線型代数 ［改訂版］——Linear Algebra
長谷川浩司【著】

高校の学習指導要領改訂に伴い「0章：行列入門」を追加。2×2行列の基本から丁寧に解説。応用面も含め線型代数で学ぶべきことをほぼ網羅した、「教科書」を超えた一冊。

◇ISBN978-4-535-78771-1　A5判／3300円＋税

教程 線形代数
井上尚夫【著】

理工系学生に必須の線形代数の基本的計算手法の習得と基本概念の理解を目的として書かれた教科書。数ベクトルに限定して議論を進める。週1回、1年間の講義を想定。

◇ISBN978-4-535-78512-0　A5判／1900円＋税

線形代数講義 ［増補版］
石井惠一【著】

高校数学で学んだベクトルを出発点に、例を数多くあげ、概念を一般化しながら無理なく学べるようにした。「複素数平面」を増補。

◇ISBN978-4-535-78752-0　A5判／2600円＋税

連立1次方程式から学ぶ線形代数
佐藤信哉【著】

なじみが深い連立1次方程式を出発点に、抽象的といわれる線形代数をやさしく解説。行列も既知としない、初学者に親切な教科書。

◇ISBN978-4-535-78648-6　A5判／2800円＋税

日本評論社